互联网 + 职业技能系列微课版创新教材

Photoshop CC 核心技法项目实战

沙 旭 徐 虹 杨 光 编著

北京希望电子出版社
Beijing Hope Electronic Press
www.bhp.com.cn

内 容 简 介

随着“互联网＋”时代的到来，职业教育和互联网技术日益融合发展。为提升职业院校培养高素质技能人才的教学能力，现推出“互联网＋职业技能系列微课版创新教材”。

本书采用知识点配套项目微课进行讲解，将理论知识与操作技巧有效地结合起来。全书共分六个项目，项目 1～5 以“知识＋案例”的形式讲解了 Photoshop 基础操作，图像处理，文字编辑，颜色调整，通道、蒙版与滤镜等内容；项目 6 详解了四个典型案例，旨在帮助读者融会贯通，加深对知识点的理解和掌握。

本书可作为技工院校、职业学校及各类社会培训机构的教材，也可作为自学者提升 Photoshop 设计能力的参考用书。

为帮助读者更好地学习，本书提供配套微课视频、案例素材，读者可通过扫描封底和正文中的二维码获取相关文件。

图书在版编目（C I P）数据

Photoshop CC核心技法项目实战/沙旭，徐虹，杨光编著 . --北京：北京希望电子出版社, 2020.4

互联网+职业技能系列微课版创新教材

ISBN 978-7-83002-745-2

I. ①P… II. ①沙… ②徐… ③杨… III. ①图象处理软件一教材 IV. ①TP391.413

中国版本图书馆 CIP 数据核字（2020）第 046832 号

出版：北京希望电子出版社

地址：北京市海淀区中关村大街 22 号
　　　中科大厦 A 座 10 层

邮编：100190

网址：www.bhp.com.cn

电话：010-82626227

传真：010-62543892

经销：各地新华书店

封面：汉字风

编辑：李小楠

校对：周卓琳

开本：787mm×1092mm　1/16

印张：17.75

字数：406 千字

印刷：北京市密东印刷有限公司

版次：2024 年 1 月 1 版 5 次印刷

定价：49. 50 元

编 委 会

PREFACE 前言

Photoshop是美国Adobe公司旗下著名的图形图像处理软件，是从事设计相关专业人员的必备工具。本书采用知识点配套项目微课进行讲解，将理论知识与操作技巧有效地结合起来，针对性及可行性较强。

本书共分六个项目，主要内容包括Photoshop基础操作，图像处理，文字编辑，颜色调整，通道、蒙版与滤镜，以及综合案例，并具备以下特点。

- 项目1～5以“知识＋案例”的形式进行逐级深入的讲解，明确了学习目标和技能要点，并据此合理安排知识结构，立足实用，突出难点、重点，将容易混淆的知识点通过表格进行归纳，使读者可以对比学习。项目6详解了四个典型案例，旨在帮助读者融会贯通，加深对知识点的理解和掌握。
- 以案例为轴线，每一个案例都配有大量的操作图例及相应的操作说明，将知识点巧妙地穿插于其中，直观演示操作过程及操作效果，使读者在充分理解理论知识的基础上可以灵活掌握软件的关键应用，从而拓展实操技能。
- 提供配套的微课视频、案例素材等数字资源，既适合于课堂教学，又适合于自学参考，满足“互联网＋职业技能系列微课版创新教材”的需求。

本书可作为大中专院校、职业学校及各类社会培训机构的教材，也可作为自学者提升Photoshop设计能力的参考用书。

由于水平有限，书中难免有错误与疏漏之处，恳请广大读者批评指正。

编　者

CONTENTS 目录

项目1 基础操作

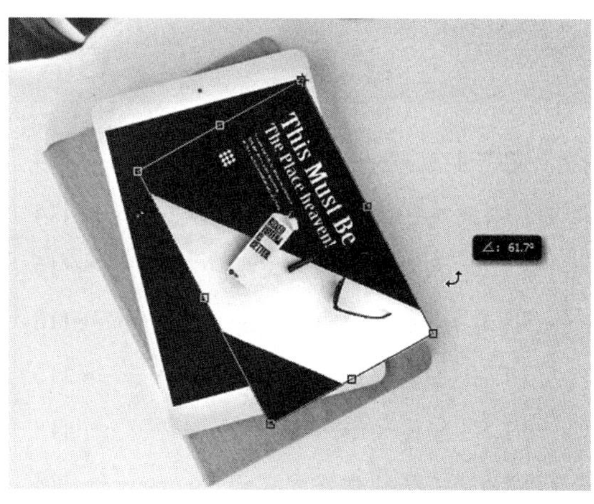

项目2 图像处理

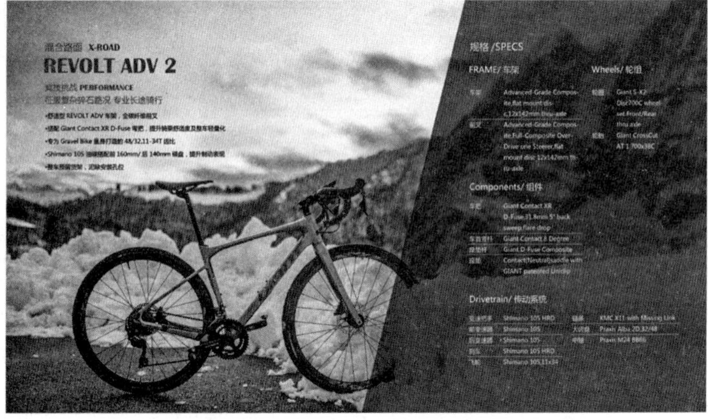

项目3 文字编辑

项目4 颜色调整

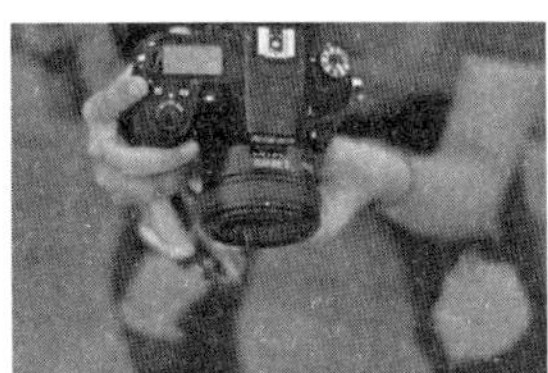

项目5 通道、蒙版与滤镜

项目6 综合案例

Biopolymer Power Elements of Life
Power of Life
SPORT LOVERS

HONEST
BEAUTY
MAGIC GEL-TO-MILK
CLEANSER

项目 1

基础操作

- 图形图像的基础知识
- 图像的变换基础
- 矢量图形的绘制
- 钢笔工具
- 画笔工具与“画笔”面板

1.1 图形图像的基础知识

学习目标

- 认识图形图像在计算机中的表现。
- 理解图形图像的分类及区别。
- 认识图形图像的常见格式。

技能要点

- 掌握像素、分辨率等基本概念。
- 认识控制位图清晰程度的要素。
- 掌握不同图形图像格式的用途。

1.1.1 图形图像在计算机中的表现及分类

计算机中的图形图像一般分为两大类，即位图和矢量图。

1. 位图

位图是由像素组成的图像。从图1.1中可以看出位图的特点；如图1.2所示为放大后的位图效果，可以看到，位图是由若干正方形的色块所组成。

图1.1

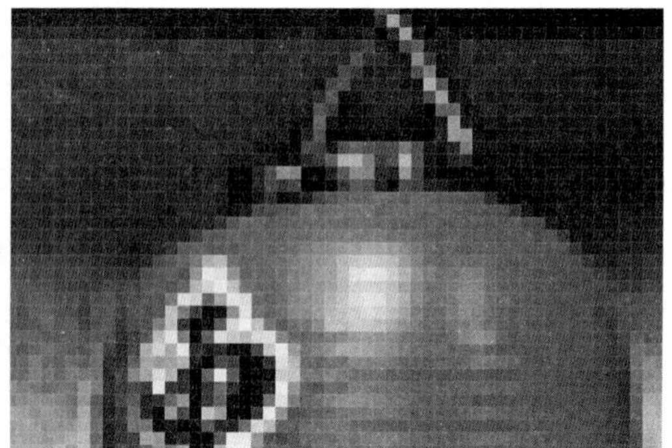

图1.2

获得位图的方式：

（1）通过手机、相机、扫描仪等图像采集设备得到的图像。

（2）利用网络搜索引擎的图片搜索功能搜索到的图像。

2. 矢量图

矢量图是以数学计算的方式表现的图形，如图1.3所示。

图1.3

获得矢量图的方式：

（1）利用办公软件如Word、PowerPoint、Excel等录入的文字和绘制的图形。

（2）利用平面软件如CorelDRAW、Illustrator等录入的文字和绘制的图形。

（3）利用三维设计软件如AutoCAD、3ds Max、CINEMA 4D等绘制的源文件。

（4）在素材网站上下载的*.ai或*.eps文件。

1.1.2 位图和矢量图的区别

（1）位图可用于表现具象的事物，色彩丰富，真实感比较强烈，如图1.4所示。矢量图的色彩表现简单，如图1.5所示。

提示

图1.4和图1.5是同一表现内容的对比，不同表现内容的对比没有太大的意义。

图1.4

图1.5

（2）位图的存储量与矢量图相比较大，如图1.6所示，*.ai文件为矢量图，*.psd文件为位图。

提示

在此仍然使用同一标准的文件（如图1.6所示，即同样的A4尺寸、CMYK模式的空白页面）进行比较，不同标准的文件不存在可比性（例如，尺寸相差较大，颜色模式各异，页面内容不同，文件的大小也可能不同）。

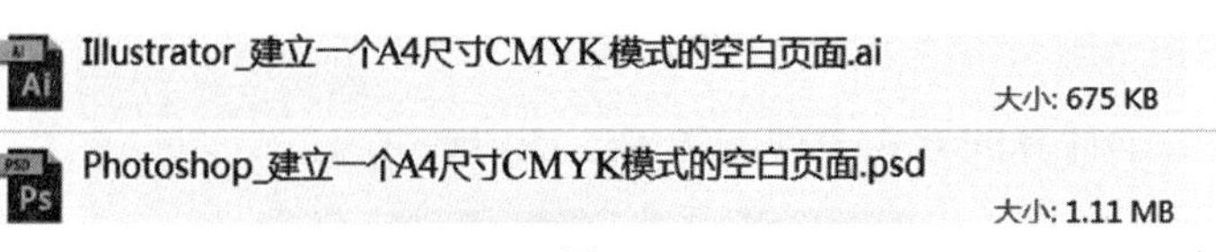

图1.6

 1.1.3 位图的基本概念

1. 像素

像素（pixel）是组成位图的基本单位。像素的多少是反映位图清晰度的重要参数之一。像素的外观为正方形，但是每一单位中的颜色有所不同，由此构成了丰富多彩的位图，如图1.7所示。

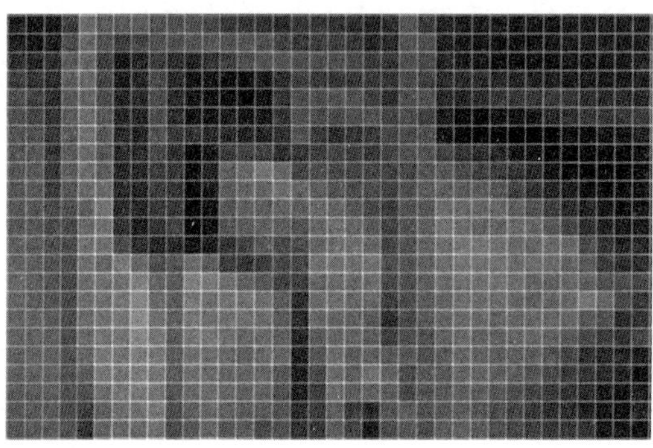

图1.7

很多设备的单位都会用到像素（如图1.8所示）：显示器分辨率的单位是像素；手机摄像头的参数是像素，例如，“前置摄像头：3200万像素”就是指拍摄的照片可以达到宽×高＝3200万像素。

图1.8

2. 分辨率

在此将分辨率分为设计分辨率和输出分辨率。

（1）设计分辨率：单位尺寸内的像素个数，单位为“像素/英寸”，英文缩写为“ppi”。分辨率的设置根据设计作品的用途而定。一般的印刷品在设计时使用300ppi的分辨率，这是基于印刷设备的输出标准而定的；写真设计使用72ppi的分辨率，这是基于写真机的标准而定的；喷绘设计使用45ppi以下的分辨率，这个数值不固定，是基于喷绘广告与广告受众的距离而定的，一般情况下，距离较近的喷绘广告的分辨率适当大一些（如在广场上设置的一些户外宣传喷绘广告），距离较远的喷绘广告的分辨率适当小一些（如高速公路两侧广告塔上的一些喷绘广告）。

（2）输出分辨率：是一个针对输出设备的参数，单位为“点/英寸”，英文缩写为“dpi”，每一英寸输出的点的数量，针对印刷机、写真机、喷绘机、显示设备（手机、显示器、电视、平板电脑等）等而言。输出分辨率也就是输出对象的分辨率标准，是固定不变的。

怎样区分设计分辨率和输出分辨率？

简单来说，在一间教室中上课的学生可以是50个，也可以是200个，这个可以看作设计分辨率；下课走出教室，一般情况下，教室门允许两个人并排通过，这就限定了每次出去的人数，不论50个人也好，200个人也好，每次只有两个人出去，教室门的限制就是输出分辨率，固定的，不会更改。

3. 位图清晰程度的误区

有人说位图的清晰程度是由分辨率决定的，这是一种错误的说法。位图的清晰程度不仅取决于分辨率，也取决于像素的数量。如图1.9（显示的是局部放大效果）、图1.10（显示的是局部放大效果）所示，可以看出，图1.9中图像大小为5077×3385像素，图1.10中图像大小为1500×1000像素，在表现内容（视觉效果）相同的前提下，相对于图1.10，图 1.9的效果更加清晰。

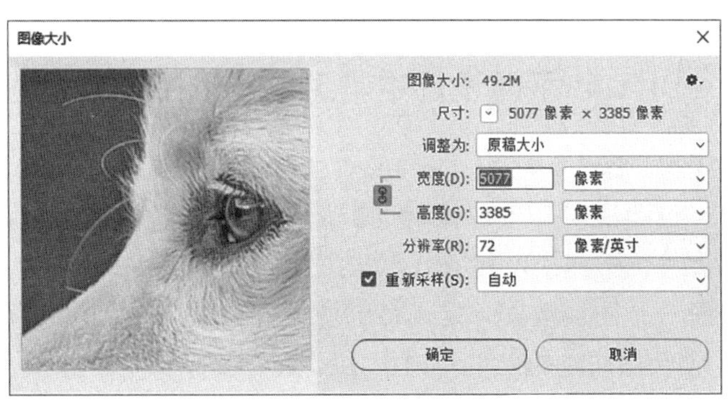

图1.9

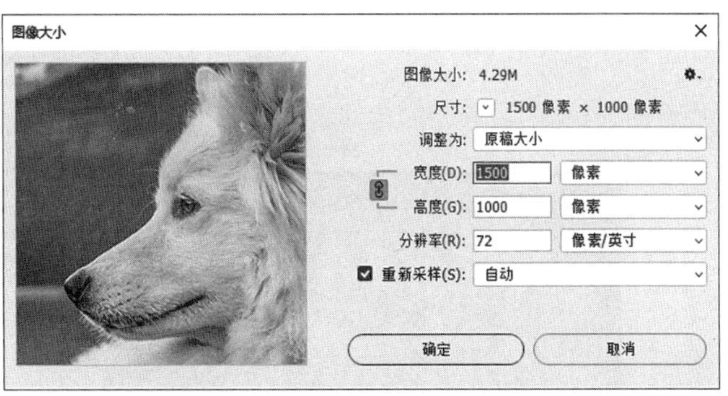

图1.10

怎样才能够更加准确地定义位图的清晰程度？可以从以下两个方面来看。

（1）要有足够多的像素来表现位图。

（2）颜色交界处一定要非常清晰，不模糊。如图1.11、图1.12所示，相同像素尺寸（6000×4000像素）的位图，图1.11明显比图1.12清晰。

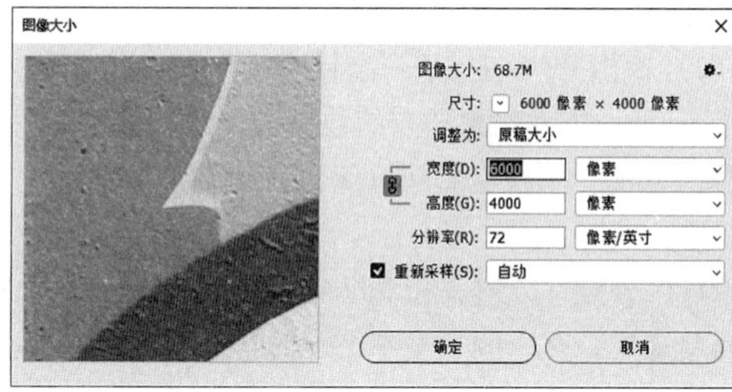

图1.11

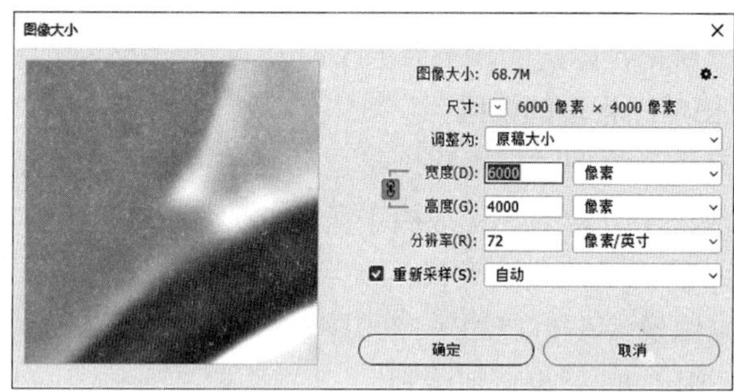

图1.12

1.1.4 平面设计中常见的图形图像格式

1. PSD 格式

位图格式，Photoshop的默认格式；能够存储Photoshop产生的数据，支持多图层、透明度等，不支持Windows默认浏览；分层保存状态下，再次打开时可以使用Photoshop修改每一个图层数据，是设计的源文件格式（一定要保存好源文件，以便于后期修改）；但是产生的文件较大。如图1.13、图1.14所示。

图1.13

图1.14

2. JPG 格式

位图格式，不能保存多图层及透明度，通过压缩临近像素的颜色来得到低存储空间的图像格式。如图1.15所示为使用图1.14所示的PSD格式图像另存为的JPG格式图像，比较两者所占磁盘空间的大小，可以看出，JPG格式与PSD格式相比所占存储空间较小，该特点使JPG格式图像更便于在网络上传播，是网站前端设计效果图、室内设计效果图、平面设计、喷绘、写真或数码打样时都会用到的图像格式。

图1.15

3. TIFF 格式

位图格式，高保真，支持多图层信息，支持Windows默认浏览，支持保存透明度等相关数据。TIFF格式是用于印刷品的位图格式。

4. PDF 格式

矢量图格式，可跨平台在Windows和Mac系统中通用；在印刷领域中的应用比较广泛，在客户校验设计作品无误后，直接将其另存为PDF格式，交付印刷公司。使用相关软件可以直接阅览PDF格式的文件，如图1.16所示。在很多购物平台上推出的电子书，其格式也为PDF，可直接在手机端阅读，比较便利，如图1.17所示。

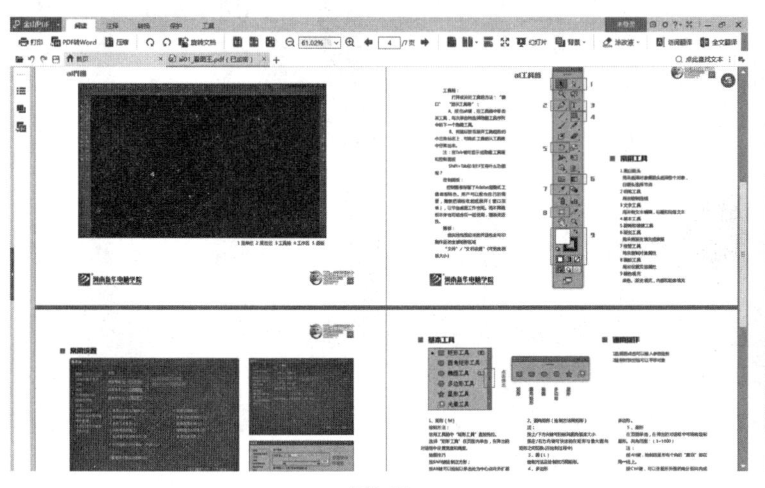

图1.16

图1.17

5. EPS 格式

矢量图格式，常见于素材网站上下载的素材文件，如图1.18所示。

图1.18

6. AI 格式

矢量图格式，Illustrator的默认格式，支持矢量图和位图排版、矢量插画设计等，是设计的源文件，如图1.19所示。AI格式也是印刷的常用格式，在客户校验设计作品无误后，将文字转曲线，并将位图嵌入AI文件（即将位图保存在AI文件中，默认是链接位图），交付印刷公司。

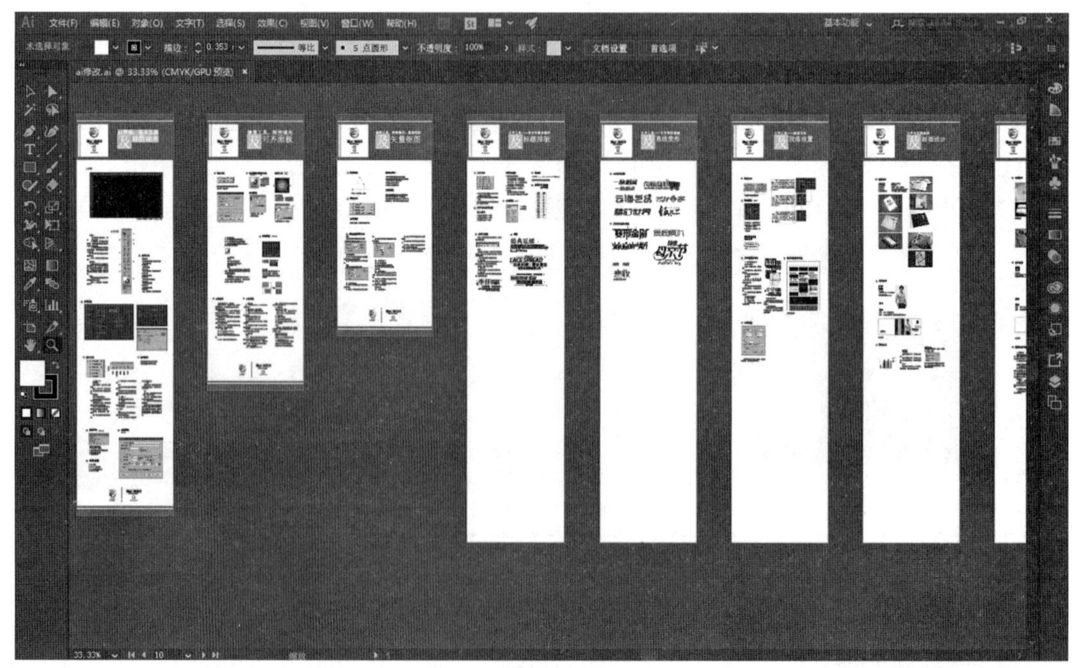

图1.19

7. CDR 格式

矢量图格式，CorelDRAW的默认格式，支持矢量图和位图排版、矢量插画设计等，是设计的源文件，如图1.20所示。CDR格式是印刷的常用格式。

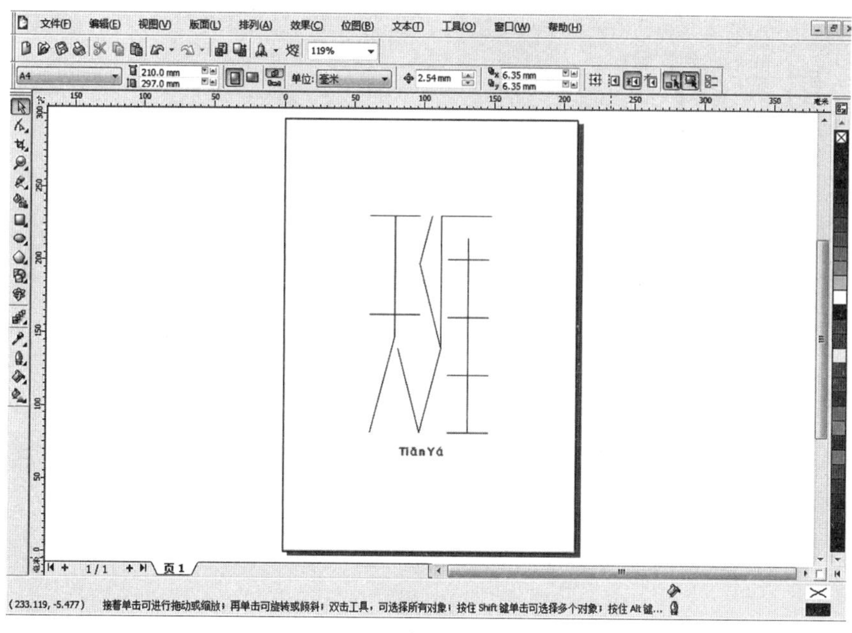

图1.20

1.1.5 Photoshop的软件界面

本书讲解的是Photoshop CC 2017版本的软件。双击桌面上的“PS”图标，即可打开Photoshop。软件的默认界面为暗色界面，如图1.21所示；按Ctrl+Shift+F1或Ctrl+Shift+F2组合键，可以将其更改为浅色界面，如图1.22所示。

图1.21

图1.22

在软件界面的最上方是菜单栏，如图1.23所示。

Ps 文件(F) 编辑(E) 图像(I) 图层(L) 文字(Y) 选择(S) 滤镜(T) 3D(D) 视图(V) 窗口(W) 帮助(H)

图1.23

在菜单栏的下方是属性栏，在使用一些工具或者命令时，可以调整相关参数，如图1.24所示。

图1.24

在整个界面的最左侧是工具箱，包含Photoshop的所有工具，如图1.25所示。

在工具箱的右侧是绘图区，可以在其中创建不同的画布，或者打开不同的图片文件，如图1.26所示。

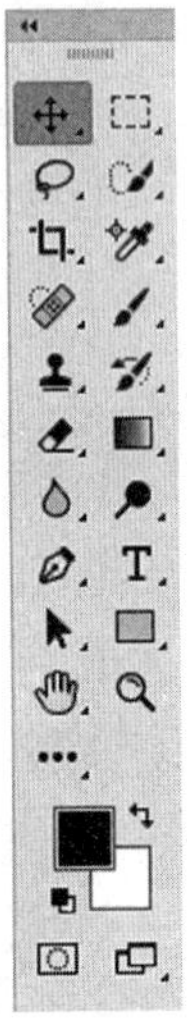

图1.25

图1.26

在绘图区的右侧是面板组，如图1.27所示，可以通过如图1.28所示的“窗口”菜单调用这些面板。

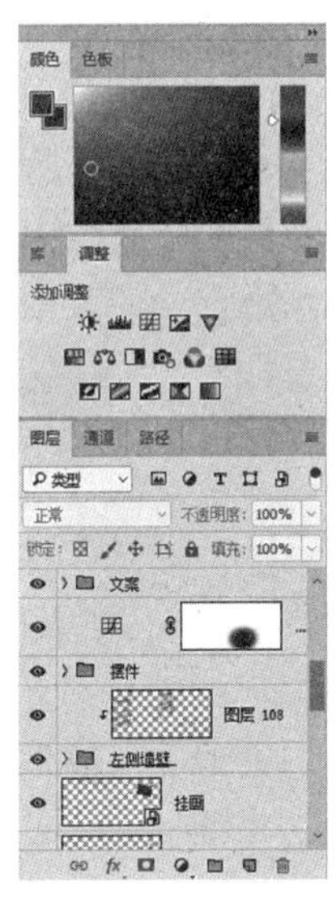

图1.27

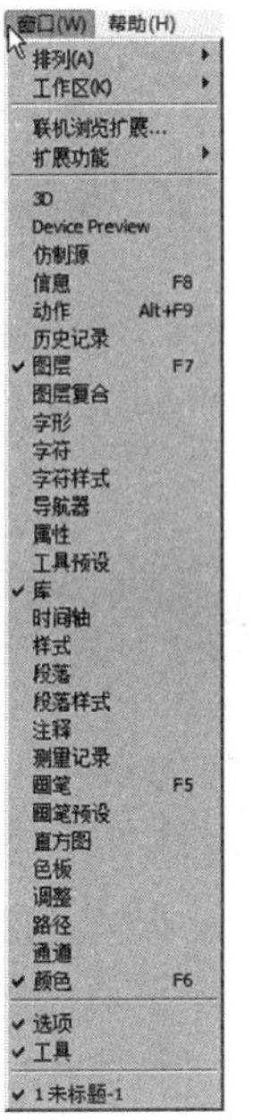

图1.28

1.2 图像的变换基础

学习目标

- 学会使用“变换”命令调整图像的外观。
- 掌握自由变换、操控变形、内容识别缩放、透视变形等操作。
- 在绘图时灵活运用变换功能。

技能要点

- 在使用“变换”命令时，配合Ctrl键、Alt键、Shift键的单独使用和组合使用。
- 在自由变换时，图像的内部结构要和边缘形状的变化相匹配。
- 在操控变形时需要先抠图、再变化。
- 掌握透视变形的使用方法。
- 掌握内容识别缩放的使用方法。

1.2.1 变换

“变换”是在设计中常用的一个命令，用于更改图像的大小及透视关系等，在平面广告、网站前端、网店美工、用户界面及图标设计等相关视觉表现领域都起着极为重要的作用。

在此先简单了解一下“图层”。图1.29、图1.30中的灰白格子表示图层中的透明区域。如图1.31所示，矩形覆盖在文字的上方，遮住部分文字，矩形以外的区域仍然能够显示出下方的文字，表示矩形以外的区域是透明的。如图1.32所示为图层的顺序。

图1.29

图1.30

图1.31

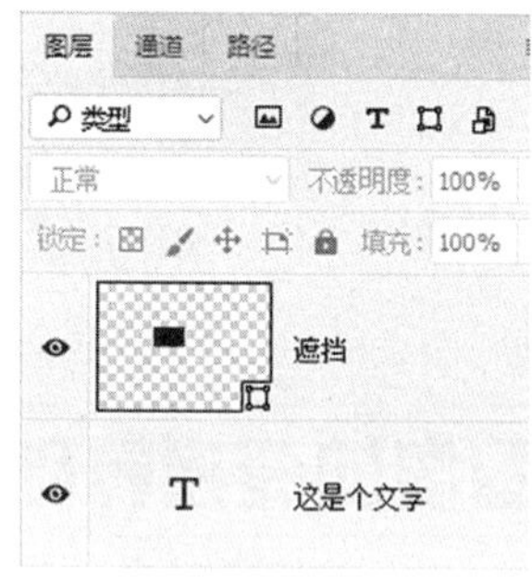

图1.32

1. 缩放图像

步骤01　打开文件“变换命令_缩放.psd”，如图1.33所示。

步骤02　在界面右侧的面板组中找到“图层”面板，在“图层”面板中单击“图像”图层将其选中，如图1.34所示。

提示

如果不小心关掉了“图层”面板，按F7键可以重新将其打开。

图1.33

图1.34

步骤03　按Ctrl+T组合键，对“图像”图层中的图像使用“变换”命令，在绘图区中的图像上会显示八个控制点和一个旋转中心（如图1.35所示），控制点分别在图像四角和四条边的中点上（如图1.36中左图所示），旋转中心默认在对象的两条对角线的交叉位置（如图1.36中右图所示）。

图1.35

图1.36

步骤04　将鼠标指针放在图像的四角上，当鼠标指针显示为黑色双箭头形状（如图1.37中白色方框内所示）时，可以缩放图像。

提示

缩放时按住Shift键，可以等比例缩放图像。属性栏中的“W”和“H”表示当前图像的宽度和高度比例，也可以精确定义参数以控制对象的缩放比例（如图1.38中黑色方框内所示），如图1.38所示为横向缩放50%后的效果。单击“W”和“H”之间的锁链图标，使其高亮显示，可以等比例缩放图像（如图1.39中黑色方框内所示），如图1.39所示为等比例缩放50%后的效果。

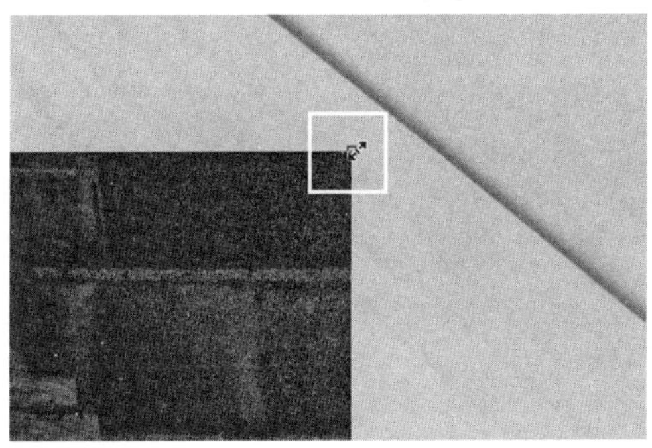

图1.37

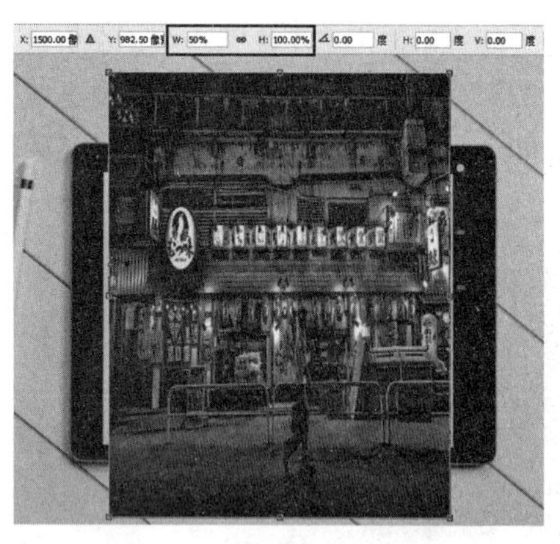
图1.38

图1.39

步骤05　掌握基本的缩放形式后，将鼠标指针直接拖动至图像四个角的控制点上，可以在缩放图像后将其贴到背景图像平板电脑的屏幕上，如图1.40所示。

步骤06　完成调整后，按Enter键确认变换，效果如图1.41所示。

图1.40

图1.41

2. 旋转图像

步骤01　打开文件“变换命令_旋转.psd”，观察“背景”图层和“banner”图层：在“背景”图层中，平板电脑是倾斜的；而在“banner”图层中，图像是水平放置的。需要将“banner”图层中的图像进行旋转和缩放。

步骤02　选择“banner”图层，按Ctrl+T组合键变换图像，先缩放图像，使“背景”图层中平板电脑的黑色区域可见，如图1.42所示。

步骤03　将鼠标指针移动至图像的四角处，当鼠标指针显示为带弧度的双箭头时，即可旋转图像，如图1.43所示。

图1.42

图1.43

步骤04　将“banner”图层中图像的一个角与平板电脑的一个角对齐，使用鼠标指针单击旋转中心，将其移动至“banner”图层中图像最上方角的位置，如图1.44所示，这时会以角对齐的位置为旋转中心进行旋转，将“banner”图层中的图像贴到平板电脑的屏幕上，效果如图1.45所示。

图1.44

图1.45

3. 透视图像

步骤01　打开文件“变换命令_透视.psd”，“背景”图层中的广告位（在户外广告中被称为“高炮”）与观者呈一定角度，形成透视效果。

步骤02　选择“banner”图层，按Ctrl＋T组合键变换图像，先缩放图像，使“背景”图层中广告位的空白区域可见，如图1.46所示。

图1.46

步骤03　按住Ctrl键，拖动“banner”图层中图像每个角上的控制点，至广告位空白区域四个角的位置，如图1.47所示，按Enter键确认变换，效果如图1.48所示。

图1.47

图1.48

提示 选择“banner”图层中的图像，按Ctrl＋T组合键变换图像，按住Ctrl键，拖动图像四边中点处的控制点，可以将矩形或正方形的图像变为平行四边形，如图1.49所示。按Ctrl＋T组合键变换图像，按住Ctrl+Alt+Shift组合键，拖动图像四角的控制点，可以将矩形或正方形的图像变为等腰梯形，如图1.50所示。

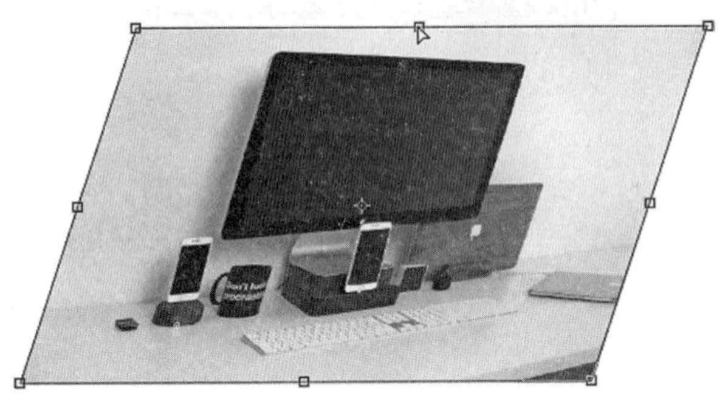

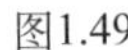

图1.49

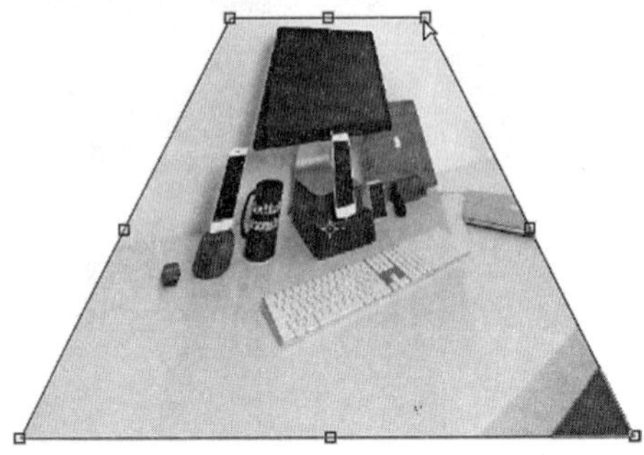

图1.50

提示 在“变换”命令（Ctrl＋T）中如果进行了误操作，可以按Ctrl＋Z组合键撤销一步，按Esc键可以取消“变换”命令，图像还原至原始大小和原始角度。在Photoshop中多步撤销操作的快捷键是Ctrl＋Alt＋Z组合键（默认可以撤销20步）。

4. 变形图像

步骤01　打开文件“变换命令_变形.psd”。

提示 在“背景”图层中，大楼上的广告位是弧形边缘。要想将“banner”图层中的图像贴合到广告位上，直接使用“变换”命令无法完成，这就需要在“变换”命令中使用变形功能。

步骤02　选择“banner”图层，按Ctrl＋T组合键变换图像，按住Ctrl键，移动“banner”图层中图像四个角上的控制点至广告位的四个角上，如图1.51所示。

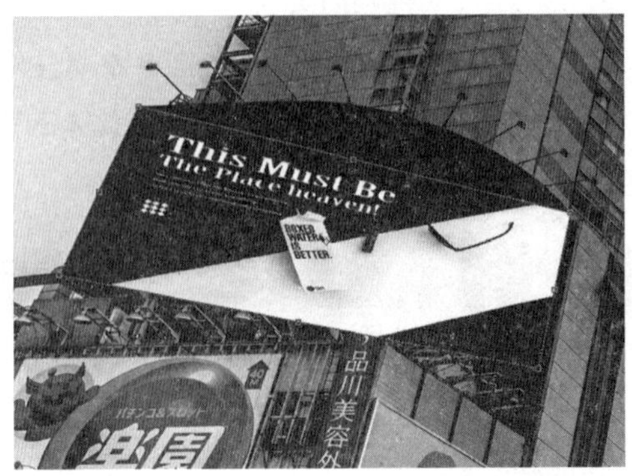

图1.51

步骤03　单击属性栏中的按钮，“banner”图层中的图像效果如图1.52所示，此时即可通过新出现的控制手柄控制图像边缘的弧度，如图1.53所示。

图1.52

图1.53

步骤04　使用鼠标指针拖动图像四条边上的控制点，使其轮廓贴合广告位的边缘，如图1.54所示。

图1.54

提示

“banner”图层中广告图像的边缘虽然贴合了广告位的边缘，但是广告图像中的内容看起来很奇怪，应该沿着广告位的弧度进行变换。

步骤05　单击广告图像中变形框中间两条横线的中点，将其向上拖动，如图1.55所示，使广告图像中的内容与广告位的弧度贴合，按Enter键确认变换操作，效果如图1.56所示。

图1.55

图1.56

在表1.1中列示了“变换”命令中Ctrl、Alt、Shift键的使用方法。

表1.1 "变换"命令中Ctrl、Alt、Shift键的使用方法

按键	"变换"命令					
	移动	旋转	缩放	斜切	扭曲	透视
Ctrl键				拖动四边中点，形成任意平行四边形	拖动任意四角的控制点	
Shift键	"米"字移动	在对象外拖动鼠标指针，以+15°进行旋转	在控制点上拖动鼠标指针进行等比例缩放（对边或对角固定）			
Alt键		在对象外拖动鼠标指针，任意定位旋转中心	在控制点上拖动鼠标指针，以固定旋转中心进行缩放（对称）			
Ctrl+Shift组合键				在一条直线上拖动四边中点		
Alt+Shift组合键			在控制点上拖动鼠标指针，以固定旋转中心进行等比例缩放			
Ctrl+Alt组合键					拖动任意四角控制点（对称效果）	
Ctrl+Shift+Alt组合键						拖动四角控制点

1.2.2 操控变形

在处理人物照片时，很多人都希望人物的腿部变长一些，这种效果可以用操控变形功能来实现。操控变形功能的原理是从三维软件中移植过来的。在三维软件中创建模型时可以设置权重参数，这个参数使得在之后调节模型的某些部位时其他部位可以随之变化，而操控变形的原理也近似权重的原理，只是需要首先将位图抠选出来。

如图1.57所示，"1"所示为在未抠图的前提下使用操控变形功能变换人物腿部（加长）的效果，可以看到，人物的其他部位也随之变化（注意图中虚线所示位置，墙壁砖缝随人物变形而呈弧线效果）；"2"所示为原图（用于对比变化前后的效果）；"3"所示

为在抠图的前提下，使用操控变形功能变换人物腿部（加长）的效果，可以看到，人物其他部位未随之变化（只是加长了人物腿部，使人物身体显得更加修长）。

图1.57

下面讲解如何使用操控变形功能。

步骤01　打开文件“操控变形_加长腿部.jpg”，选择快速选择工具，拖动鼠标指针建立人物轮廓的选区（如图1.58中左图所示）。

提示

按住Alt键拖动鼠标指针，可以减选（如图1.58中右图所示）；直接拖动鼠标指针，可以多选。经过选区的加减，人物轮廓的选区会更加精确。

图1.58

步骤02　单击属性栏中的“选择并遮住”按钮，弹出如图1.59所示的对话框，对话框左侧为工具组，右侧的“属性”面板可用于调整参数以控制抠图效果。

步骤03　在“属性”面板中设置“透明度”参数为较大的数值，使背景近乎透明状态，在此设置“透明度”为100%。

步骤04　勾选“边缘检测”选项组中的“智能半径”复选框，并适当调整参数，以控制毛发边缘的效果，如图1.60所示。

图1.59

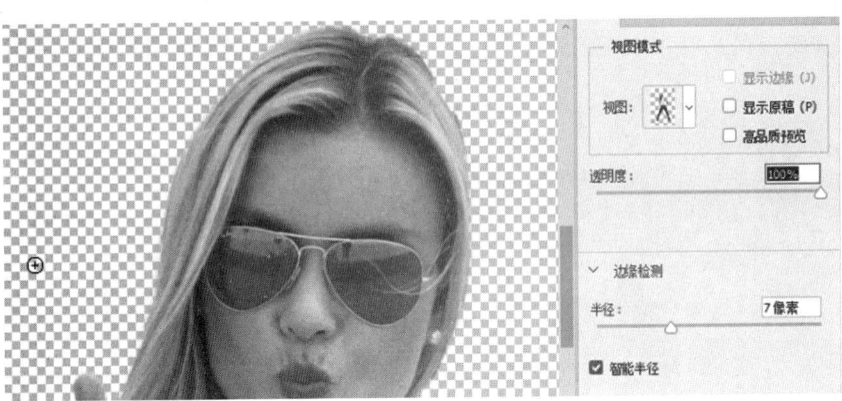

图1.60

步骤05　勾选“输出设置”选项组中的“净化颜色”复选框，在“输出到”下拉列表中选择“新建带有图层蒙版的图层”选项，如图1.61所示，单击“确定”按钮。

步骤06　“图层”面板中出现一个带有图层蒙版的新的人物图层，如图1.62所示。

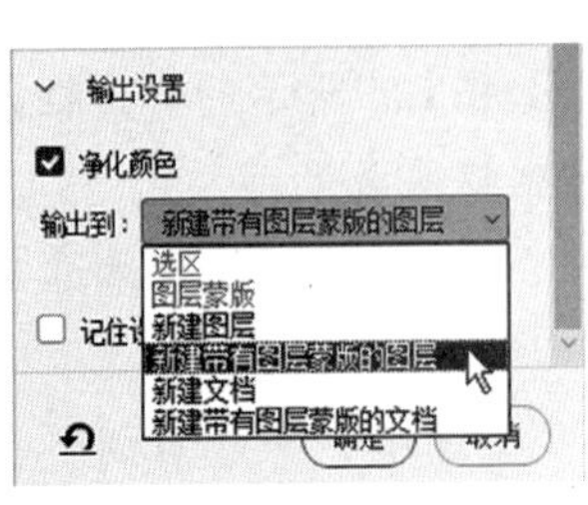

图1.61

图1.62

步骤07　单击“图层”面板中“背景 拷贝”图层左侧的眼睛图标，使当前图层隐藏，单击“背景”图层左侧的眼睛图标，使其显示，如图1.63所示，选择“背景”图层。

步骤08　选择套索工具，在“背景”图层中围绕人物轮廓建立选区，选区尽量靠近人物身体的边缘，如图1.64所示。

图1.63

图1.64

步骤09　右击，在弹出的快捷菜单中选择“填充”命令，如图1.65所示，在弹出的“填充”对话框中，默认填充内容是“内容识别”（有自动修图功能），如图1.66左图所示，单击“确定”按钮，“背景”图层被处理为如图1.66右图所示的效果（图中的深色区域可以作为人物的阴影），按Ctrl＋D组合键取消选区。

图1.65

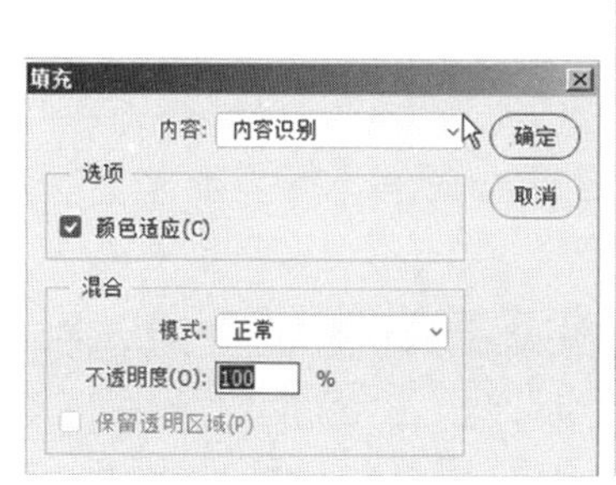

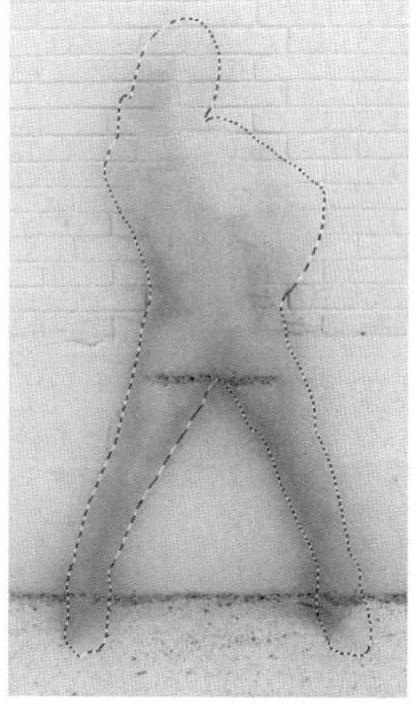
图1.66

步骤10　在“图层”面板中单击“背景 拷贝”图层左侧的眼睛图标，使其显示。右击“背景 拷贝”图层的图层蒙版缩览图，在弹出的快捷菜单中选择“应用图层蒙版”命令，如图1.67所示，“背景 拷贝”图层显示如图1.68所示。

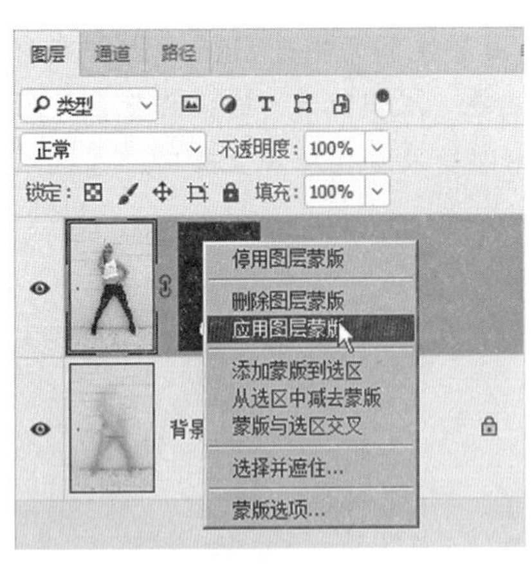

图1.67

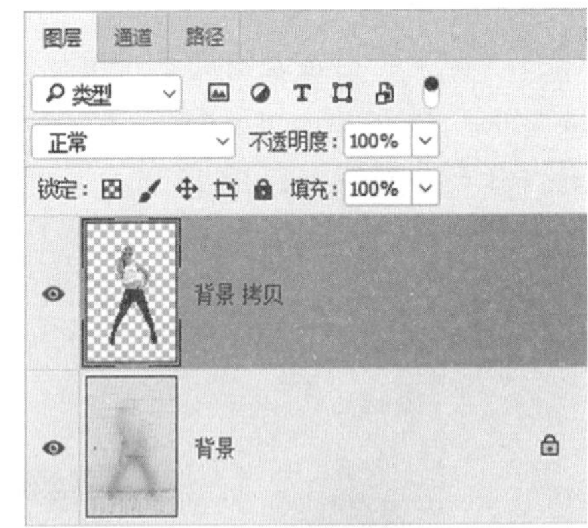

图1.68

步骤11　选择“编辑”→“操控变形”命令，如图1.69所示，对“背景 拷贝”图层应用操控变形功能。人物图像中出现很多三角形结构，如图1.70所示。

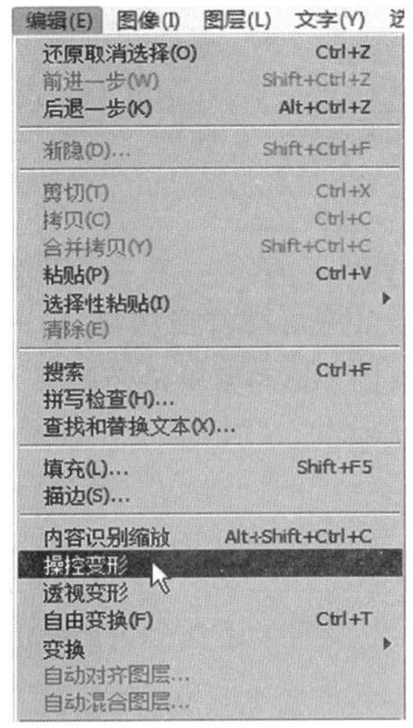

图1.69

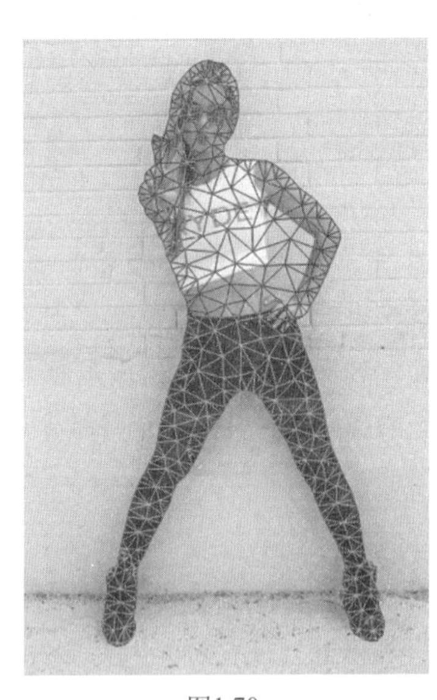

图1.70

步骤12　为避免影响制图，在属性栏中取消“显示网格”复选框的选中状态，人物图像恢复正常显示状态。

步骤13　在人物的腰腹部单击三次，布置三个图钉，固定腰腹部区域，如图1.71所示。

步骤14　人物腿部的长短取决于腿骨的长短，根据这一原则，将图1.71中下方两个图钉的名称分别命名为“1”和“2”，如图1.72所示，在“1”和“2”所示位置单击以布置图钉，该图钉位于大腿骨的上方；在“3”和“4”的位置单击以布置图钉，该图钉在膑骨的上方。其中，“1”“3”所示位置之间区域和“2”“4”所示位置之间区域均为大腿部分。分别单击“3”“4”所示位置的图钉并向下拖动图钉，可以使“1”“3”所示位置之间区域和“2”“4”所示位置之间区域的大腿部分加长。

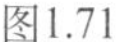
图1.71

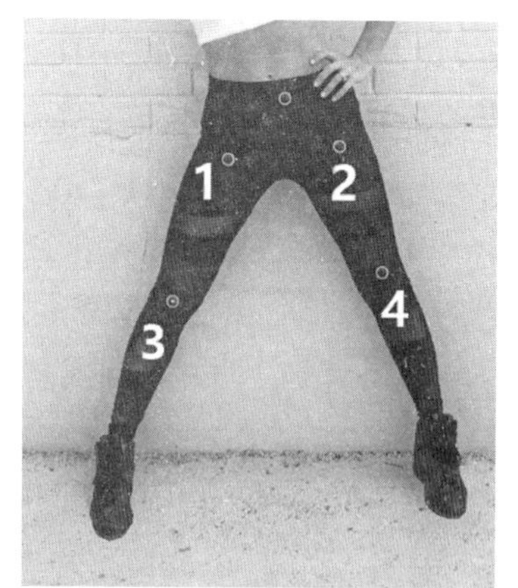

图1.72

步骤15 在人物脚踝的上方单击，设置一个新的图钉，单击图钉，顺着腿部的方向延长一定的距离，使小腿骨也变长一些，如图1.73所示，使用相同的方法，将另一条腿也拉长，如图1.74所示。

图1.73

图1.74

步骤16 修图前后的对比效果如图1.75所示，操控变形后，人物的上半身没有变化，腿部变得修长。

图1.75

1.2.3 内容识别缩放

有些素材图像在尺寸不太合适的情况下需要修图，但是拼合图像会有些麻烦，这就需要使用内容识别缩放功能。利用这一功能，在不用抠图的前提下可以将背景区域进行扩展拉伸，从而将素材图像的尺寸变大，以便于设计使用。

步骤01　打开文件“内容识别缩放.psd”，如图1.76所示。在如图1.77所示的“图层”面板中，有一个白色的“背景”图层和一个风景素材图像图层。

图1.76

图1.77

步骤02　使用套索工具沿着风景素材图像中建筑物、桥梁及水中倒影的轮廓建立选区，如图1.78所示。

步骤03　选择“选择”→“存储选区”命令，如图1.79所示，在弹出的“存储选区”对话框中设置选区的名称，如图1.80所示，单击“确定”按钮。

图1.78

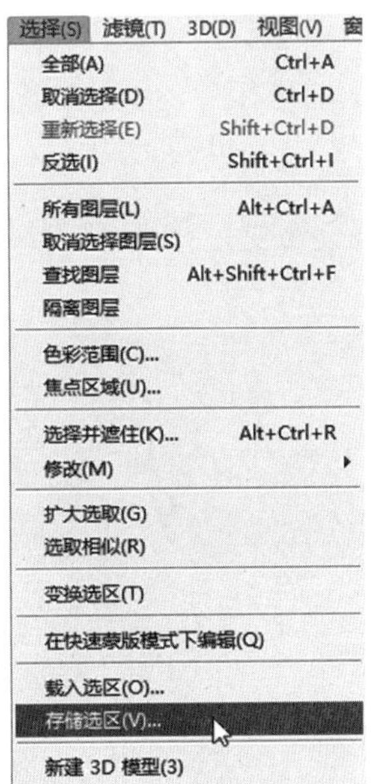

图1.79

步骤04　选择“编辑”→“内容识别缩放”命令，如图1.81所示。

存储选区
目标
文档：内容识别缩放.psd
通道：新建
名称(N)：选区
确定
取消
操作
新建通道(E)
添加到通道(A)
从通道中减去(S)
与通道交叉(I)

图1.80

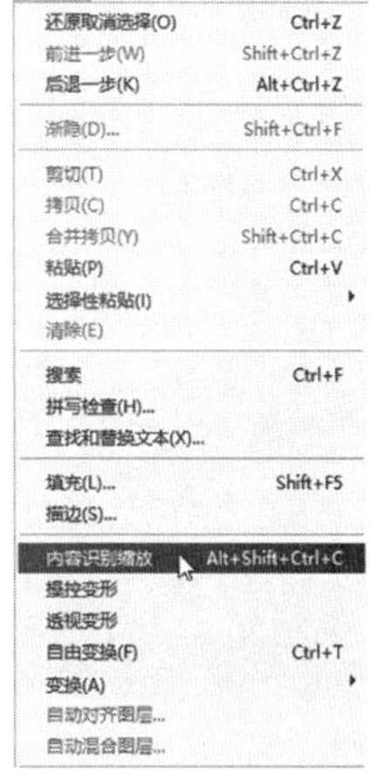

图1.81

步骤05　与应用“变换”命令类似，此时图像上会显示八个控制点，如图1.82所示。

图1.82

步骤06　直接拖动左侧中间的控制点，可以将图像的背景进行扩展，但是选区内的图像内容不会发生变化，如图1.83所示。

图1.83

步骤07　按Enter键确认内容识别缩放操作，前后效果对比如图1.84所示。

图1.84

1.2.4 透视变形

透视现象是正常观察事物时事物所呈现出来的效果，简言之，就是近大远小，这体现在不同物体之间和同一物体自身。在合成图像时，一定要将透视效果把握好。

步骤01　打开文件“透视变形.psd”，如图1.85所示。在如图1.86所示的“图层”面板中可以看到两个图层，“背景”图层（图层中是一条公路）和“汽车”图层。

图1.85

图1.86

提示　可以看出，汽车放置的位置不合常理，像是在违章行驶，即将撞上左侧路面上的车辆，这就需要应用透视变形功能，使汽车行驶的方向与路面上文字的方向相一致，汽车的侧面和路面上文字的垂直方向相平行。

步骤02　选择“编辑”→“透视变形”命令，如图1.87所示。

步骤03　此时鼠标指针变为样式，在汽车的侧面单击，然后拖动出一个带有控制点的变形框，如图1.88所示。

步骤04　选择变形框四个角上的控制点，拖动控制点至合适的位置（即汽车侧面所在的位置，一定要包括汽车侧面的所有区域），如图1.89所示。

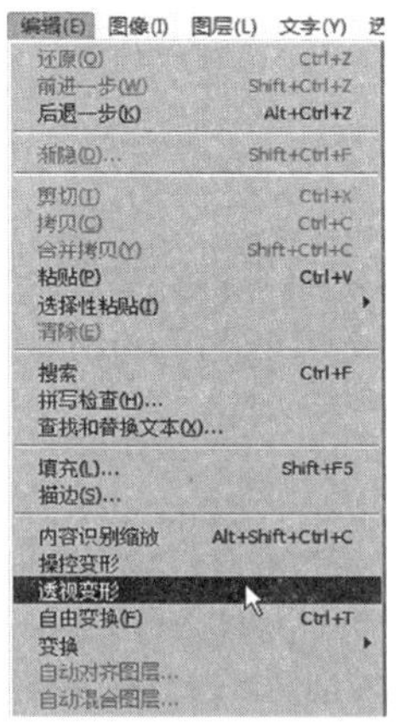

图1.87

图1.88

图1.89

步骤05　使用同样方法，建立车头正面的网格结构，如图1.90所示。

可以看到，车头正面网格结构右侧的圆形控制点（图1.90中白色方框内所示）自动吸附到汽车侧面网格结构的点上。

步骤06　单击属性栏中的“变形”按钮，拖动控制点进行结构变换，效果如图1.91所示。

在此只讲解透视方向的变换。

图1.90

图1.91

1.3 矢量图形的绘制

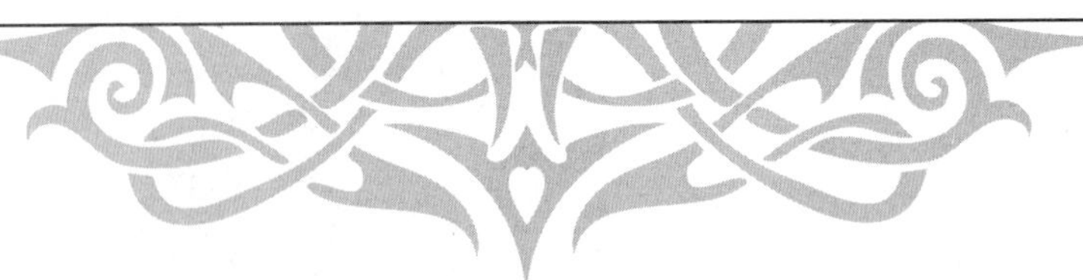

学习目标

- 能够使用形状工具绘制矢量图形。
- 掌握填充图形的方法。
- 掌握添加轮廓颜色的方法。
- 掌握修改形状外观的方法。

技能要点

- 形状绘制的基础。
- 形状的单色填充、渐变填充及编辑。
- 填充轮廓和修改形状外观的方法。

1.3.1 矢量图形的基本绘制

矢量图形的绘制工具包括矩形工具、圆角矩形工具、椭圆工具、多边形工具、直线工具和自定形状工具，如图1.92所示，可以使用这些工具绘制大多数矢量图形。

选择矩形工具、圆角矩形工具、椭圆工具、多边形工具后，在绘图区中单击，会弹出相应的对话框，在其中设置参数，可以精确绘制图形，各对话框如图1.93~图1.96所示。

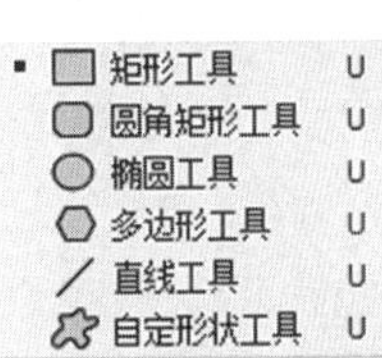

图1.92

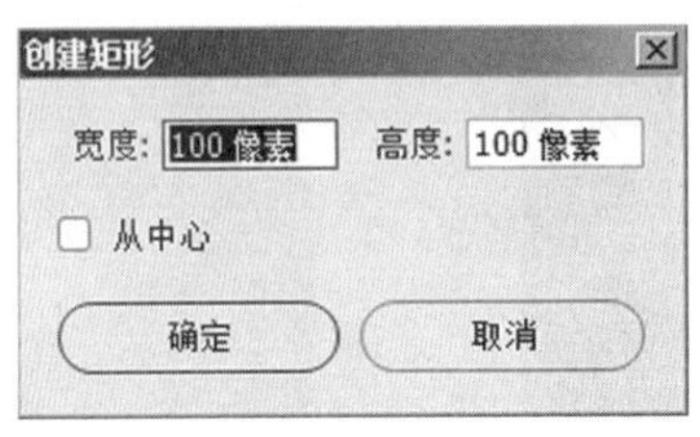

图1.93

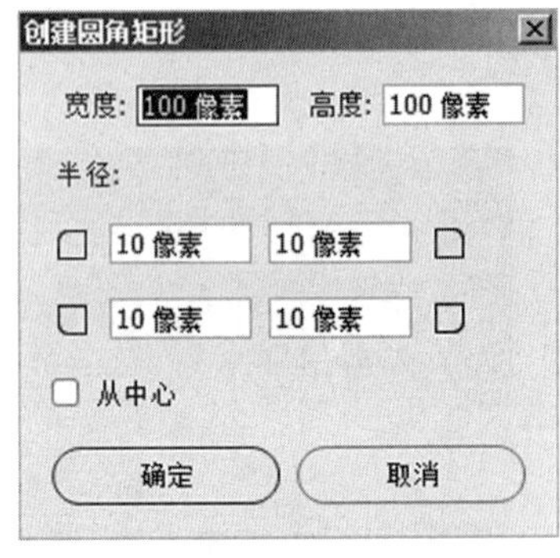

图1.94

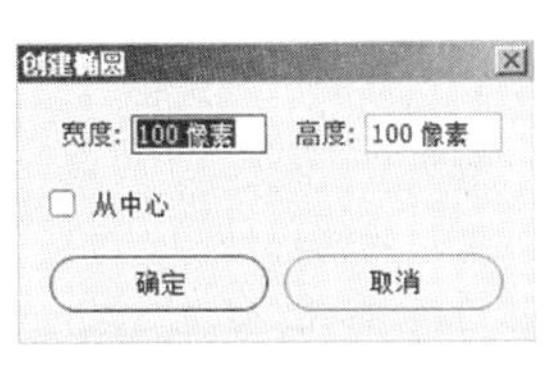

图1.95

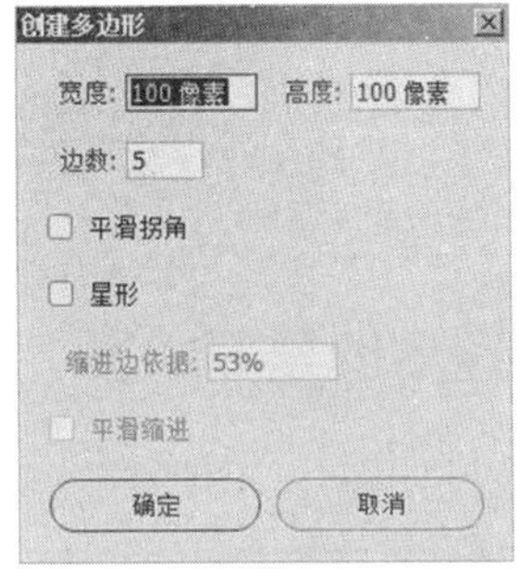

图1.96

例如，选择矩形工具后，在绘图区中单击，拖动鼠标指针，可以绘制矩形，如图1.97所示，此时会弹出“属性”面板，如图1.98所示。

提示 选择矩形工具、圆角矩形工具、椭圆工具后，可以弹出“属性”面板；选择多边形工具后，不会弹出“属性”面板。

在绘图时（不松开鼠标左键），按住Shift键，可以绘制正方形、正圆角矩形、正圆形、水平放置的多边形；按Space键，可以平移图形，但不可以更改图形的大小；松开Space键（不松开鼠标左键），继续拖动鼠标指针，可以继续绘制图形。

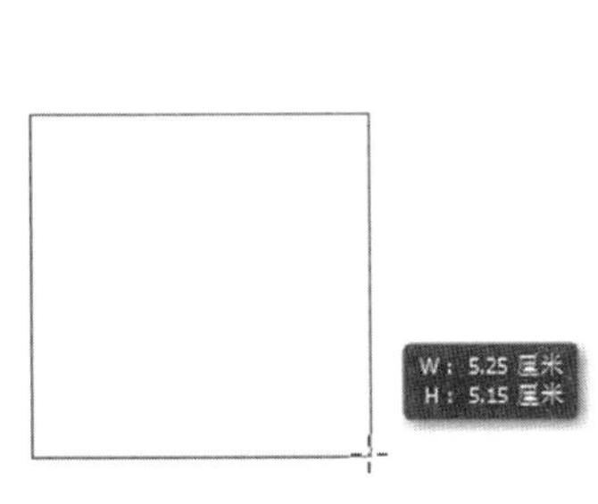

图1.97

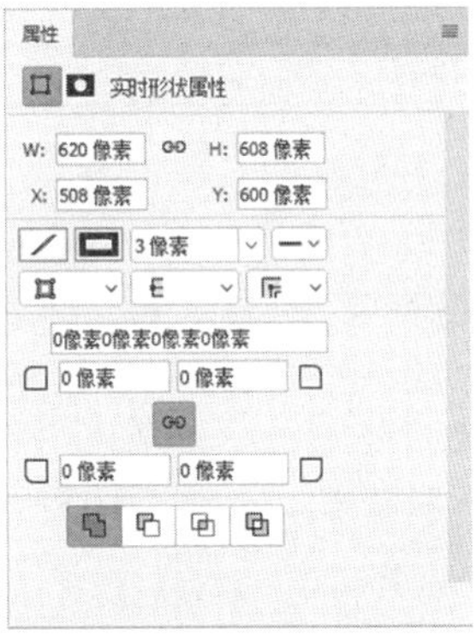

图1.98

除此之外，针对绘制的矢量图形，还可以进行形状的运算。除了表1.2中所列示的方式外，也可以在使用矢量图形的绘制工具（矩形工具、椭圆工具、圆角矩形工具等）时，单击属性栏中按钮下方的三角按钮，在弹出的下拉列表中选择需要的运算方式，以进行矢量图形的精确绘制。

表1.2 矢量图形的运算方式

运算方式	操作方法
合并形状（相加）	按住Shift键绘制，可以添加对象到当前形状（在同一个图层内）
减去顶层形状（相减）	按住Alt键绘制，可以减掉重叠区域的形状
与形状区域相交（相交叉）	按住Shift+Alt组合键绘制，可以得到交叉区域的形状
排除重叠形状	使绘制的形状之间相交叉的区域镂空

提示 除了可以进行形状的运算外，还可以对齐形状。选择多个形状，单击属性栏中按钮下方的三角按钮，然后在弹出的下拉列表中选择需要的对齐方式。

1.3.2 矢量图形的单色填充

矩形工具的属性栏如图1.99所示。

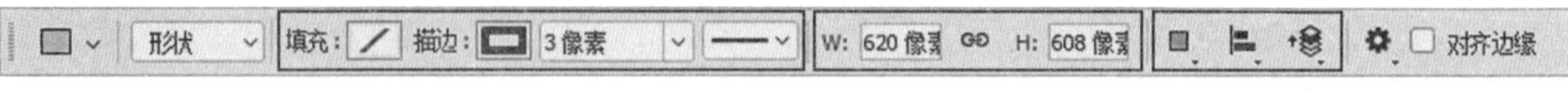

图1.99

圆角矩形工具的属性栏如图1.100所示。

图1.100

椭圆工具的属性栏如图1.101所示。

图1.101

多边形工具的属性栏如图1.102所示。

图1.102

在各绘制工具的属性栏中，最重要的是三处黑色方框选择的部分，从左至右依次为：填充和轮廓编辑，对象尺寸，修剪、对齐、上下位置关系（影响修剪效果）。

图1.99~图1.102中对应部分黑色方框内的参数基本相同，下面以矩形为例进行讲解。

步骤01　使用矩形工具在绘图区中绘制矩形，单击属性栏中“填充”右侧的颜色缩览图，弹出下拉面板，如图1.103所示。在绘图区中的矩形为内部无填充、黑色描边，如图1.104所示。

提示 单击属性栏中“填充”右侧的颜色缩览图，在弹出的下拉面板中，最上方左侧的四个按钮表示填充方式，从左至右依次为无填充、单色填充、渐变填充、图案填充；最上方右侧的彩色按钮可以用来调用拾色器。

图1.103

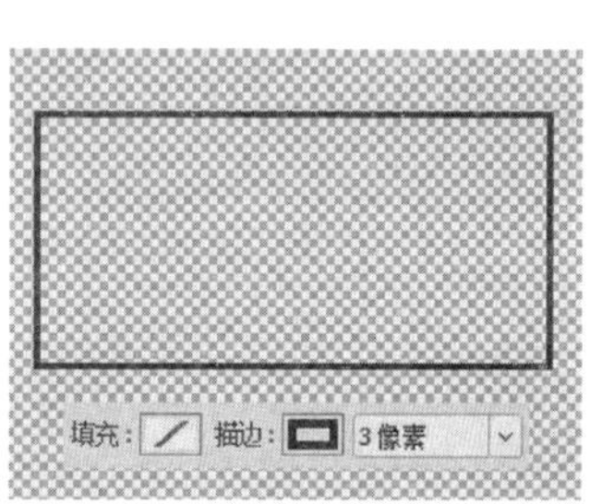

图1.104

步骤02　单击“填充”右侧的颜色缩览图，再单击“单色填充”按钮，可以为矩形内部填充颜色，如图1.105所示。

图1.105

提示

调整填充颜色有两种方式：第一种，双击“图层”面板中的图层缩览图，如图1.106所示，弹出“拾色器”对话框，在其中可以选择颜色，如图1.107所示；第二种，单击属性栏中“填充”右侧的颜色缩览图，在弹出的下拉面板中单击“拾色器”按钮，如图1.108所示，在弹出的“拾色器”对话框中选择颜色（如图1.107所示）。两种方式的不同之处是：第一种，在“拾色器”对话框中不断取色的过程中，图形会自动更改为所取的颜色；第二种，在“拾色器”对话框中不断取色的过程中，图形不会自动更改颜色，必须单击“拾色器”对话框中的“确定”按钮才可以。

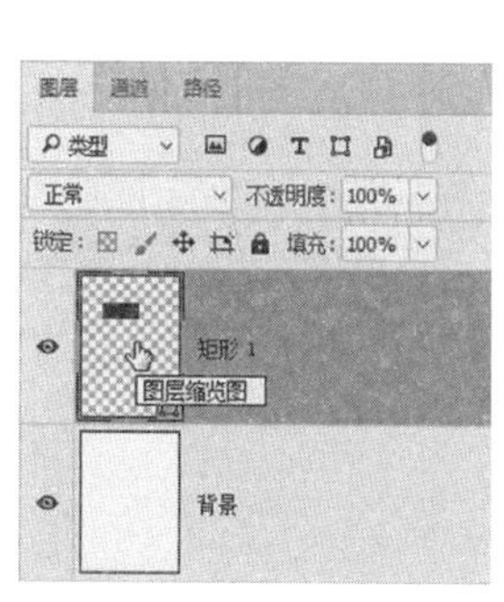

图1.106

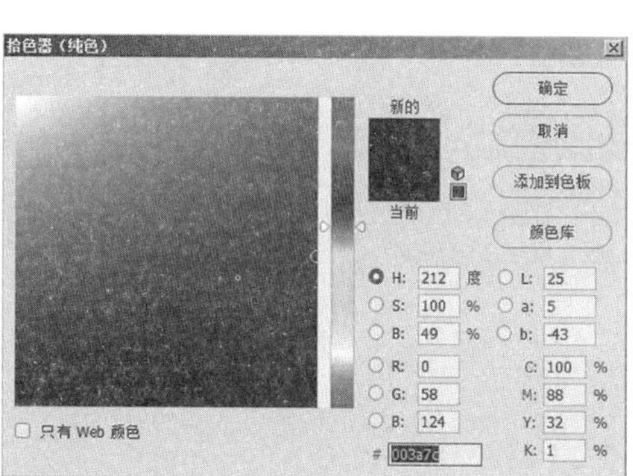

图1.107

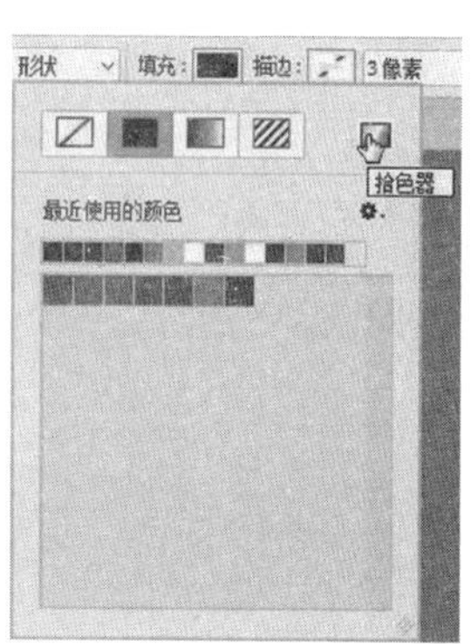

图1.108

 1.3.3 矢量图形的渐变填充及编辑

Photoshop的渐变填充功能也十分强大，能够表现立体、光感效果，并能够营造画面的氛围，尤其在图标设计、界面设计、平面设计和合成设计中都起着很重要的作用。

选择绘制的矢量图形，然后有两种方式可以填充渐变：第一种，单击属性栏中“填充”右侧的颜色缩览图，在弹出的下拉面板中单击“渐变”按钮，即可对矢量图形填充渐变，如图1.109所示；第二种，在“属性”面板中单击颜色填充按钮，在弹出的面板中单击“渐变”按钮，即可填充渐变，如图1.110所示。无论使用哪种渐变方式，默认填充的渐变都是黑白线性。

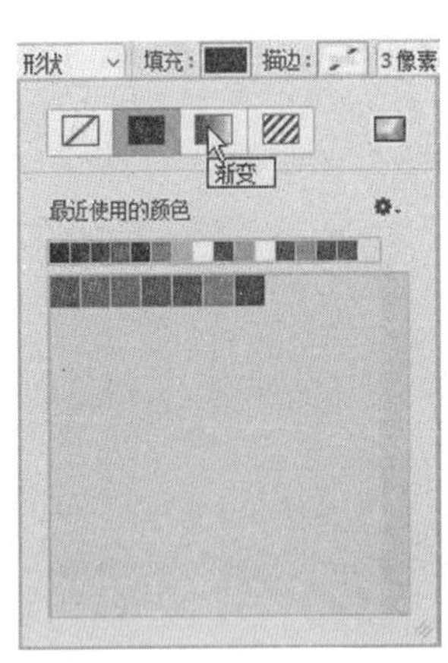

图1.109

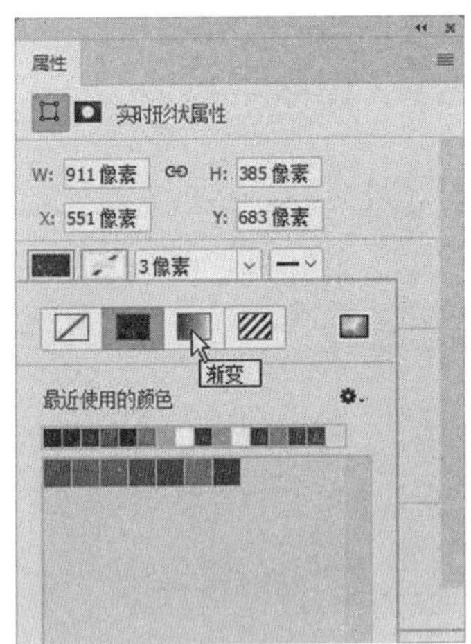

图1.110

在矢量图形中填充渐变后，再次单击属性栏中的颜色缩览图或“属性”面板中的颜色填充按钮■，可以编辑填充的渐变。对比两种操作弹出的“渐变”面板，参数设置是相同的，如图1.111所示。

图1.111

在“渐变”面板中可以选择默认的渐变预设（如图1.112所示），也可以载入新的渐变预设。载入新渐变的具体操作是：单击“渐变”右侧的 ⚙ 按钮，在弹出的菜单中选择“载入渐变”命令，如图1.113所示；弹出“载入”对话框，如图1.114所示；在该对话框中选择载入文件“网页渐变.grd”；载入的网页渐变如图1.115所示；单击渐变按钮（图1.116中黑色方框内所示），即可将选择的渐变应用到矢量图形上，如图1.116所示。

在“渐变”面板中渐变预设的下方可以编辑渐变。渐变条的上、下方都有色标，上方的色标控制渐变的不透明度，下方的色标控制渐变的颜色。

（1）单击渐变条上方的色标，激活“不透明度”参数，可以通过输入数值或拖动滑块来控制渐变的不透明度。

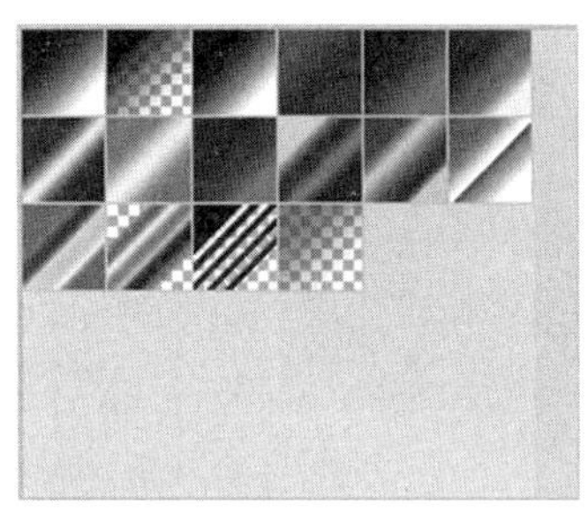

图1.112

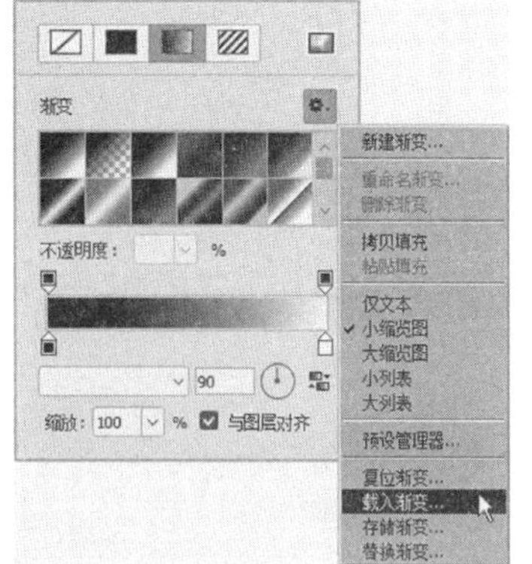

图1.113

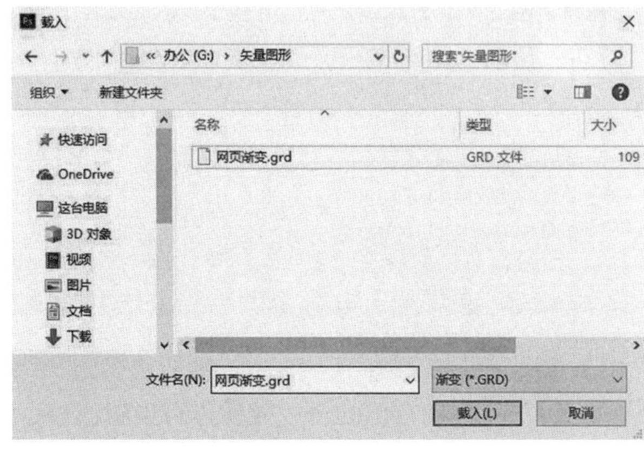

图1.114

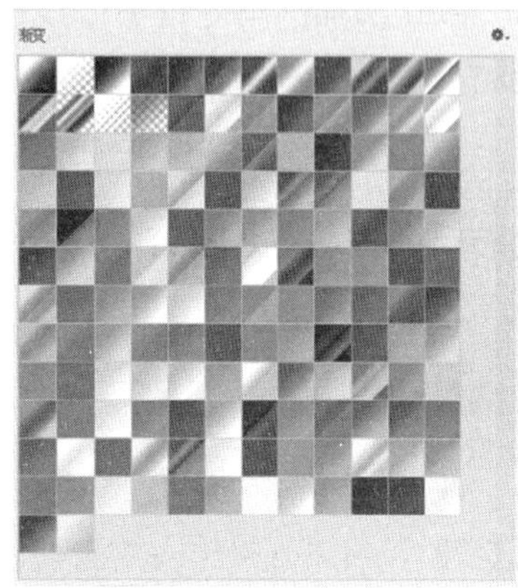

图1.115

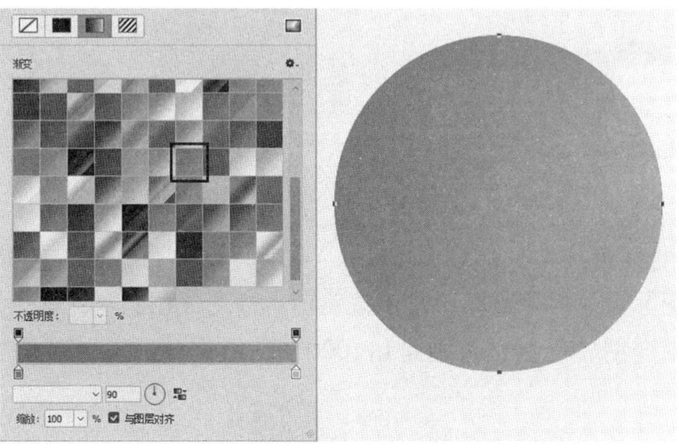

图1.116

（2）将鼠标指针拖动至渐变条上、下方的空白区域，鼠标指针呈手指形状，表示可以添加色标，如图1.117所示。

（3）单击渐变条下方的色标，激活“颜色”参数，单击颜色缩览图，可以弹出“拾色器”对话框，如图1.118所示。

（4）按住鼠标左键，单击不需要的色标，将其拖离渐变条，可以删除色标。

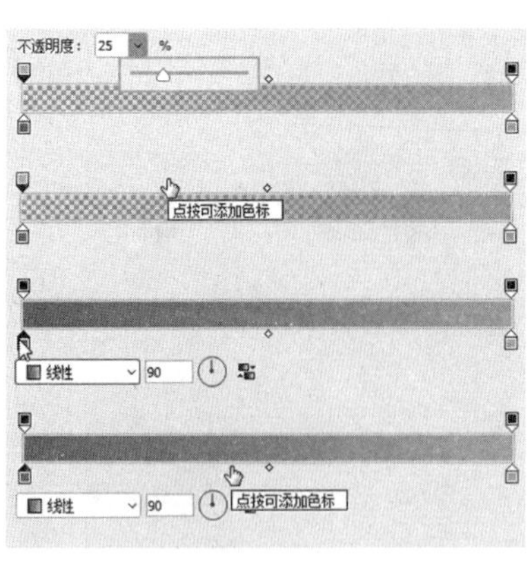

图1.117

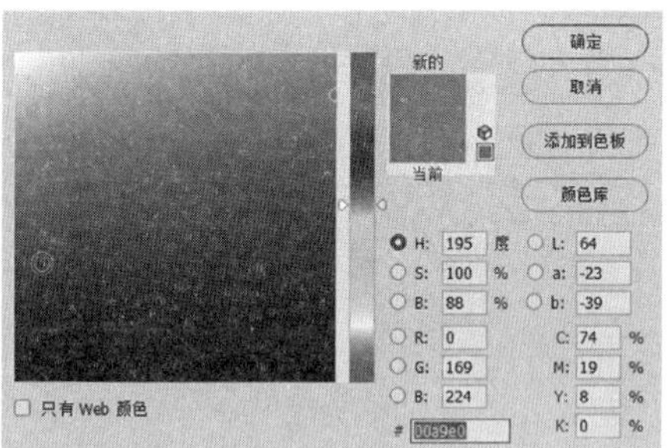

图1.118

默认添加的渐变是黑白线性渐变，展开渐变条下方的第一个下拉列表，可以修改渐变的类型，其中共有五种类型：线性、径向、角度、对称的、菱形，如图1.119所示。

“线性”，是颜色以直线形式过渡；“径向”，是颜色以放射状形式过渡；“角度”，是颜色以锥状形式过渡；“对称的”，是颜色以对称形式过渡；“菱形”，是颜色以菱形形式过渡。通常在使用时，以“线性”“径向”“角度”形式较为多见。渐变的不同类型如图1.120所示。

在渐变类型下拉列表框的右侧可以设置渐变角度，如图1.121所示。渐变角度的默认数值是90°，可以直接输入数值，也可以使用鼠标指针拖动右侧的角度转轮进行设置。

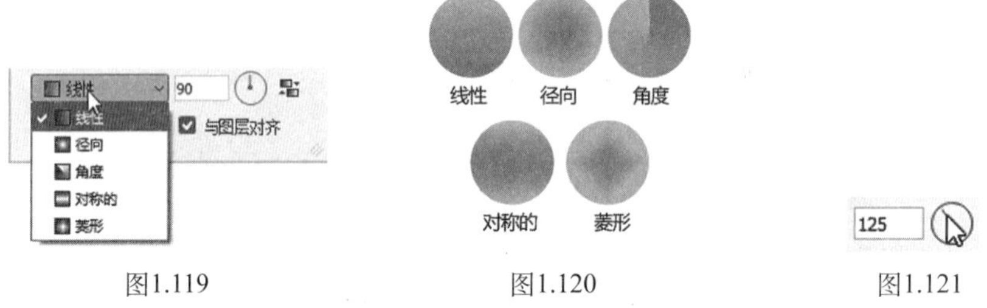

图1.119　　图1.120　　图1.121

是反相渐变颜色按钮。单击该按钮，可以调换渐变颜色中起始和终止颜色的位置，在绘制按钮图标时经常使用。单击该按钮前后渐变颜色的对比效果如图1.122所示。

缩放：100 % 是渐变缩放参数，范围是1~1000。利用该参数，可以控制渐变在矢量图形中的缩放效果。

勾选“与图层对齐”复选框 与图层对齐，渐变颜色填充的是矢量图形；取消勾选“与图层对齐”复选框，渐变颜色填充的是整个画布，在矢量图形中只显示对应位置的颜色。

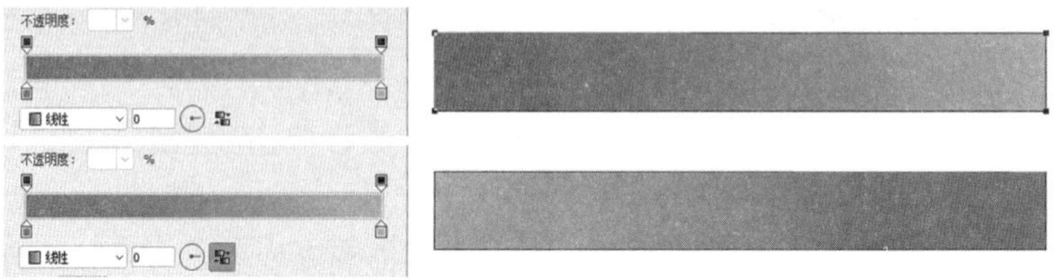

图1.122

提示　“缩放”和“与图层对齐”两个参数的意义不大，一般保持默认设置即可。

对矢量图形填充渐变后，该图形在“图层”面板中的缩览图如图1.123所示。双击该缩览图，弹出“渐变填充”对话框，如图1.124所示，此时在矢量图形上单击，然后拖动鼠标指针，可以移动渐变颜色的位置，如图1.125所示。

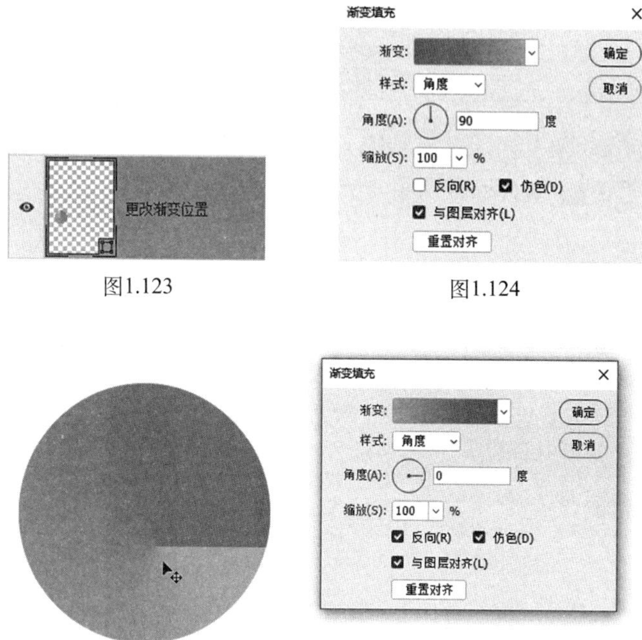

图1.123　　图1.124

图1.125

1.3.4 矢量图形的描边设置

可以在属性栏和“属性”面板中设置描边，参数完全相同，只是参数界面的位置不同，如图1.126所示。

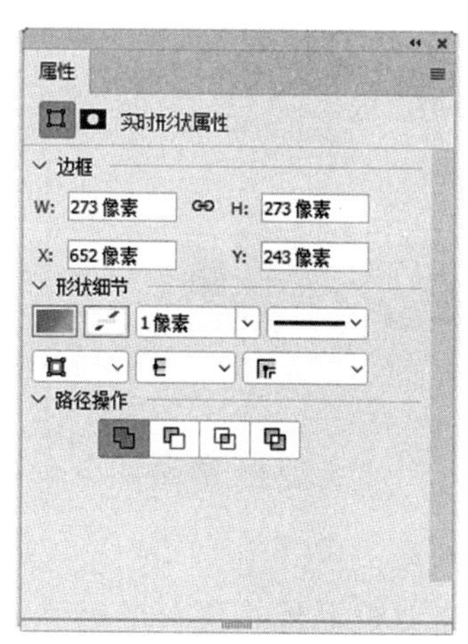

图1.126

选择矢量图形，再选择适合的矢量图形绘制工具（如矩形工具、椭圆工具等），然后单击属性栏中“描边”右侧的颜色缩览图，就可以设置轮廓色了，如图1.127所示，在此进行的颜色编辑与填充颜色编辑相同，不再赘述。

“描边”右侧的[5像素]用于设置描边的宽度，如图1.128所示。

此外，展开属性栏中的[—]下拉列表，可以设置“描边选项”（实线或虚线等），以及“对齐”“端点”“角点”（这一设置借鉴了Illustrator的相关设置）等参数。

提示

“对齐”“端点”“角点”这三个参数在Photoshop字体设计时用处相对较大。

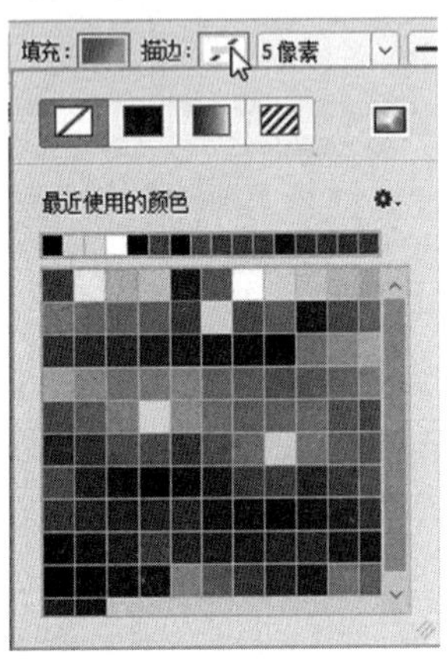

图1.127

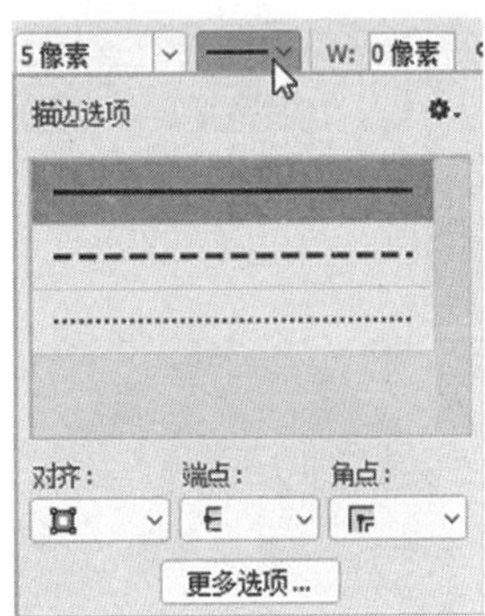

图1.128

1.3.5 基本形状绘制案例

步骤01　新建一个空白文件，参数设置如图1.129所示。

步骤02　使用圆角矩形工具[▢]绘制一个正圆角矩形，“属性”面板显示如图1.130所示。

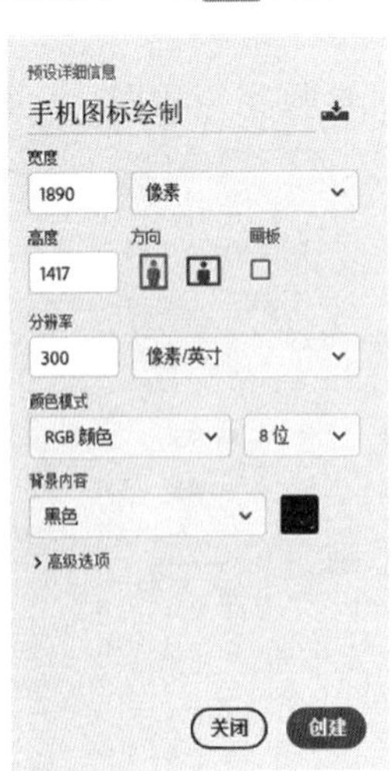

图1.129

图1.130

步骤03　设置圆角矩形的填充为角度渐变，颜色为浅灰色—白色，参数设置及填充效果如图1.131所示。

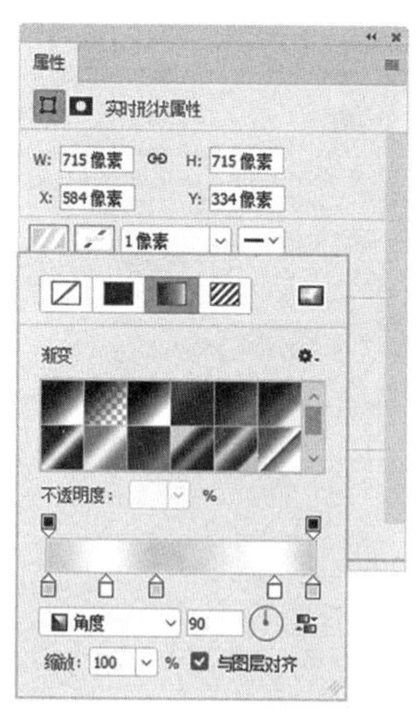

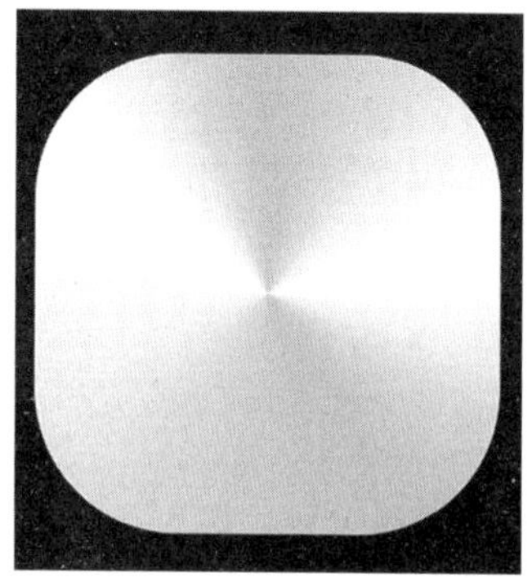

图1.131

步骤04　使用椭圆工具，在正圆角矩形的上方绘制一个圆形，在绘制圆形时先绘制形状（不松开鼠标左键），再按住Shift键。

提示　在“图层”面板中选择已有的形状图层，如果先按住 Shift 键再绘制形状，会进行形状的布尔运算，将新形状添加到已有的形状中；如果先绘制形状再按住Shift键，可以在一个新图层中绘制形状，而不是在原来选择的图层中。

步骤05　删除部分渐变色标，更改渐变类型为“线性”，“角度”为“左上—右下”，如图1.132所示。

图1.132

步骤06　单击“图层”面板中的按钮 fx，在弹出的“图层样式”对话框中勾选“内阴影”复选框，在“内阴影”参数界面中设置“距离”为0像素（阴影在圆形内部），适当调整“大小”和“不透明度”数值，如图1.133所示，单击“确定”按钮，效果如图1.134所示。

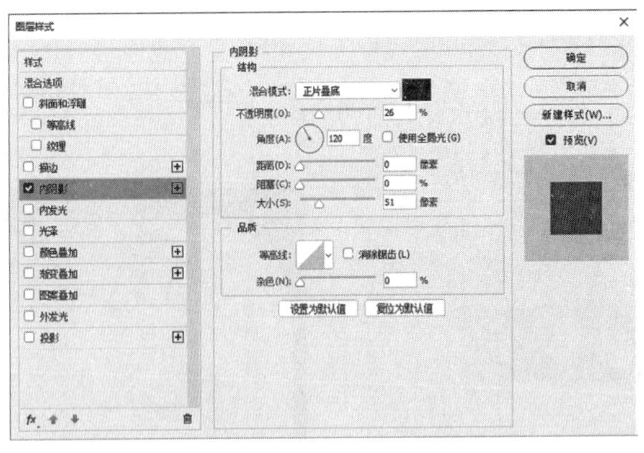

图1.133

步骤07　按Ctrl＋J组合键，复制当前圆形所在图层，如图1.135所示。

步骤08　单击“属性”面板中的颜色填充按钮■，更改渐变色为深蓝—浅蓝色，如图1.136所示。

图1.134

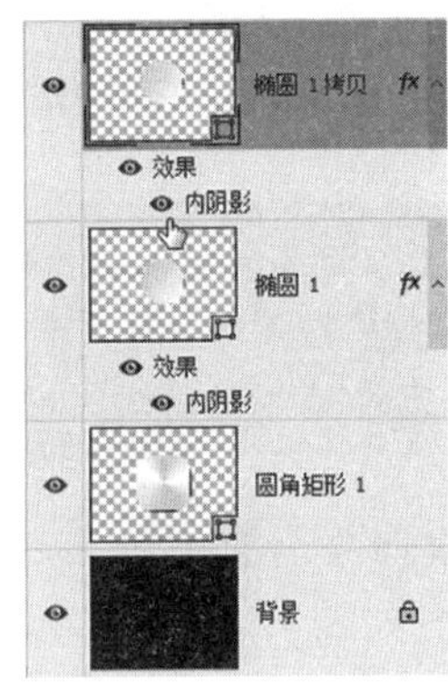

图1.135

步骤09　按Ctrl＋T组合键变换对象，按Alt＋Shift组合键拖动对象四角的控制点，以中心点为基点将对象等比例缩小并移动到合适位置，双击“图层”面板中的“内阴影”图层样式，增加“内阴影”图层样式的不透明度，效果如图1.137所示。

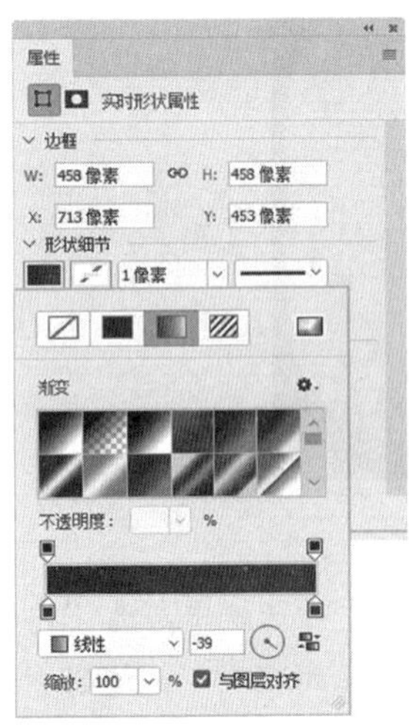

图1.136

图1.137

步骤10　按Ctrl＋J组合键，复制当前圆形所在图层，如图1.138所示。

步骤11　单击“属性”面板中的颜色填充按钮，单击反相渐变颜色按钮，按Ctrl＋T组合键变换对象，按Alt+Shift组合键拖动对象四角的控制点，以中心点为基点将对象等比例缩小并移动到合适位置，双击“图层”面板中的“内阴影”图层样式，减小“内阴影”图层样式的不透明度，效果如图1.139所示。

步骤12　执行三次同样的操作，每次复制一个圆形，然后单击反向渐变颜色按钮，再适当缩小对象，得到另外三个图层（需要适当增加“内阴影”图层样式的不透明度），效果如图1.140所示。

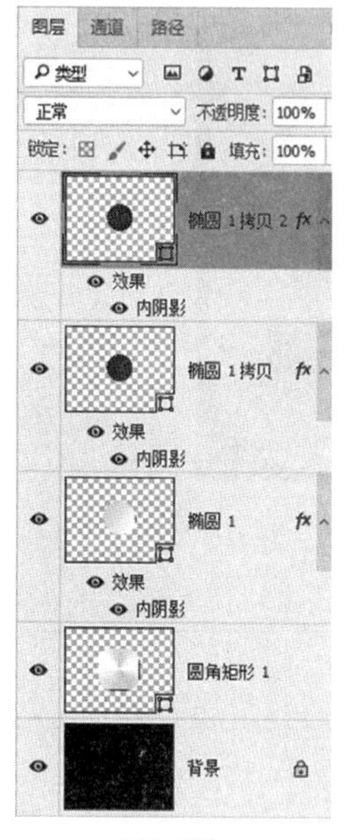

图1.138

图1.139

图1.140

步骤13　按Ctrl＋J组合键，复制当前圆形所在图层，单击属性栏中“填充”右侧的颜色缩览图，更改渐变色为亮蓝色—黑色，渐变类型为“径向”，如图1.141所示。

步骤14　双击“图层”面板中的当前图层缩览图，弹出“渐变填充”对话框，向下移动渐变填充中亮蓝色的中心点，如图1.142所示。

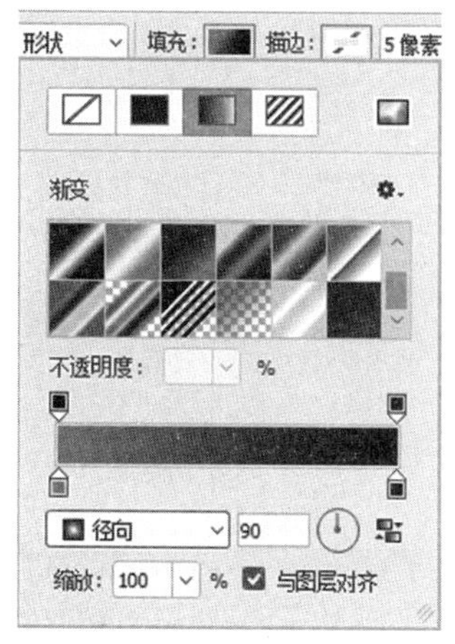

图1.141

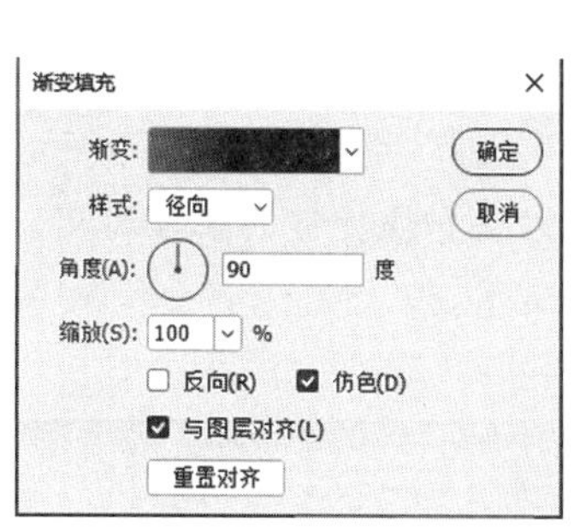

图1.142

提示

下面制作镜头上方的反光效果。

步骤15　使用椭圆工具绘制一个椭圆，更改渐变色的颜色，设置渐变色标均为白色，并设置渐变条上方右侧色标的不透明度为6%，上方左侧色标的不透明度为20%，如图1.143所示，效果如图1.144所示。

图1.143

图1.144

1.4 钢笔工具

学习目标

- 学会使用钢笔工具抠图。
- 掌握钢笔工具抠图的要点和快捷键的使用。
- 灵活运用钢笔工具绘图。

技能要点

- 路径及其组成部分。
- 使用钢笔工具抠图的方法和快捷键的配合运用。
- 钢笔工具绘图的灵活运用。

1.4.1 路径及其组成部分

路径包含锚点、路径、控制手柄三个组成部分，如图1.145所示（图中，“1”表示锚点，“2”表示路径，“3”表示控制手柄）。路径由锚点和控制手柄控制外观结构，如图1.146所示（锚点，控制路径的转折；控制手柄，控制路径的弧度大小和方向）。

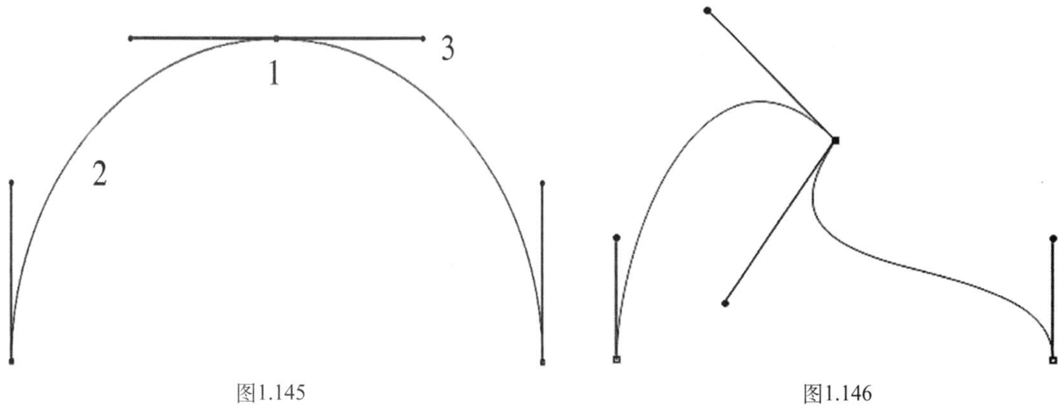

图1.145

图1.146

1.4.2 利用钢笔工具抠图

提示

利用钢笔工具抠图的条件是：对象边缘清晰，并且没有发光及毛发结构。

步骤01 打开文件“利用钢笔工具抠图的基本操作.jpg”，如图1.147所示。

图1.147

步骤02 按Ctrl+“+”组合键，放大显示效果，选择钢笔工具，在汽车的拐角处单击，创建第一个锚点。

提示

绘制直线路径时只需单击鼠标左键即可。

步骤03　在第一个锚点上方合适的位置单击，创建后续的锚点（如图1.148所示），并沿汽车的轮廓绘制路径，如图1.149所示。

图1.148

图1.149

提示　单击鼠标左键并拖动鼠标指针，可以绘制曲线路径。需要注意的是，鼠标指针的拖动方向即曲线路径的生成方向，如图1.150所示。

步骤04　使用同样的方法绘制路径，在转折的位置按住Alt键单击锚点以删除多余的控制手柄，使路径产生拐角，如图1.151所示。

步骤05　继续创建锚点，如图1.152所示。

提示　当锚点位置不合适时，按住 Ctrl 键单击锚点并拖动鼠标指针，可以移动锚点，如图1.153所示。

图1.150

图1.151

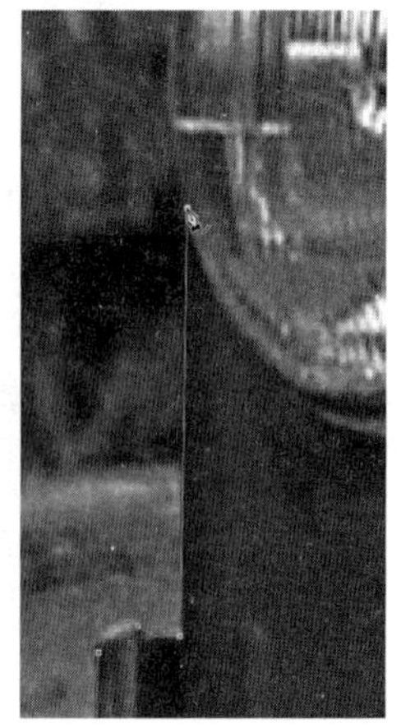
图1.152

步骤06　围绕汽车四周依次创建锚点，如图1.154所示。

步骤07　对象的中间部分有时需要挖空，设置属性栏中的修剪选项为“排除重叠性状”，然后继续创建锚点，路径绘制完成，效果如图1.155所示。

提示　路径绘制完成后，呈闭合状态，锚点不显示。若要修改路径，需要按住Ctrl键单击路径，在显示锚点的状态下修改路径，如图1.156所示（白色箭头所示均为锚点，可以编辑）。

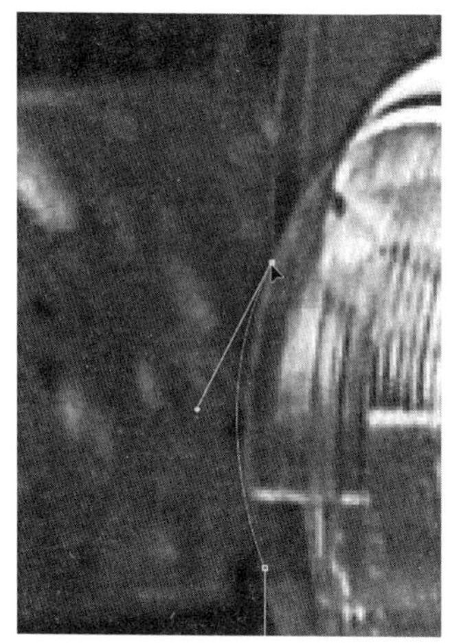

图1.153

图1.154

图1.155

步骤08　按Ctrl＋Enter组合键将路径转换为选区，再按Ctrl＋J组合键复制选区内容。

步骤09　选择“背景”图层，按Delete键，删除“背景”图层，即可得到抠图效果，如图1.157所示。

图1.156

图1.157

 1.4.3 利用钢笔工具绘图

钢笔工具属性栏中的工具模式默认为“路径”，展开下拉列表，选择“形状”选项，可以使用钢笔工具绘制形状。

步骤01　在Photoshop中打开文件“利用钢笔工具绘图.psd”，如图1.158所示。该图为电商海报，其中有很多灯泡结构，这些灯泡要用电线串联起来，使用钢笔工具绘制这些电线会较为方便。

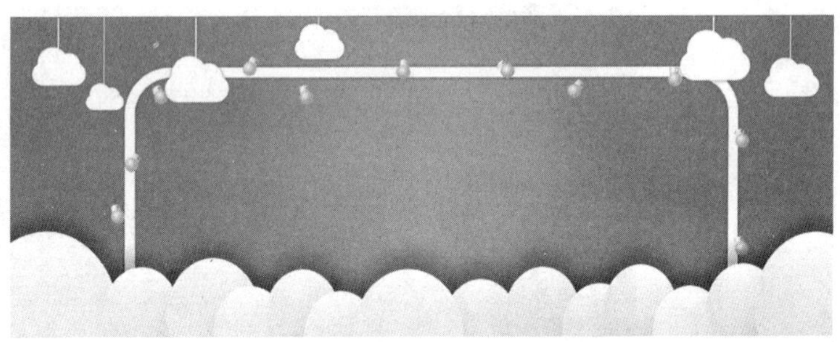

图1.158

步骤02　选择钢笔工具，在属性栏中设置工具模式为“形状”，“填充”的颜色为“无”，“描边”的颜色为深蓝色，描边的粗细为“1像素”，如图1.159所示。

步骤03　在文件中绘制曲线，并使曲线围绕白色圆角矩形框，如图1.160所示。

图1.159

图1.160

提示　要想使电线缠绕在白色圆角矩形框上，在没有学习图层蒙版前，可以利用锚点来实现。

步骤04　使用钢笔工具在电线绕到白色圆角矩形框后面时的路径上单击，添加两个锚点（位置在白色圆角矩形框的两侧），如图1.161所示。

步骤05　在两个锚点中间的路径上再次单击，按Delete键删掉锚点，路径自然断开，如图1.162所示。

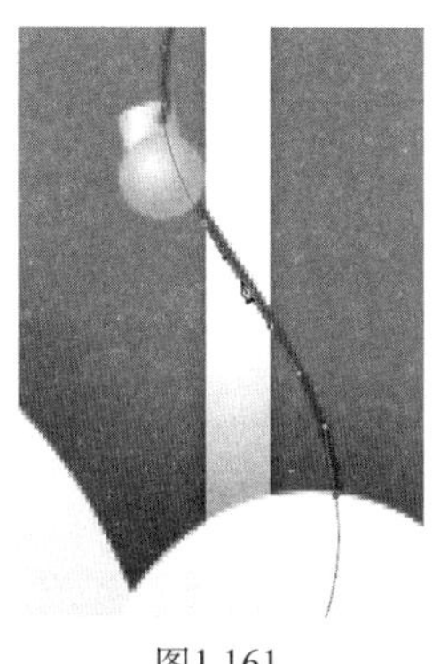

图1.161

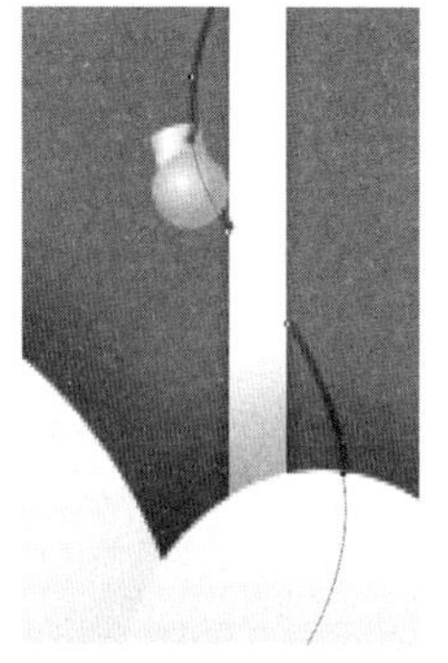
图1.162

步骤06　按照同样的方法，在电线绕到白色圆角矩形框后面时的路径上继续删除锚点，这样就能够使电线缠绕白色圆角矩形框了，效果如图1.163所示。

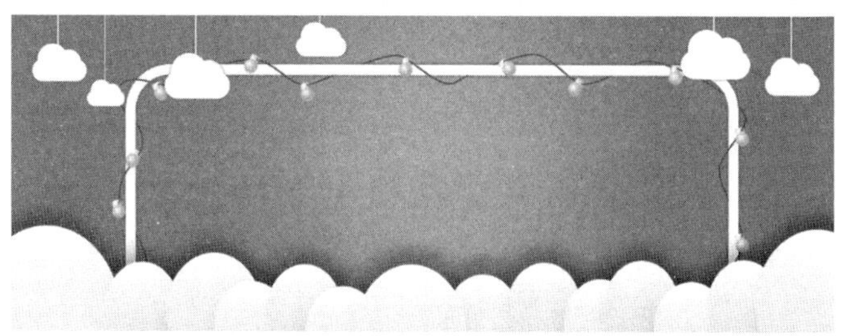
图1.163

1.5 画笔工具与“画笔”面板

学习目标

- 掌握画笔工具的设置。
- 掌握“画笔”面板中的常用设置。
- 画笔工具异常的处理方法。

技能要点

- 设置画笔笔尖的大小及硬度。
- “画笔”面板中的常用设置。
- 画笔工具异常的处理方法。

1.5.1 画笔类型的表现

画笔工具是设计时最常用的工具之一，常常被用来填充颜色、添加烟雾效果、营造环境气氛，以及绘制插画等。

依据画笔笔尖的外形，可以将画笔工具分为以下四类："1"是默认的光边圆形画笔；"2"是默认的羽化圆形画笔；"3"是特效画笔；"4"是自定义画笔。如图1.164所示。

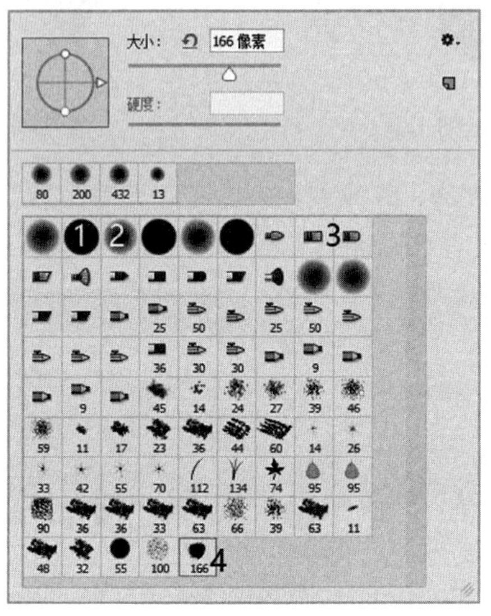

图1.164

1.5.2 画笔笔尖的大小与硬度

选择画笔工具后，在画布上右击，在弹出的面板中可以设置画笔笔尖的大小和硬度，如图1.165所示。

选择画笔工具后，展开属性栏中的画笔预设选取器面板，在其中可以设置画笔笔尖的大小和硬度，如图1.166所示。

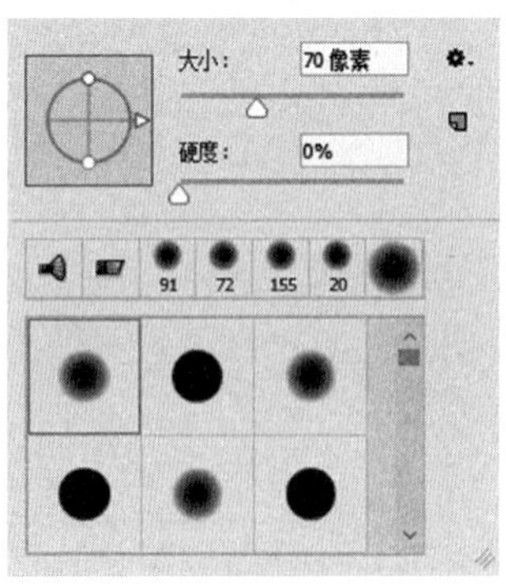

图1.165

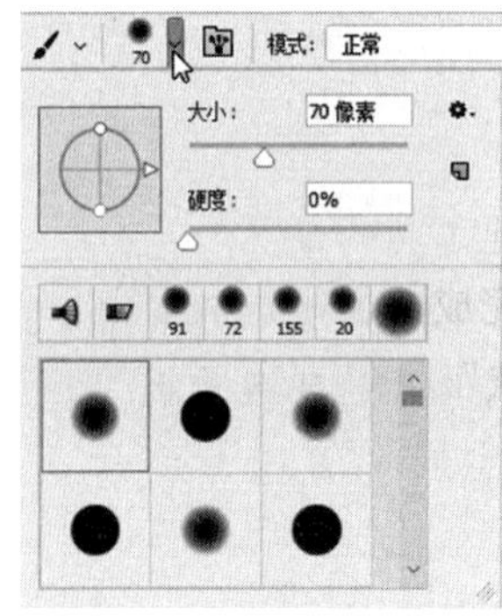

图1.166

选择画笔工具后，按住Alt键和鼠标右键，左右拖动鼠标指针，可以调整画笔笔尖的大小；按住Alt键和鼠标右键，上下拖动鼠标指针，可以调整画笔笔尖的硬度，如图1.167所示。

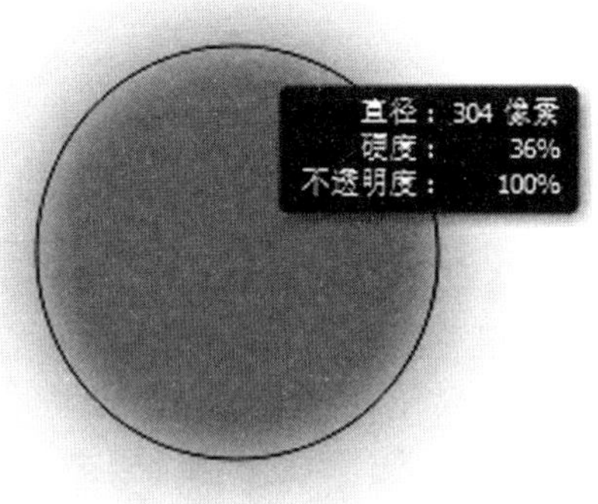

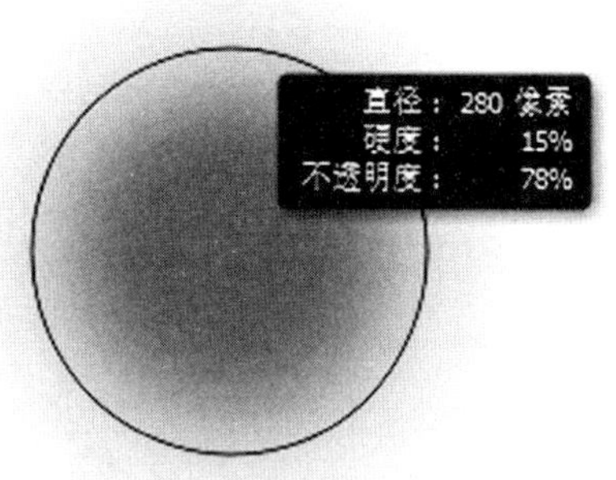

图1.167

在英文输入法状态下，按“[”或“]”键可以调整画笔笔尖的大小；画笔工具以前景色进行绘制；单击小键盘数字键，可以设置画笔笔尖的不透明度。

1.5.3 画笔工具的异常现象

在刚开始使用画笔工具时，画笔工具可能会出现一系列问题，影响绘图。下面总结几种画笔工具的异常现象与解决方法，如表1.3所示。

表1.3 画笔工具的异常现象与解决方法

画笔工具的异常现象	异常原因	解决方法
画笔笔尖显示为⌖状态	键盘大小写键打开	关掉大小写键
	画笔笔尖的大小大于当前视图显示	按Ctrl+“−”组合键，缩小视图显示
画笔工具不能够用快捷键更改大小	中文输入法打开	按Ctrl+Space组合键，切换到英文输入法状态

1.5.4 “画笔”面板中的参数设置

在“画笔”面板中能够设置画笔工具的多项参数，对于画笔笔尖的控制大多在“画笔”面板中完成。按F5键，打开“画笔”面板，如图1.168所示，其中最常用的参数为“画笔笔尖形状”“形状动态”“散布”“传递”。

在“画笔笔尖形状”参数面板中，可以设置“大小”“硬度”“间距”等。其中，当“间距”参数的数值较小时，使用画笔工具绘制的线条较为平滑；当“间距”参数的数值较大时，使用画笔工具绘制的线条呈有间隙的圆点排列，如图1.169所示。

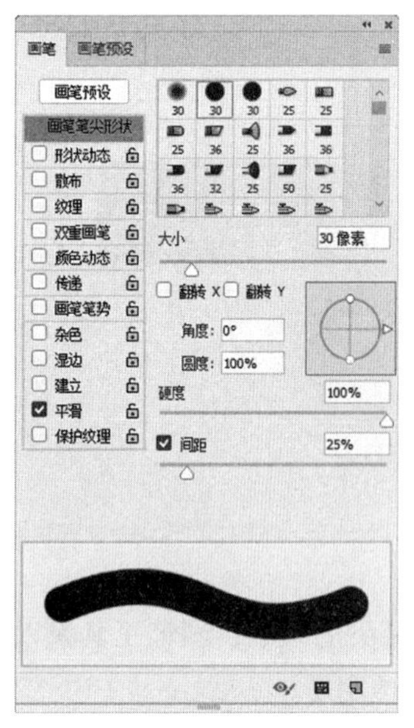

图1.168

图1.169

在“形状动态”参数面板（如图1.170所示）中设置“大小抖动”，可以使画笔笔尖的单元结构发生大小的随机变化；设置“角度抖动”，可以使画笔笔尖的单元结构发生角度的随机变化，以作为点缀。如图1.171所示，图中六边形结构的间距比较零散，角度各有不同。

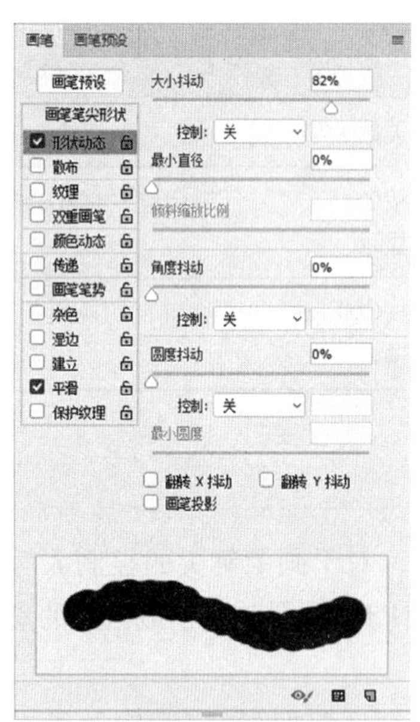

图1.170

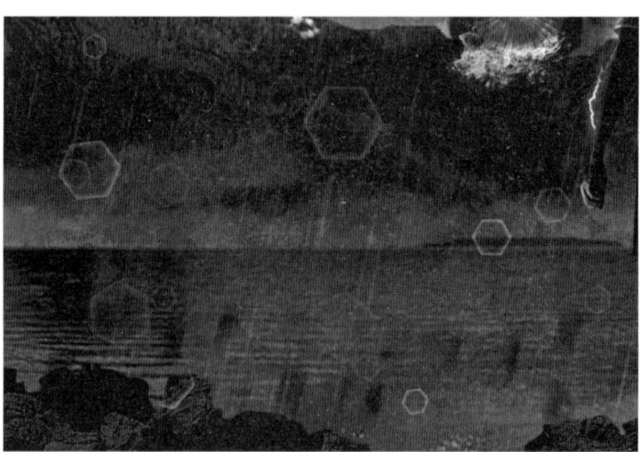

图1.171

在“散布”参数面板中，可以设置画笔笔尖的单元结构在绘制的路径两侧随机扩散的距离，如图1.172所示。“散布”面板参数可以用来制作图像合成时的光晕效果，或制作水雾效果以增强空间感，如图1.173所示。

在“传递”参数面板中，可以设置画笔的透明度随机参数，如图1.174所示。“传递”参数常被用来制作散点的装饰效果，利用对象的透明度变化产生空间感，如图1.175所示。

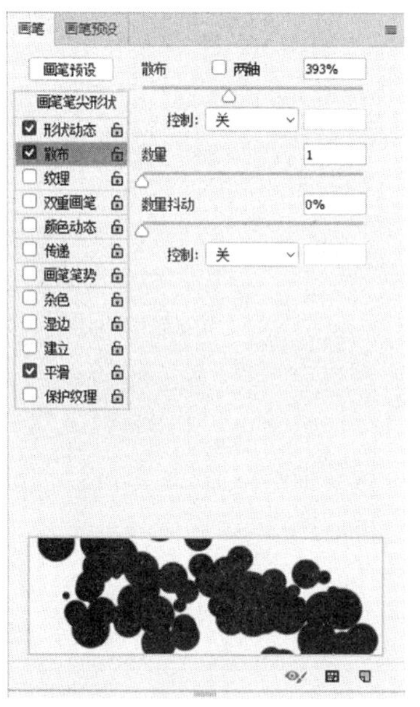

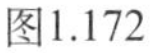

图1.172

图1.173

图1.174

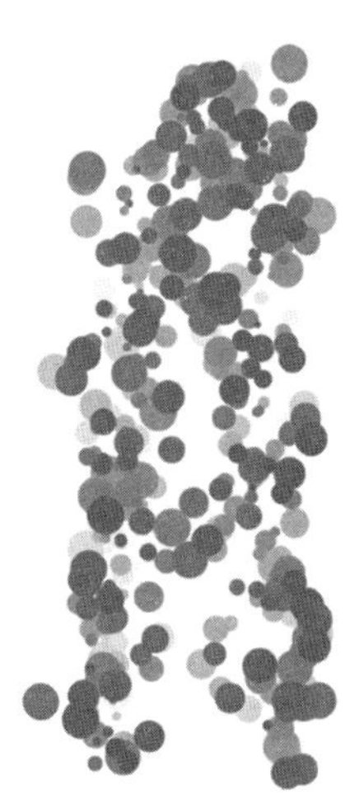

图1.175

1.5.5 自定义画笔

自定义画笔的注意事项如下所述。

(1) 无法定义白色对象为画笔；定义黑色对象为画笔后，生成不透明的画笔；其他颜色的对象可以在转换为灰度后定义为画笔，并生成半透明的画笔。

（2）要定义的对象不能超过画笔的最大尺寸。

选择“编辑”→“定义画笔预设”命令，可以自定义画笔，如图1.176所示，弹出“画笔名称”对话框，如图1.177所示。

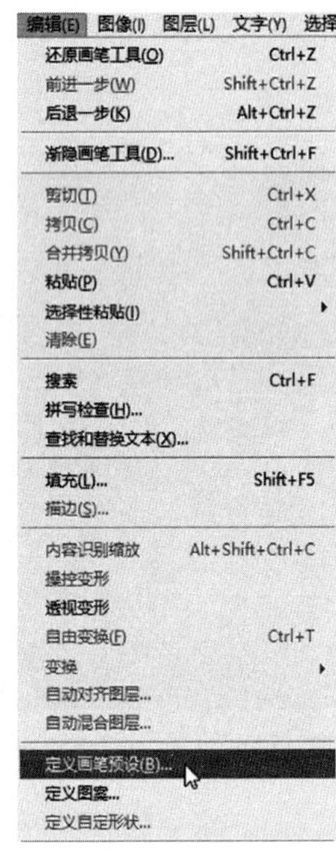

图1.176

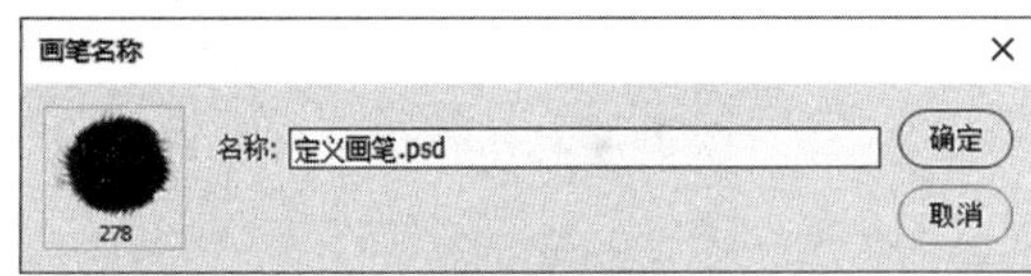

图1.177

1.5.6 画笔工具和橡皮擦工具

画笔工具用来添加颜色，橡皮擦工具用来擦除颜色。两者功能不同，但设置完全相同，在此不再赘述。

项目 2

图像处理

- 柔光原理
- 修图工具
- 场景修图
- 清晰化处理
- 美白牙齿
- 亮泽头发
- 自然美肌
- 修形塑身

2.1 柔光原理

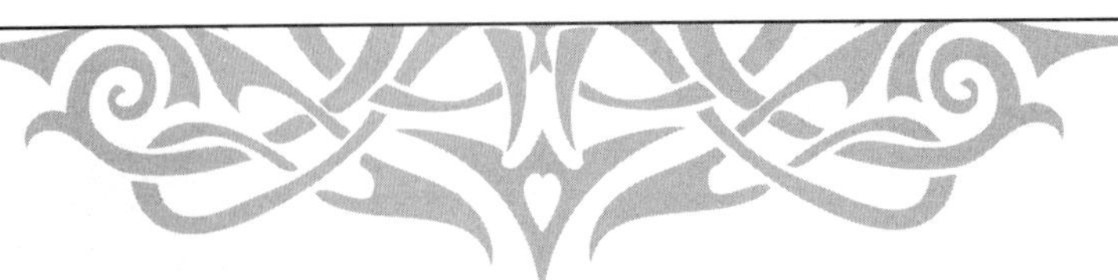

学习目标

- 学习图层混合模式——柔光。
- 掌握黑白照片中人物上色的方法，使人物效果更加自然。

技能要点

- 混合模式中柔光的原理，颜色的混合原则。
- 为黑白人像上色时颜色的设置方式。

2.1.1 图层混合模式——柔光

什么是柔光？柔光是一种图层混合模式，图层混合模式是Photoshop中一项很强大的功能。对于单独的图层而言，图层混合模式没有什么作用，但利用不同的混合模式对多个图层进行叠加，往往可以得到令人意想不到的效果。可以将图层混合模式看作夏天防强光的太阳镜，如果镜片是蓝色的，透过镜片映入眼帘的部分就是偏蓝色的，而镜片以外的部分还是原来的颜色。

选择除“背景”图层以外的其他图层，展开“图层”面板上方的混合模式下拉列表，在其中选择“柔光”混合模式，如图2.1所示。

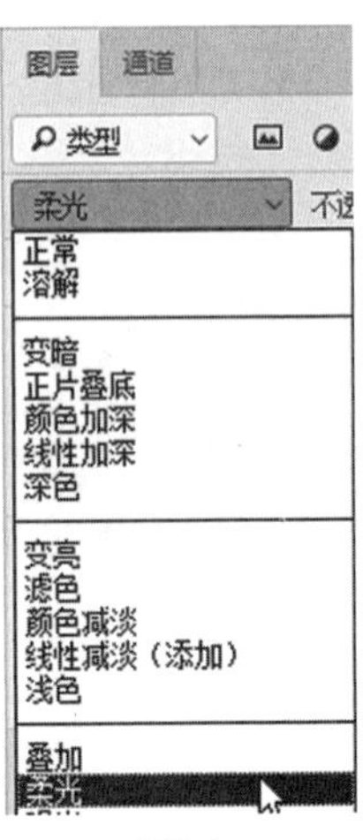

图2.1

“柔光”混合模式的作用如下。

（1）“柔光”混合模式可以用来上色，如图 2.2所示。

（2）“柔光”混合模式可以用来提亮颜色，如图 2.3所示。

图2.2

图2.3

2.1.2 “柔光”混合模式中的中性灰原则

当颜色只有黑、白色时，“柔光”混合模式可以看作过滤灰色、增强对比度的一种手段。

步骤01 打开一幅素材图像，按Ctrl+J组合键，复制当前图层，得到新图层，并将其命名为“滤灰”，按Ctrl+Shift+U组合键，使当前图层中的图像去饱和度，只剩下黑、白、灰色调，将图层混合模式更改为“柔光”，观察前后对比效果，如图2.4、图2.5所示。

图2.4

图2.5

提示 人物头发的颜色过于偏暗，需要用橡皮擦工具擦除部分区域以表现头发的层次感。此外，人物的对比度提高了，明暗度有了变化，亮的区域更亮，暗的区域更暗。这是为什么？来看中性灰原则。

步骤02 复制素材图像，效果如图2.6所示。

图2.6

步骤03　选择矩形工具，在每一位人物的上方绘制一个矩形，并设置颜色，如图2.7所示（白色标注为矩形填充的颜色值）。

图2.7

步骤04　按住Ctrl键选择五个矩形图层，然后展开“图层”面板中的混合模式下拉列表，选择“柔光”混合模式，如图 2.8所示。

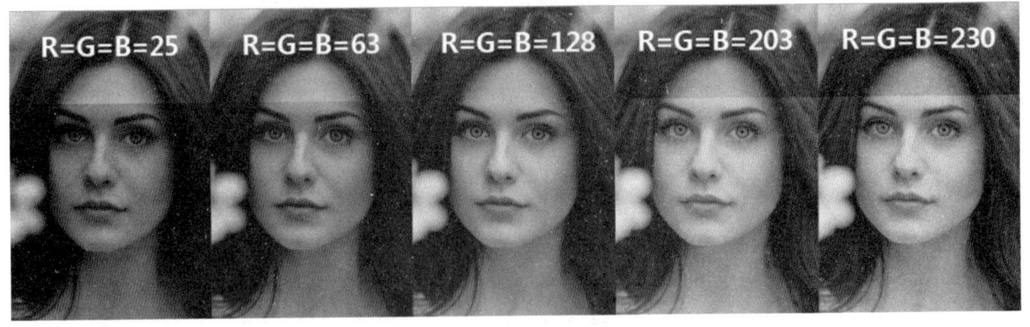

图2.8

可以清晰地看出，当R = G = B = 128时，“柔光”混合模式对整体图像效果没有任何影响；当R、G、B的数值大于128时，图像效果会变亮，反之图像效果会变暗。这就是黑、白色“柔光”混合模式的特点，即中性灰原则。

因此，当将人物图层去色后，更改图层混合模式为“柔光”，可以使整体图像效果的明暗关系增强，使人物的层次感更丰富。

“柔光”混合模式在黑色和白色区域不起任何作用。

2.1.3 利用“柔光”混合模式调整颜色

步骤01 打开一幅素材图像，创建新的空白图层，将其命名为“饱和度”，设置其图层混合模式为“柔光”，如图2.9、图2.10所示。

图2.9

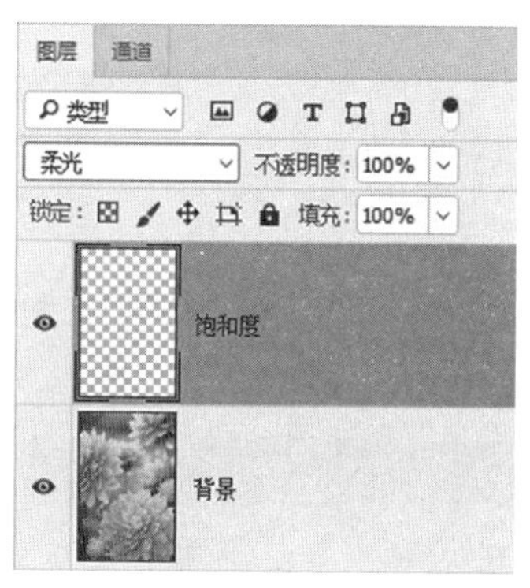

图2.10

步骤02 按F6键，弹出“颜色”面板，将鼠标指针拖动至“颜色”面板的右下角，当鼠标指针变为双箭头时向右拖动，扩大面板以便于后面观察效果，如图 2.11所示。

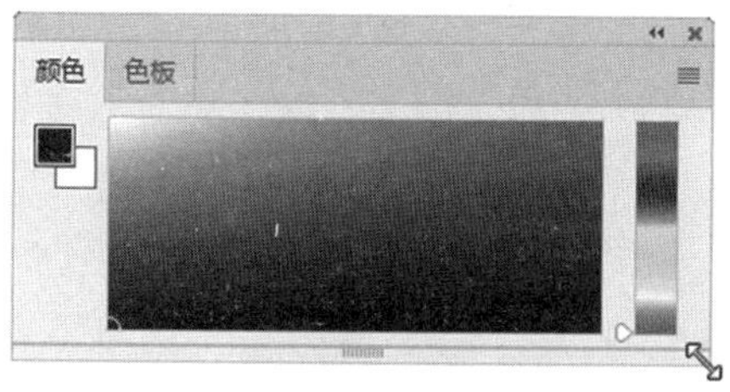

图2.11

步骤03 单击“颜色”面板右上角的≡按钮，在弹出的面板菜单中选择“HSB滑块”选项，如图2.12所示，“颜色”面板显示如图2.13所示。

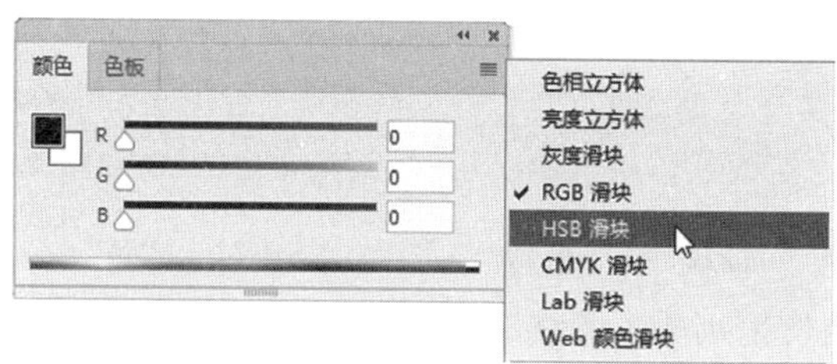

图2.12

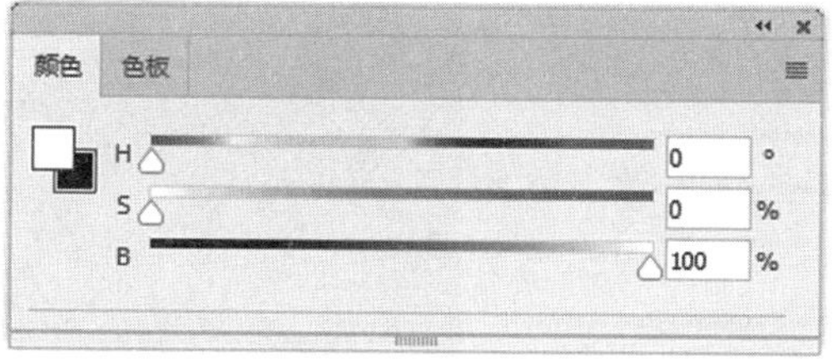

图2.13

提示　选择“HSB滑块”选项，是为了方便设置颜色。H表示色相（颜色的种类），S表示饱和度（颜色的鲜艳程度），B表示亮度（颜色的明暗）。

步骤04　在“颜色”面板中，设置“B”值为50%，“S”值为100%，“H”值保持0°（红色）不变，如图2.14所示。

提示　HSB模式下的B=50%与RGB模式下的R=G=B=128颜色相同，均为中性灰。

步骤05　选择画笔工具，在“饱和度”图层中涂抹花朵的一个花瓣，图层显示如图2.15所示。

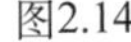
图2.14

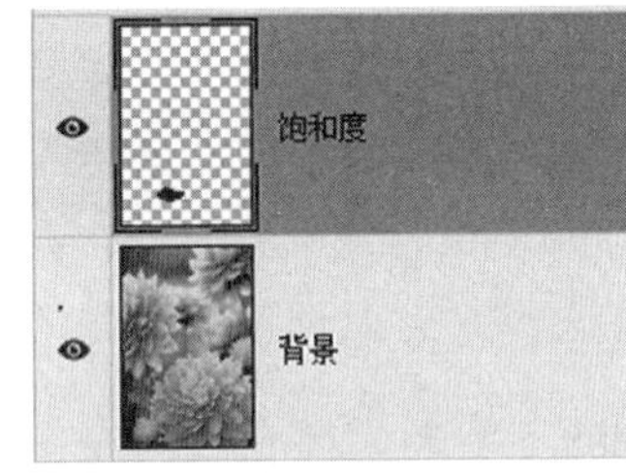

图2.15

提示　花瓣被红色覆盖，但透过红色仍然能够看见下面图层中花瓣的颜色。

步骤06　在“颜色”面板中，设置“S”值为50%，“H”和“B”的数值不变，在“饱和度”图层中继续使用画笔工具涂抹右侧的花瓣，如图2.16、图2.17所示。

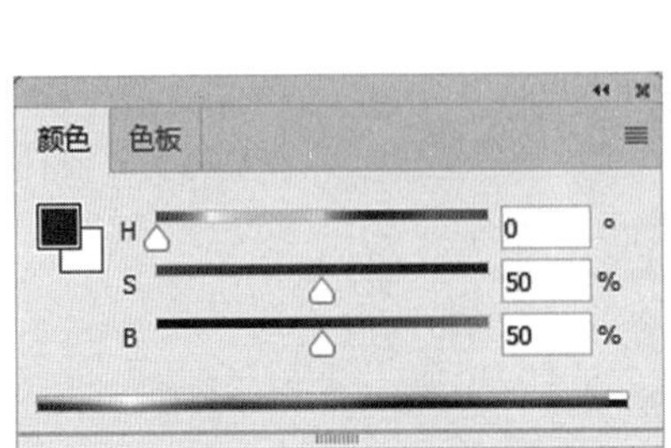

图2.16

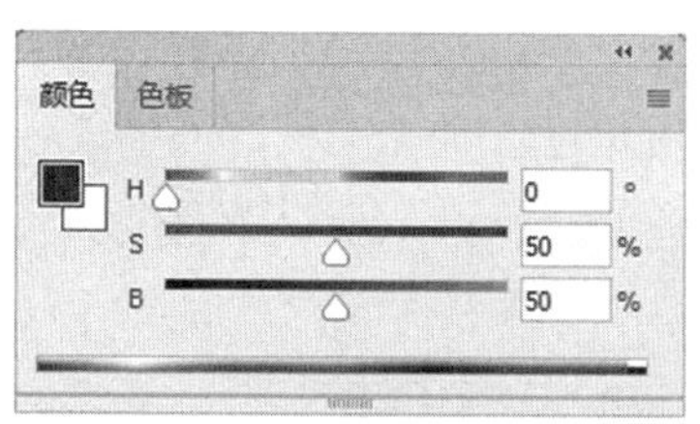

图2.17

第二次涂抹红色的效果没有第一次明显。因此，当通过“柔光”混合模式混合具有颜色及饱和度的图层时，饱和度越大，颜色越鲜艳，混合效果越明显；饱和度越小，颜色越暗淡，混合效果越不明显；灰色没有饱和度，只增减亮度，颜色不会更改。

提示

图2.18中是没有添加柔光效果的原图对象，可以从“信息”面板中观察到取样点1（#1）和取样点2（#2）的RGB 颜色参数；图2.19 中取样点1（#1）处添加红色（H=0°，S=100%，B=50%，图2.14中的颜色取值）并使用“柔光”混合模式，取样点2（#2）处添加红色（H=0°，S=50%，B=50%，图2.16中的颜色取值）并使用“柔光”混合模式。对比图 2.18 和图2.19 中“信息”面板中的 RGB 参数，可以得到当亮度 B 固定时，无论是S=50%，还是 S=100%，图像都会变暗（“信息”面板中的参数数值变小，RGB 模式颜色数值越小，整体效果越暗）。

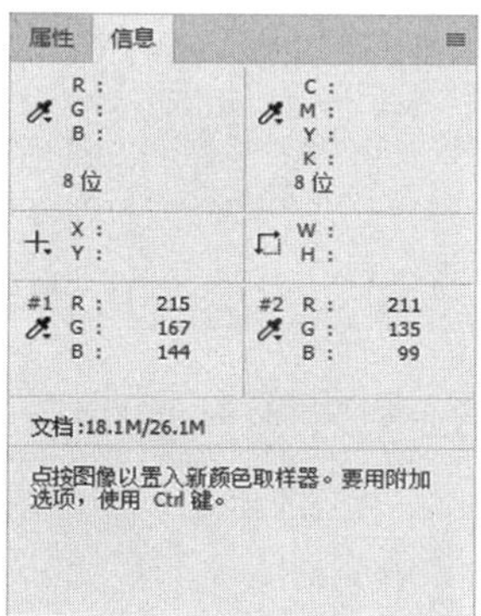

图2.18

属性　信息

R :
G :
B :
8 位

C :
M :
Y :
K :
8 位

X :
Y :

W :
H :

#1 R : 215
G : 109
B : 81

#2 R : 211
G : 103
B : 69

文档:18.1M/26.1M

点按图像以置入新颜色取样器。要用附加选项，使用 Ctrl 键。

图2.19

2.1.4 利用“柔光”混合模式为黑白照片上色

下面制作一个实例——为黑白照片上色。通过观察分析，灵活选择颜色和运用“柔光”混合模式为对象添加颜色。上色前后的效果对比如图2.20所示。

图2.20

步骤01　打开文件“黑白照片上色.tif”，如图2.21所示；在“图层”面板中单击按钮，新建空白图层，将其命名为“皮肤颜色 泛红色”，按Ctrl+J键，将其复制为新图层，并修改图层名称为“皮肤颜色 泛黄色”，将两个图层的混合模式都设置为“柔光”（使其与下方的“背景”图层进行混合），“图层”面板显示如图2.22所示。

图2.21

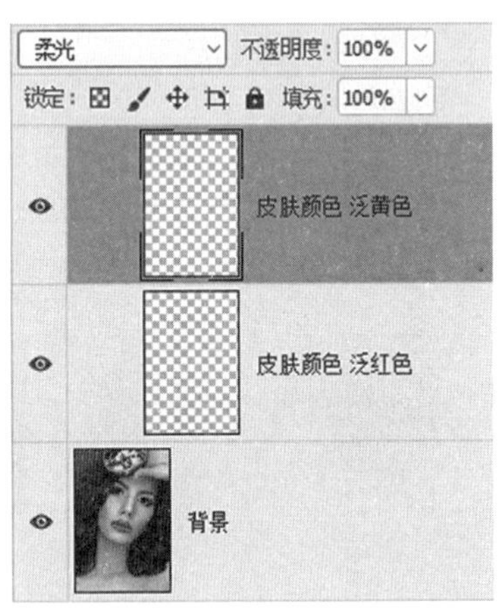

图2.22

提示　为什么将人物的皮肤分为红色和黄色两种色调呢？这是因为皮肤的颜色不好调整，某些暗部区域会偏红色，如嘴唇下方，某些亮部区域会偏黄色，如颧骨部分。在此可以将红色和黄色区别为皮肤的血色和皮肤的亮度。

步骤02　选择图层“皮肤颜色 泛黄色”，单击工具箱中的前景色图标，在弹出的“拾色器”对话框中选择一种偏亮的橙色作为皮肤的颜色，如图2.23、图2.24所示。

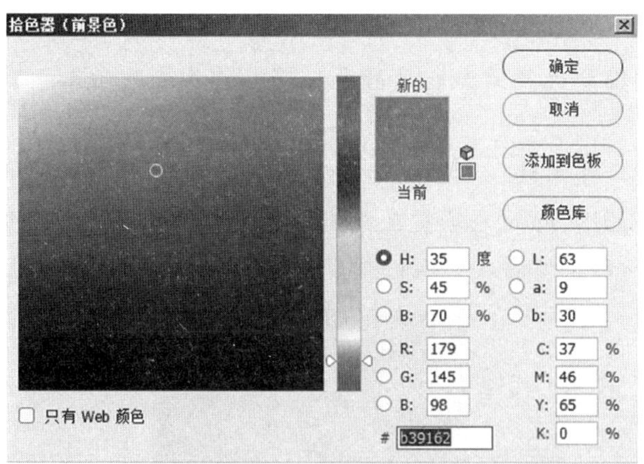

图2.23

图2.24

提示

针对不同图像需要区别对待，在实际操作中多测试几次。

提示

在“拾色器”对话框的颜色选择区域中进行水平移动，可以选择不同饱和度的颜色；进行垂直移动，可以选择不同明度的颜色。

步骤03　选择画笔工具，使用默认的画笔笔尖，右击，在弹出的面板中查看“硬度”是否为0%，如图2.25所示。

提示

当“硬度”数值为0%时，羽化效果最明显，画笔笔尖具有柔化边缘；当“硬度”数值为100%时，没有羽化效果，画笔笔尖的边缘生硬。

步骤04　使用“硬度”为0%的画笔笔尖在人物面部的皮肤区域进行涂抹，可以看到皮肤区域呈现出黄色，如图2.26所示。

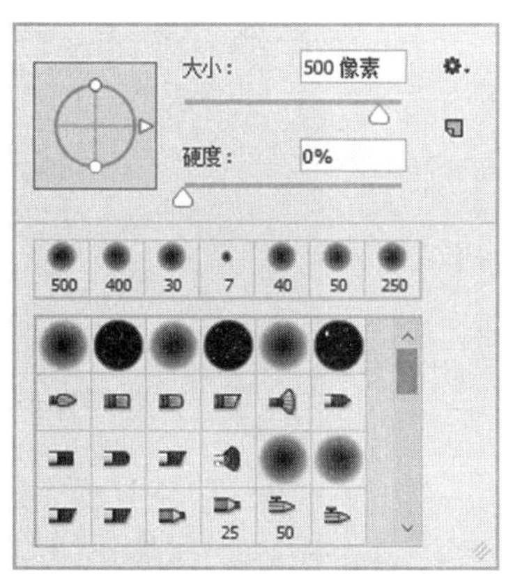

图2.25

图2.26

提示

如果人物皮肤的颜色过于偏黄，可以单击工具箱中的前景色图标，在弹出的“拾色器”对话框的颜色选择区域中，向左移动鼠标指针以适当降低当前颜色的饱和度，然后按Ctrl+Shift+Delete组合键，直接填充“皮肤颜色泛黄色”图层中的像素区域，覆盖以前的颜色。

步骤05　选择“皮肤颜色 泛红色”图层，单击工具箱中的前景色图标，在弹出的“拾色器”对话框中选择一种偏红色的低饱和度颜色，将其作为皮肤的血色，前景色设置效果如图2.27所示。

步骤06　选择画笔工具，使用默认的画笔笔尖，右击，在弹出的面板中查看“硬度”是否为0%，使用“硬度”为0%的画笔笔尖在人物的皮肤区域进行涂抹，可以看到皮肤区域呈现出红色，如图2.28所示，“图层”面板显示如图2.29所示。

图2.27

图2.28

步骤07　如果颜色涂抹过多，可以使用橡皮擦工具进行部分擦除，如图2.30所示。

提示　前面步骤中涂抹的黄色和当前步骤中涂抹的红色混合在一起，构成人物皮肤的基本效果。

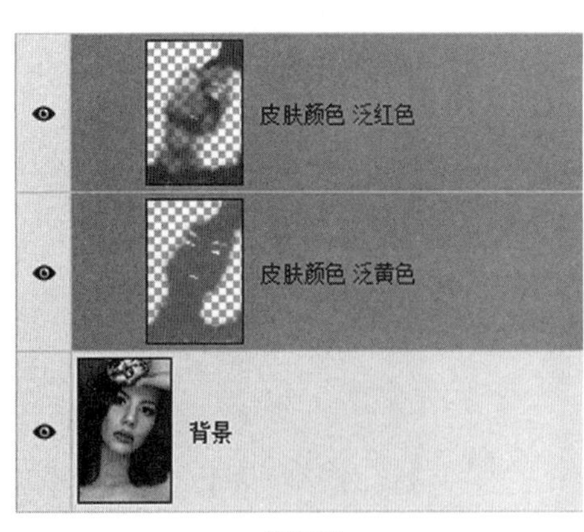

图2.29

图2.30

步骤08　使用相同的方法，新建图层，将其命名为相应的区域，将图层混合模式更改为“柔光”，选择画笔工具，使用不同的颜色依次进行涂抹。

步骤09　嘴唇颜色的设置及效果如图2.31、图2.32所示。

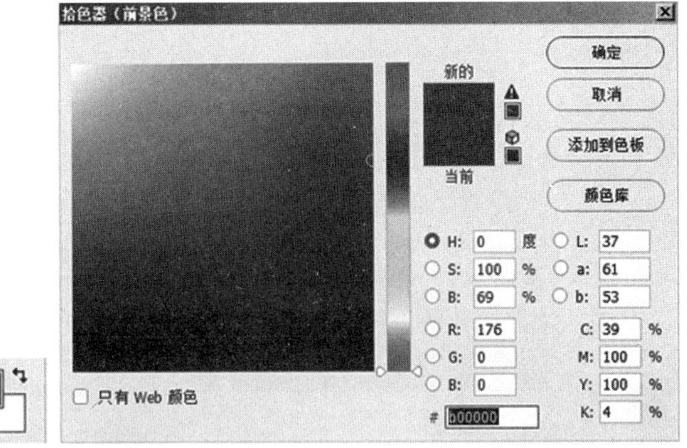

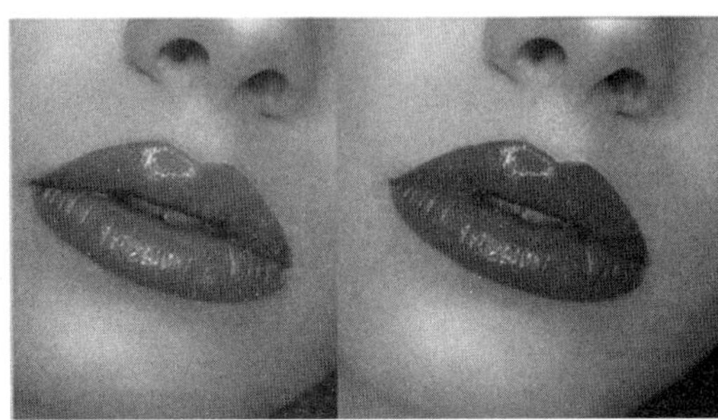

图2.31

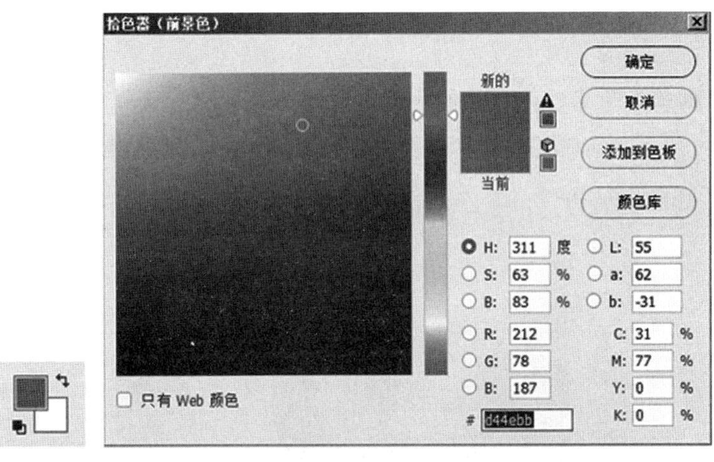

图2.32

步骤10　瞳孔颜色的设置及效果如图2.33所示。

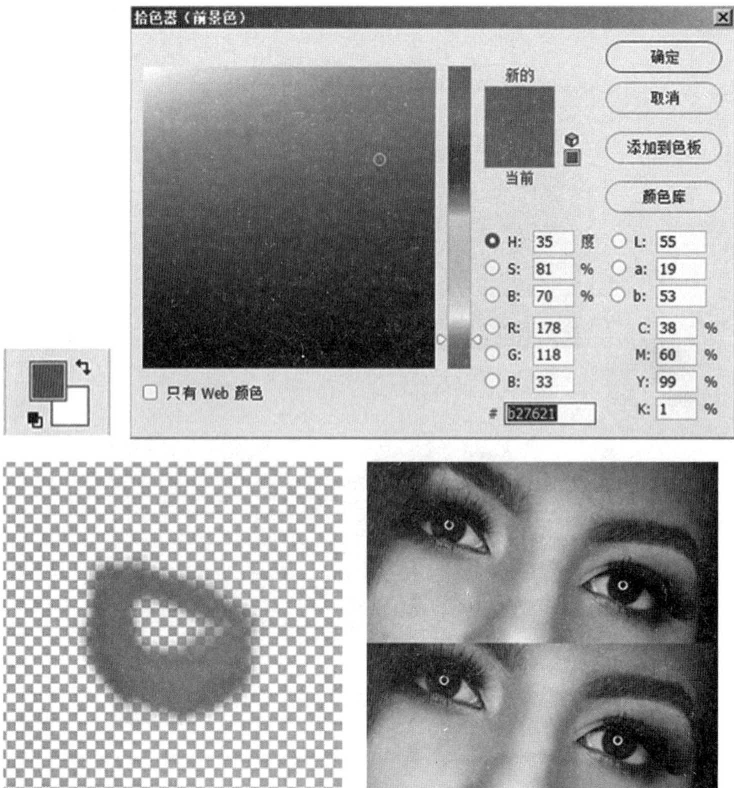

图2.33

步骤11　眼白略呈蓝色，颜色的设置及效果如图2.34所示。

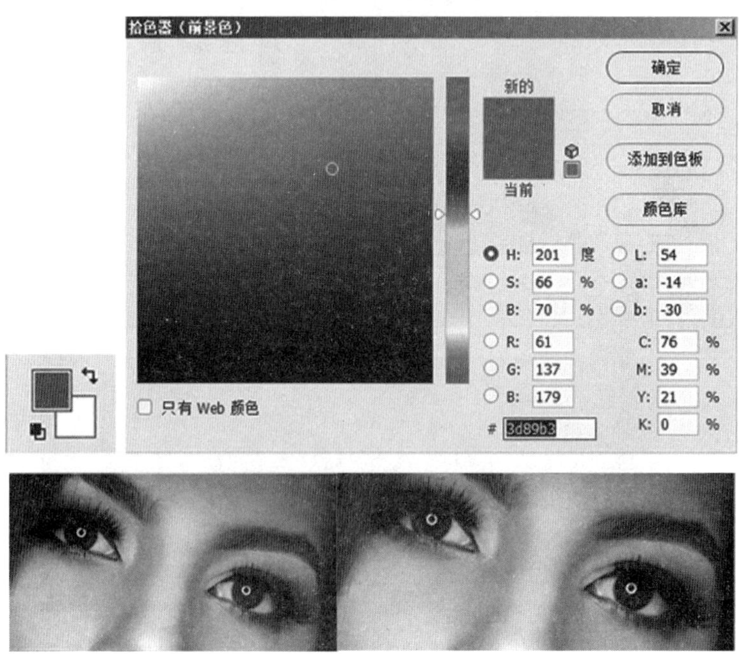

图2.34

步骤12　眼角肌肉的设置及效果如图2.35所示。

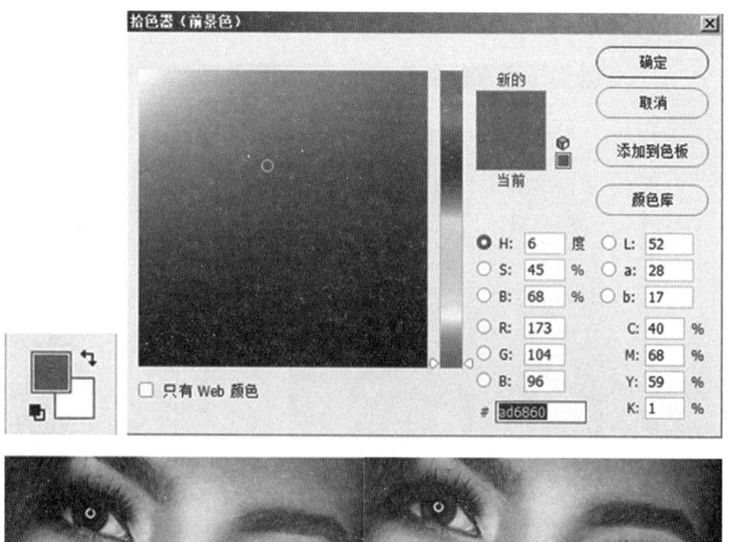

图2.35

步骤13　头发颜色的设置及效果如图2.36所示。

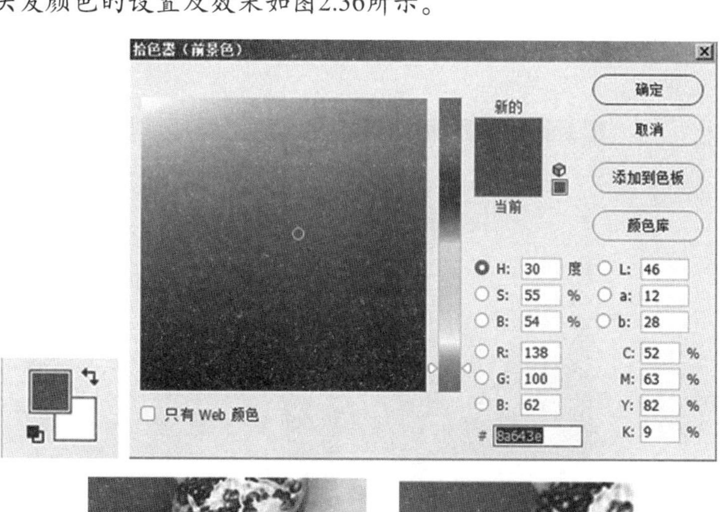

图2.36

步骤14　眼影颜色的设置及效果如图2.37、图2.38所示。

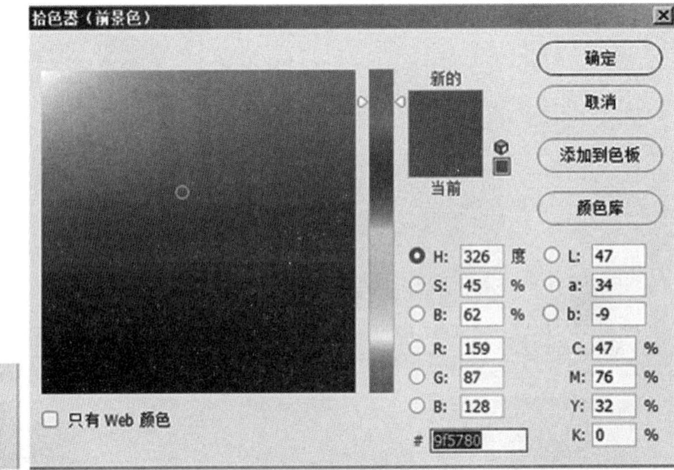

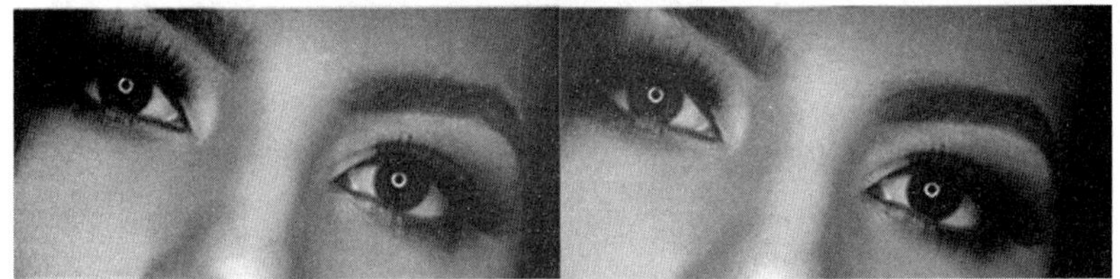

图2.37

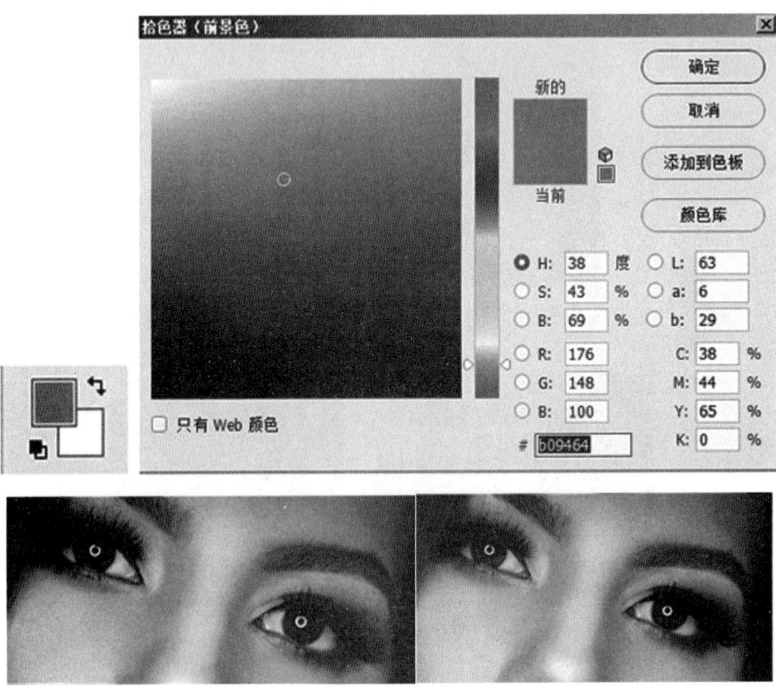

图2.38

步骤15　背景颜色的设置及效果如图2.39所示。

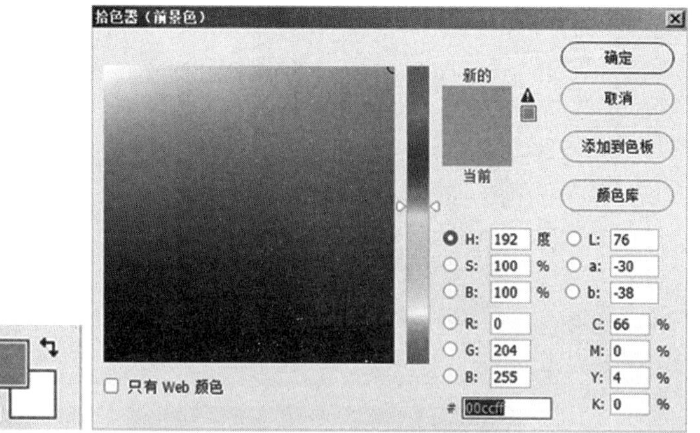

图2.39

步骤16　石榴颜色的设置如图2.40、图2.41所示。

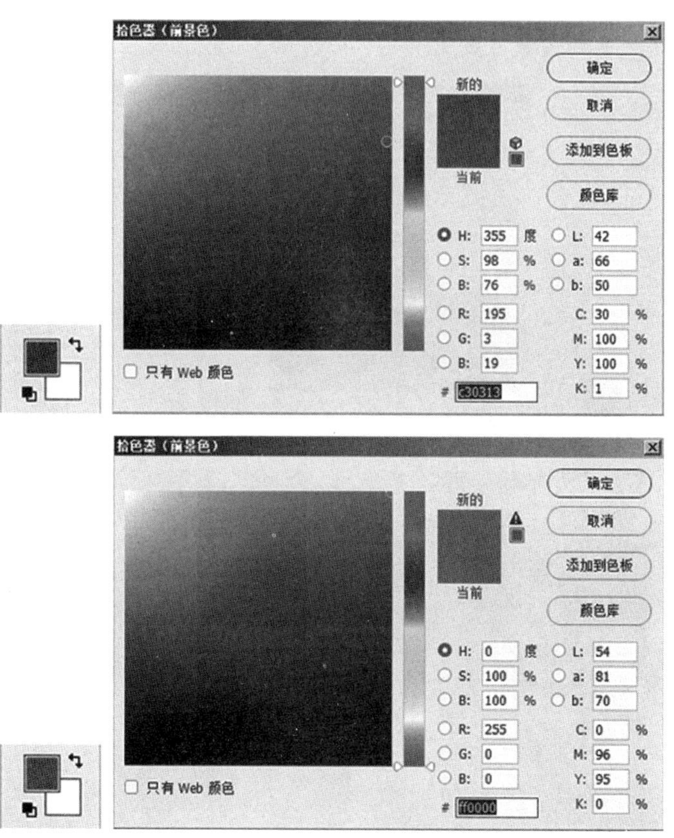

图2.40

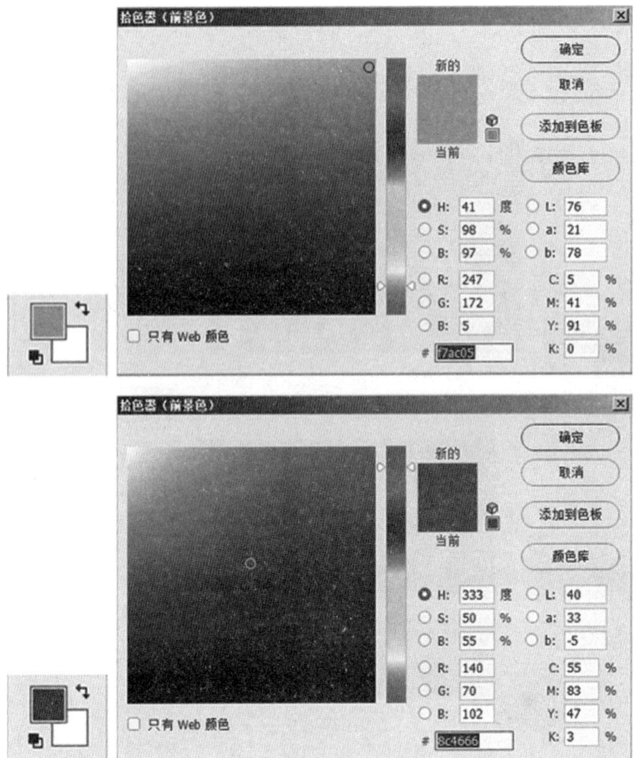

图2.41

步骤17　手部颜色的设置及效果如图2.42所示。

图2.42

提示

观察图像效果，人物的立体感不够强，可以通过“柔光”混合模式进行调整。

步骤18　选择“背景”图层，按Ctrl+J组合键，得到“背景 副本”图层，将其命名为“增强对比度”，在“图层”面板中调整图层的顺序，将该图层放在“皮肤颜色 泛红色”图层的上方，设置图层混合模式为“柔光”，适当调整“不透明度”来协调整体效果，使人物的立体感增强，整体效果如图2.43所示，图层位置如图2.44所示。

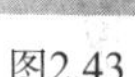

图2.43

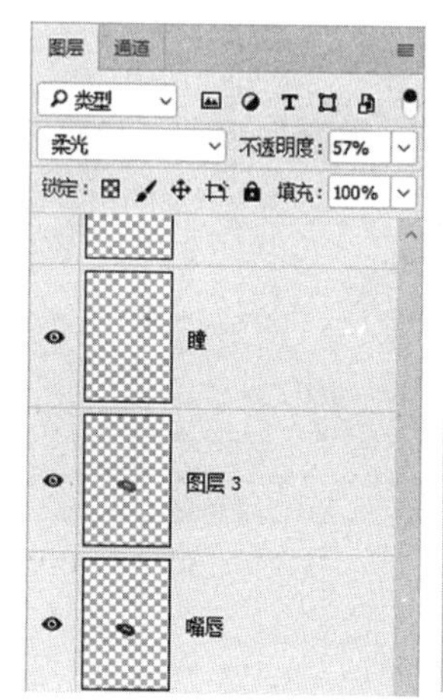

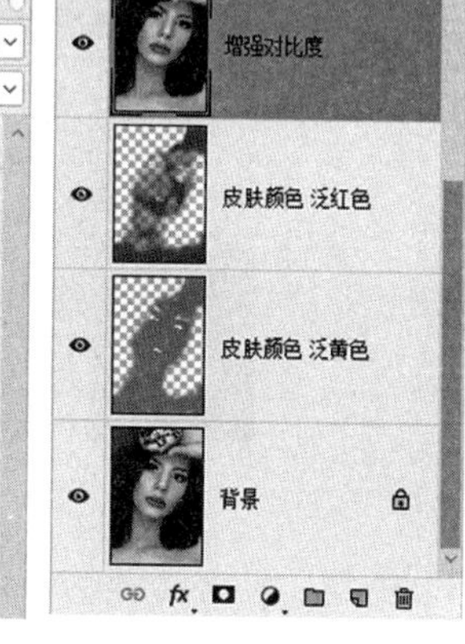

图2.44

2.2 修图工具

学习目标

- 了解几种修图工具的异同，体会不同修图工具的优、缺点。
- 合理运用修图工具进行人像的基础处理。

技能要点

- 学会分析图像中的瑕疵，并灵活使用修图工具。
- 掌握修图技巧和操作注意事项。

在Photoshop中，修图工具组是一个对于人像处理很重要的模块。无论何时何地，无论照片尺寸何种大小，小到证件照，大到电影海报或户外活动海报中的人像，都需要修图，以弥补其中的不足之处。

先来看看图2.45中修图前后的对比效果，观察异同，培养敏锐的洞察力，从而能够更好地学习视觉设计。

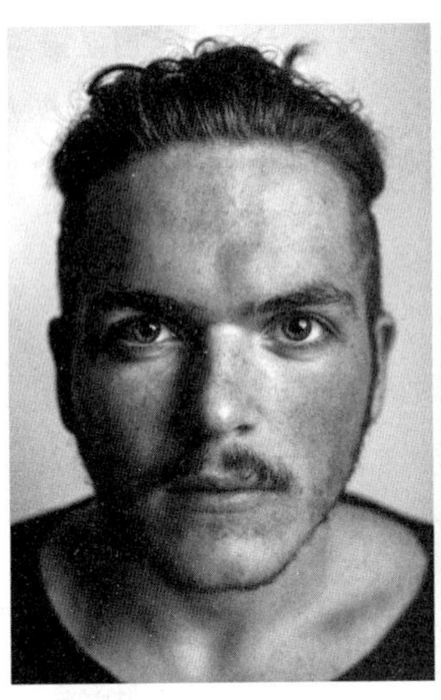
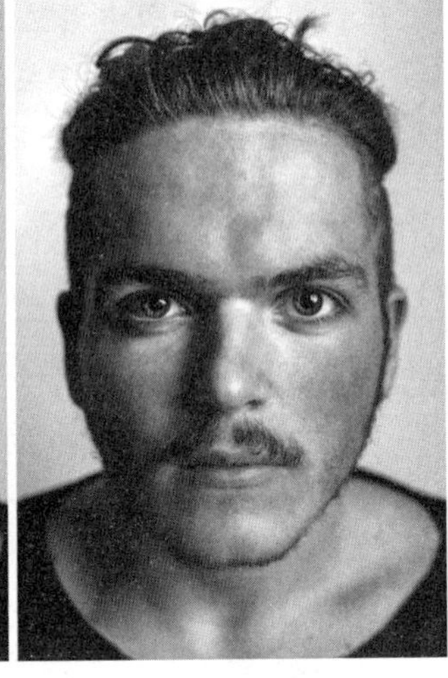

图2.45

可以看出，人物面部的雀斑不见了，这就是美图的第一步——祛斑。下面进行具体讲解。

2.2.1 仿制图章工具

仿制图章工具的使用方法是：在人物面部皮肤瑕疵的附近，按住Alt键单击皮肤颜色较好的区域进行取样，然后松开Alt键在瑕疵上单击，即可修复瑕疵。

图2.46中上方黑色方框内的暗色区域是瑕疵部位，选择仿制图章工具，按住Alt键将鼠标指针拖动至瑕疵附近，鼠标指针显示为图中下方黑色方框内的准星样式，单击即可取当前区域的皮肤效果作为样本，然后在瑕疵上单击，即可用取样点的皮肤效果遮盖住瑕疵。图2.47中的圆圈是鼠标指针在瑕疵上单击的位置，左侧十字是取样点的位置。使用仿制图章工具修复的结果是，取样点的皮肤效果原样覆盖在瑕疵上。

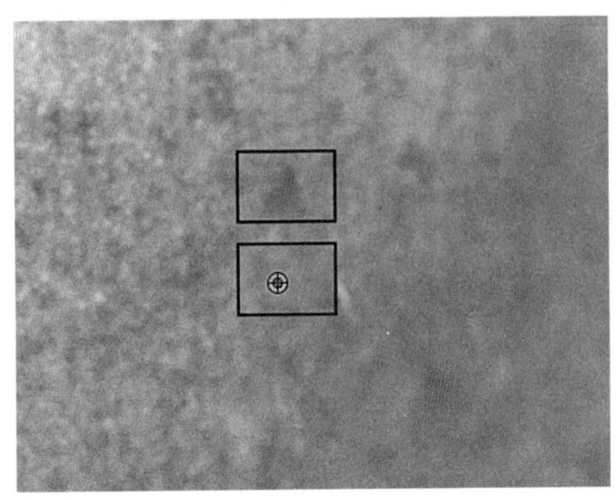

图2.46

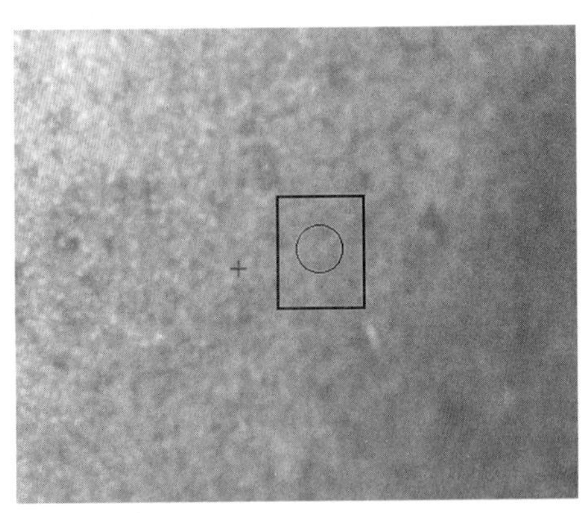

图2.47

在图2.46中，仿制图章工具的“硬度”为0%。

从图2.48中可以看出，由于取样点距离瑕疵比较远，修复后在瑕疵上产生一个明显的圆圈，皮肤颜色差别很大。因此，取样点的位置一定要在瑕疵的附近，以使修复效果更加自然。

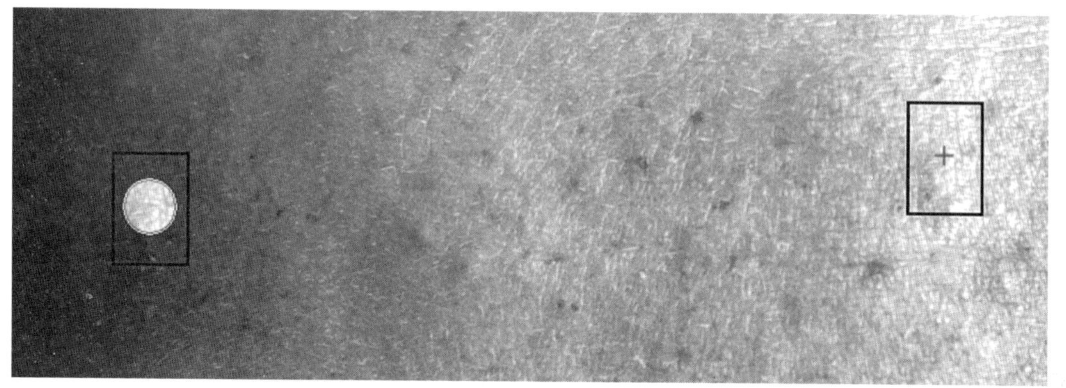

图2.48

仿制图章工具的属性栏如图2.49所示。

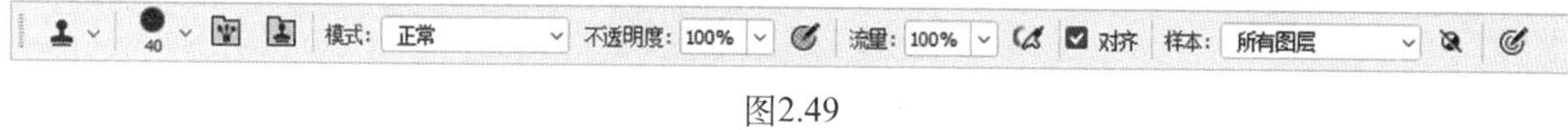

图2.49

在仿制图章工具的属性栏中，最常用的参数是“不透明度”和“样本”。

其中，不透明度设置的作用是：取样点的颜色可以是以半透明形式（数值<100%时）覆盖在瑕疵上（默认的数值是100%，取样点的颜色直接覆盖到瑕疵上）。选择仿制图章工具，在属性栏中设置“不透明度”为30%，修复图2.50中黑色方框内的瑕疵，按住Alt键，在图2.51中黑色方框内的“+”处单击，取样本颜色，在其右侧圆形部位单击修复瑕疵，图2.52中是单击一次后的修复效果，还能够隐隐约约地看见瑕疵，只是瑕疵变浅了。可以利用仿制图章工具的“不透明度”设置进行柔化效果处理，使修复瑕疵后的效果更加自然。

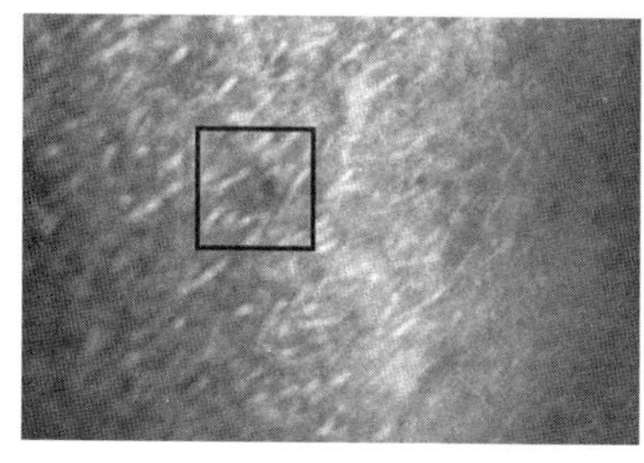

图2.50

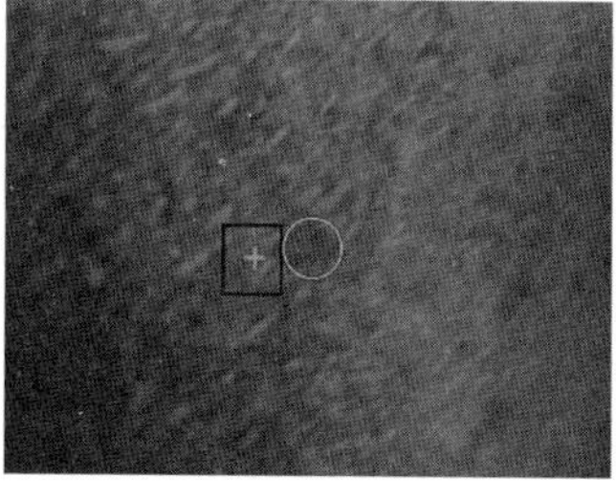

图2.51

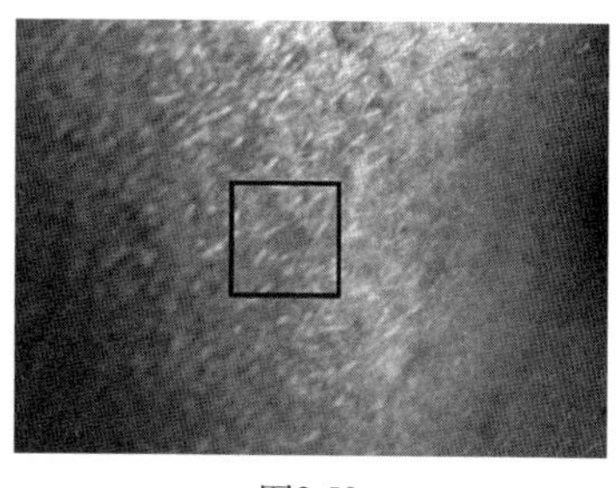

图2.52

“样本”选项的默认设置是“当前图层”，最常用的设置是“当前图层”和“所有图层”，“样本”选项如图2.53所示。当选择“当前图层”选项后，仿制图章工具在当前图层中取样、修图；当选择“所有图层”选项后，在所有可见图层中取样，可以在新建的空白图层内进行一系列修图操作，不影响图像的原有面貌。

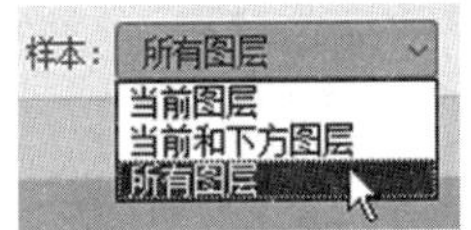

图2.53

图2.54、图2.55是使用仿制图章工具修图前后的效果对比。可以看出，瑕疵被修复了。如图2.56所示为新建空白图层并完成修图后，单独显示的空白图层效果。

图2.54

图2.55

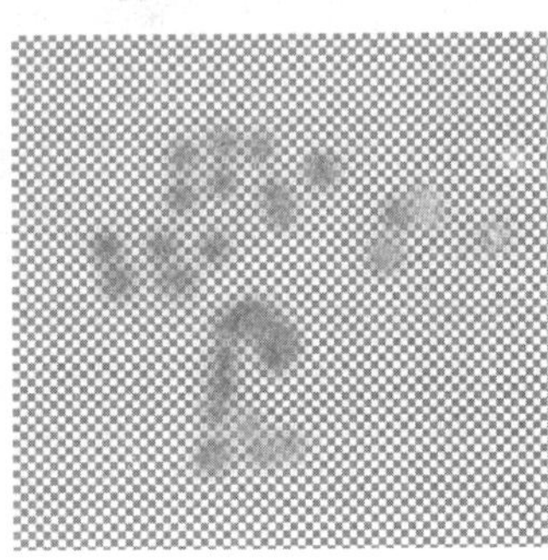

图2.56

仿制图章工具的右键面板如图2.57所示。

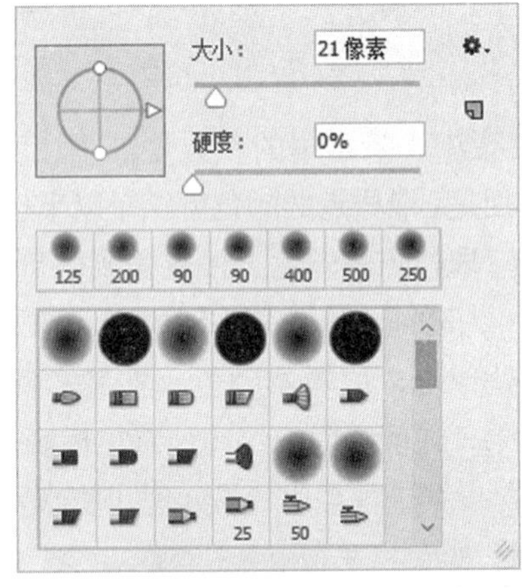

图2.57

仿制图章工具的右键面板与画笔工具的右键面板参数相同。在修图时，一般设置“硬度”为0%，这样修复的边缘会更加柔和，与附近效果也更加融合。

2.2.2 修补工具

修补工具的使用方法是：围绕瑕疵绘制选区，使用修补工具直接拖动选区到皮肤平整的部位，即可完成修复，如图2.58~图2.60所示。

使用修补工具的修复结果是：取样点的图像效果与原瑕疵处的图像效果融合。

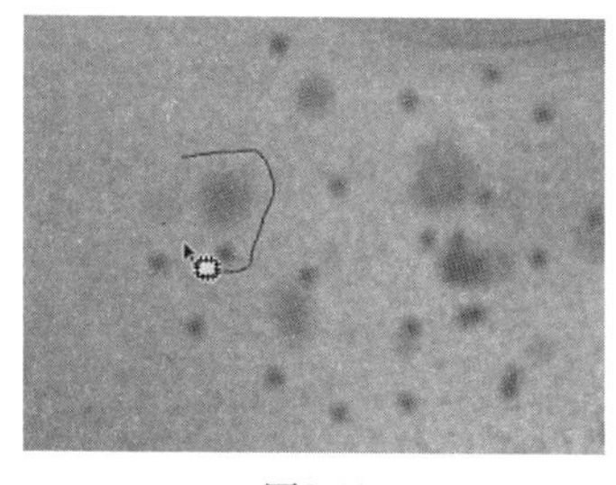
图2.58

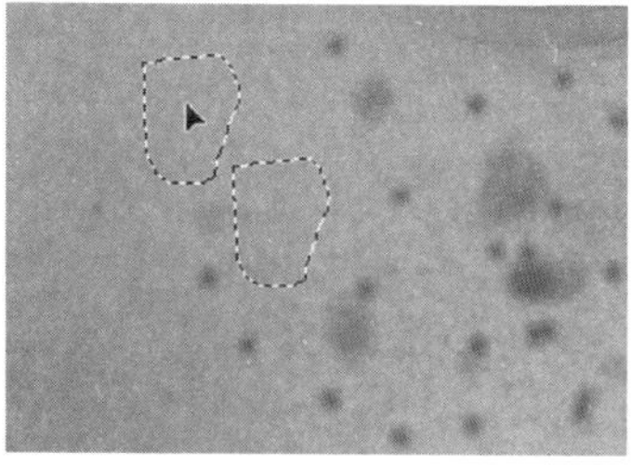
图2.59

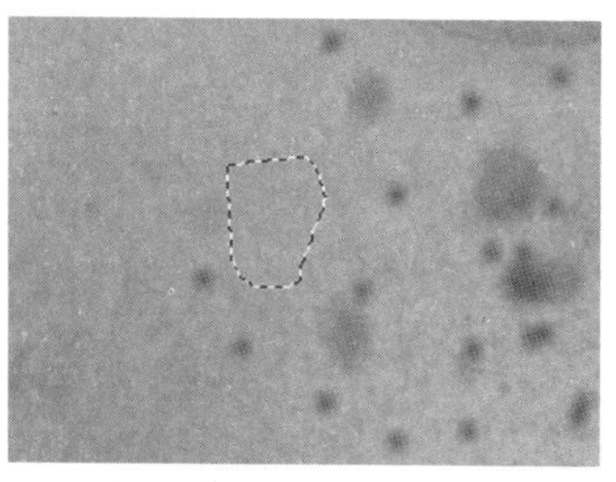
图2.60

使用修补工具绘制选区，如图2.61所示；使用修补工具拖动选区到小狗所在的位置，如图2.62所示；松开鼠标，小狗的白色与背景中的蓝色和灰色进行了自动融合，如图2.63所示。

图2.61

图2.62

图2.63

修补工具的属性栏如图2.64所示。

图2.64

左侧黑色方框内的四个按钮用于选区的布尔运算，和矢量图形的运算方式相同，不再赘述。

最容易弄混的是右侧黑色方框内的“源”和“目标”按钮。默认设置是“源”，单击“源”按钮，围绕瑕疵绘制一个选区，然后拖动选区到其他区域；单击“目标”按钮，则在瑕疵附近绘制选区，然后拖动选区到瑕疵上。一般使用修补工具时保持默认设置即可。

2.2.3 修复画笔工具

修复画笔工具是介于仿制图章工具和修补工具之间的一种工具。它的操作方式与仿制图章工具相同，修复结果与修补工具相同。

修复画笔工具的使用方法是：按Alt键单击瑕疵附近效果较好的区域，然后在瑕疵上单击，即可修复瑕疵，如图2.65、图2.66所示（参见仿制图章工具使用方法的相关内容）。

修复画笔工具的修复结果是：取样点的图像效果与瑕疵处的图像效果相融合。

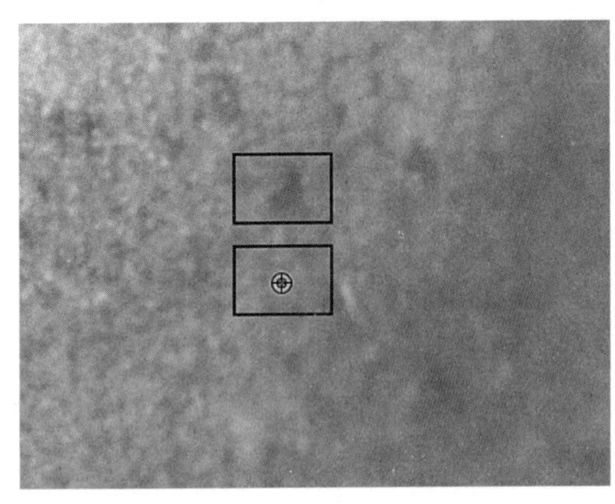

图2.65

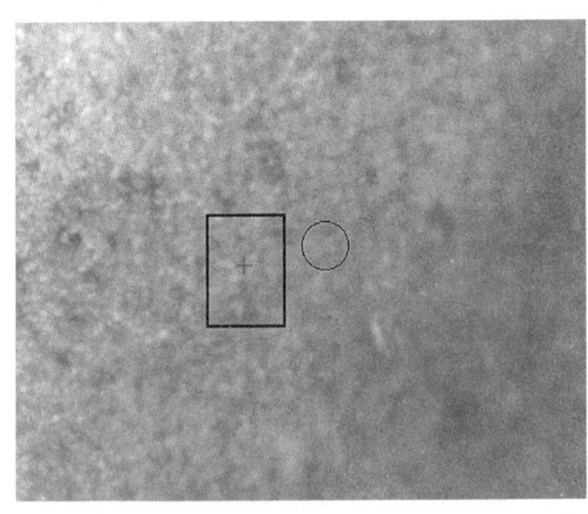

图2.66

如图2.66、图2.67所示为使用修复画笔工具修复小狗图像的效果。在图2.68中按住Alt键在小狗面部取样，在右侧亮黄色部位单击并拖动鼠标指针，复制得到的小狗头部颜色泛黄，这是与背景中的土黄色融合的效果。

图2.67

图2.68

修复画笔工具的右键弹出面板如图2.69所示。在修图时，一般设置“硬度”为0%，这样修复的边缘会更加柔和，与附近效果也更加融合。

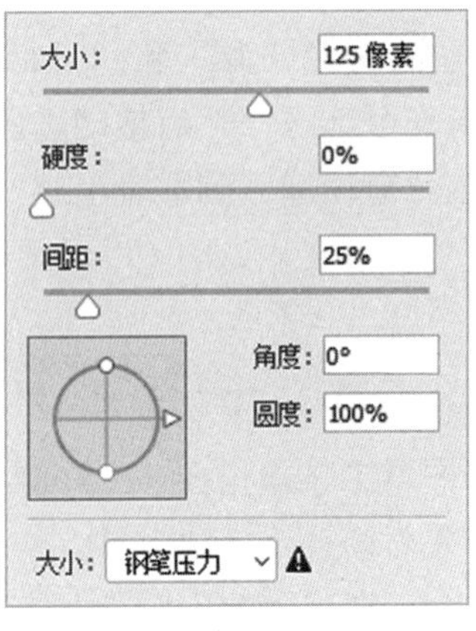

图2.69

如表2.1所示为对于这三种修图工具的总结。

表2.1　三种修图工具的总结

工具名称	操作方法	最终效果	注意事项
仿制图章工具	选择工具后，按住Alt键单击取样点，再单击瑕疵进行修复	取样点的图像效果直接覆盖瑕疵	（1）选择工具后，右击，在弹出的面板中设置“硬度”为0%，可以使仿制图章工具的边缘更柔和 （2）在属性栏中可以适当设置“不透明度”数值，使修图效果更柔和
修复画笔工具	选择工具后，按住Alt键单击取样点，再单击瑕疵进行修复	取样点的图像效果与瑕疵处的图像效果自动融合	选择工具后，右击，在弹出的面板中设置“硬度”为0%，使修复画笔工具的边缘更柔和
修补工具	选择工具后，围绕瑕疵绘制选区，然后向瑕疵附近的区域拖动选区	取样点的图像效果与瑕疵处的图像效果自动融合	保持属性栏的修补设置是“源”

2.2.4 Camera Raw滤镜

Camera Raw 滤镜是一种十分强大的调整颜色和细节的滤镜，它有一项功能是修图。下面具体讲解Camera Raw滤镜的修图功能。

1. Camera Raw 滤镜的界面

步骤01　打开一幅素材图像，按Ctrl＋J组合键复制当前图层，将新图层命名为“修图”。

步骤02　单击“图层”面板中的≡按钮，在弹出的面板菜单中选择“转换为智能对象”命令，如图2.70所示，将复制的图层转换为智能对象，图层效果如图2.71所示。

提示　可以在智能对象图层中添加智能滤镜，反复进行调整。

步骤03　选择“修图”图层，选择“滤镜”→“Camera Raw滤镜”命令，如图2.72所示，进入滤镜参数设置对话框，如图2.73所示。

转换为智能对象(M)
编辑内容

图2.70

图2.71

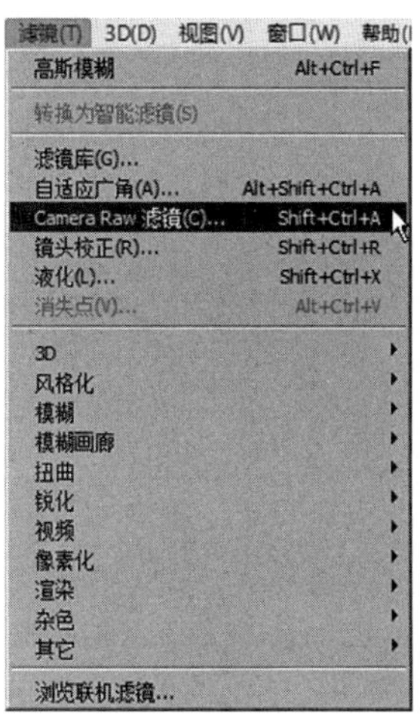

图2.72

图2.73

提示

在Camera Raw滤镜界面上方的一排工具中，被称为“污点去除工具”。

步骤04　选择污点去除工具，Camera Raw滤镜界面的右侧会切换成污点去除工具的参数设置界面，如图2.74所示。

在污点去除工具的参数设置界面中，“类型”下拉列表包含两个选项——“修复”和“仿制”，如图2.75所示。选择“修复”选项，效果相当于修复画笔工具，取样点与瑕疵相融合；选择“仿制”选项，效果相当于仿制图章工具，取样点覆盖瑕疵。

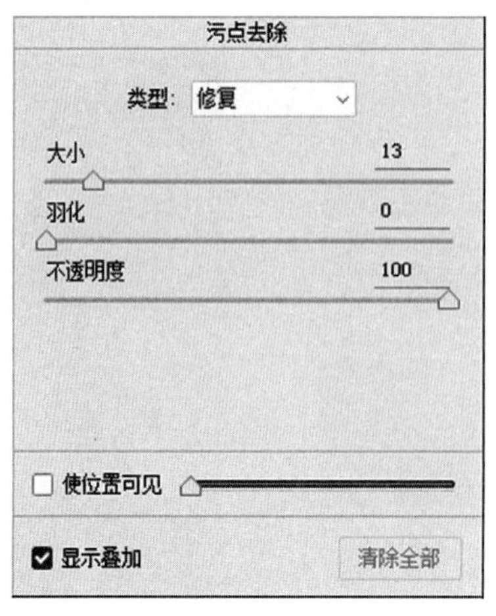

图2.74

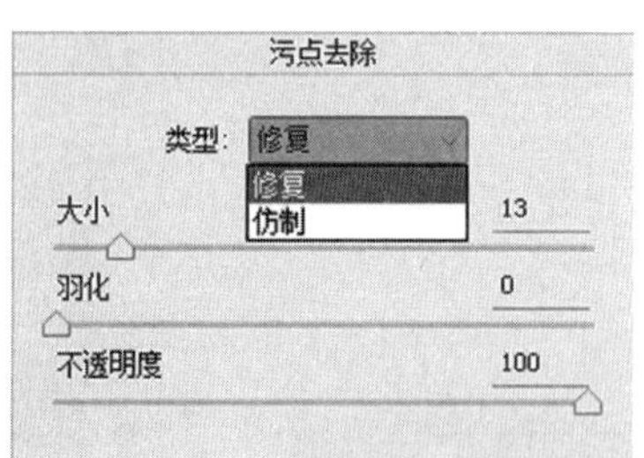

图2.75

“大小”参数决定了污点去除工具画笔笔尖的大小，如图2.76、图2.77所示为设置不同“大小”数值后的效果对比。

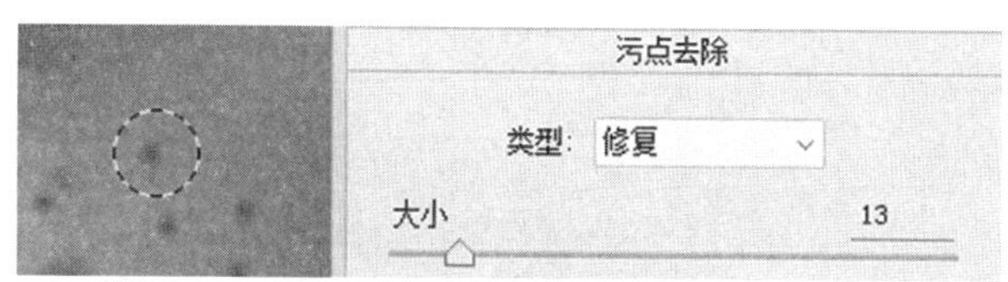

图2.76

图2.77

“羽化”参数决定污点去除工具画笔笔尖的柔化程度。设置数值为0%，修复的边缘清晰、效果较硬；设置数值为100%，修复的边缘柔化、效果较软。

“不透明度”参数是设置样本覆盖时的透明程度，范围为1~100。参数越小，取样点覆盖在瑕疵上越透明；参数越大，取样点覆盖在瑕疵上越不透明。

勾选“使位置可见”复选框，可以使图像显示为高对比度的灰度图，进而清晰地看到图像中瑕疵的位置。图2.78、图2.79是勾选该复选框前后的效果对比，在图2.79中拖动“使位置可见”滑块，可以调整图像的清晰程度。

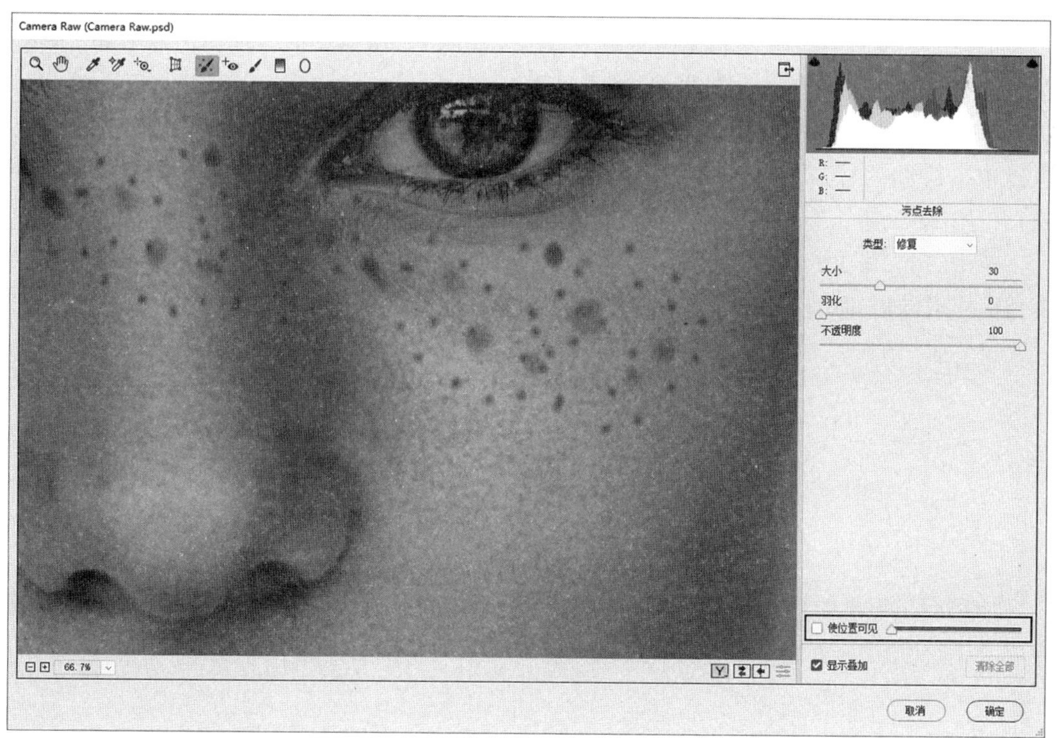

图2.78

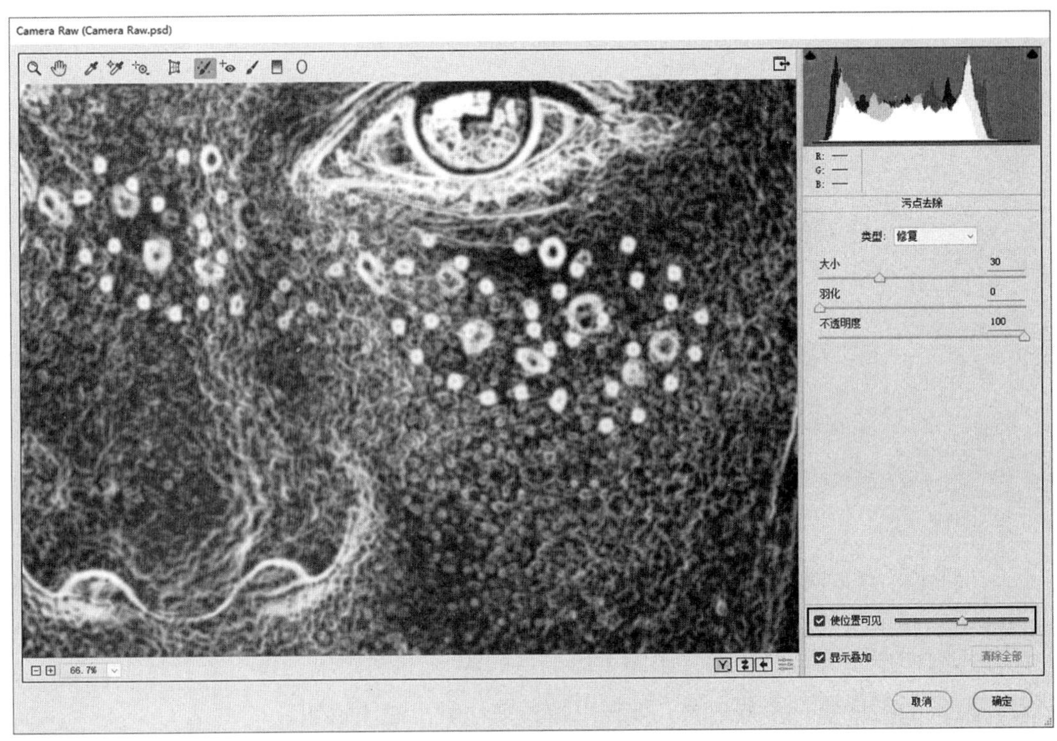

图2.79

勾选“显示叠加”复选框（如图2.80所示），可以看见取样点和修复部位（未选中时显示的是灰白色相间的圆圈，选中后显示的是红白色和绿白色相间的圆圈）；取消勾选“显示叠加”复选框，可以看见修图效果（用 Camera Raw修图时，使用污点去除工具在瑕疵上单击，软件会自动提供一个取样点）。

单击“清除全部”按钮，可以清除所有修复效果；若要单独删除某一个修复效果，可以单击修图的“灰白色相间的圆圈”（使其被选中，变为红白色和绿白色相间的圆圈），按Delete键，删除所选择部位的修复效果。

单击Camera Raw滤镜界面中视图显示框下方的按钮，可以选择不同的显示方式观察滤镜使用前后的对比效果，各显示方式如图2.81所示。

图2.80　　图2.81

使用时只需要单击按钮，即可完成不同视图的切换。本例选择的是“原图/效果图 左/右”显示方式，如图2.82所示（黑色方框内所示为按钮图标的显示效果）。

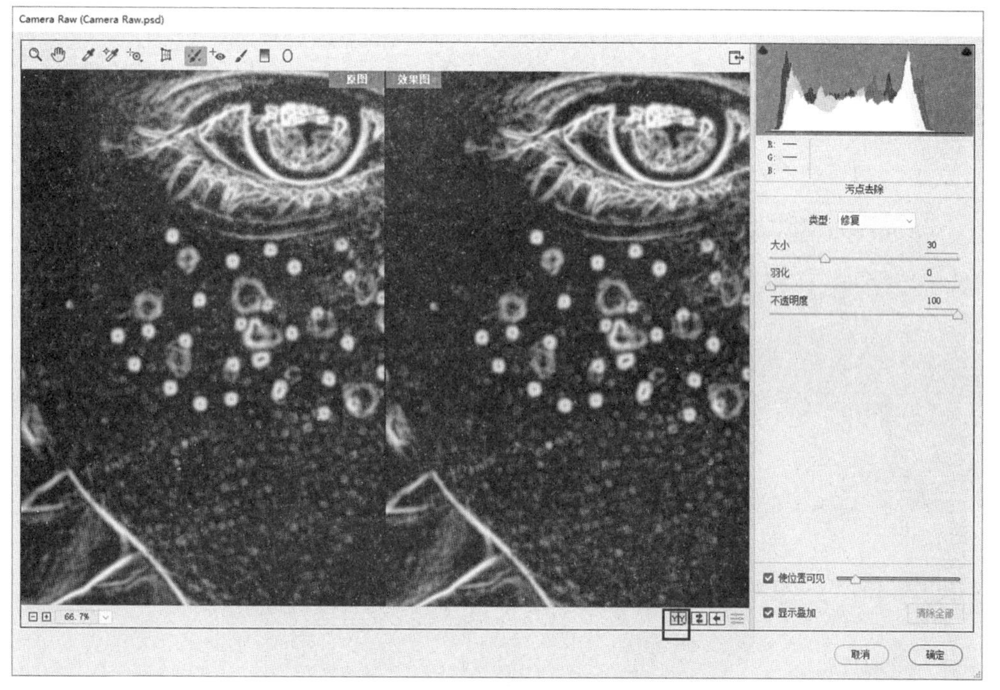

图2.82

2. 污点去除工具的使用方法

使用污点去除工具在瑕疵上单击，产生一个红白色相间的圆形轮廓和一个绿白色相间的圆形轮廓，两者之间以虚线连接，如图2.83所示。

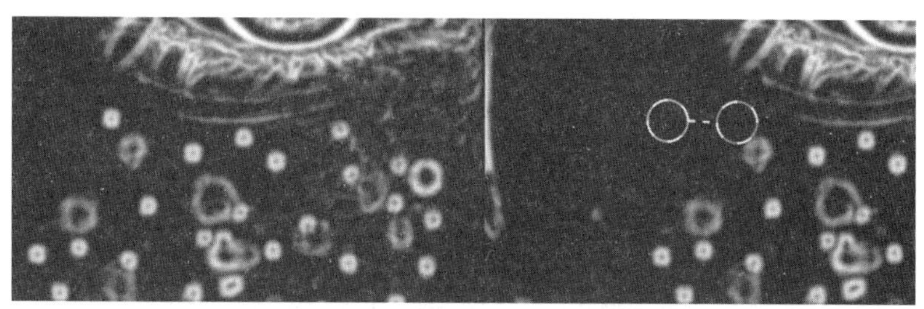

图2.83

红白色相间的圆形轮廓所示为瑕疵区域，绿白色相间的圆形轮廓所示为滤镜自动寻找到的修复点，将鼠标指针拖动至某一个圆形轮廓中间，鼠标指针变为移动工具图标样式，单击鼠标左键，并拖动鼠标指针，可以随意移动圆形轮廓，以调整修复点或瑕疵区域的位置，如图2.84所示。

将鼠标指针拖动至圆形轮廓的边缘，鼠标指针变为缩放工具图标样式，单击鼠标左键，并拖动鼠标指针，可以任意缩放圆形轮廓，以调整修复点或瑕疵区域的范围，如图2.85所示。

图2.84

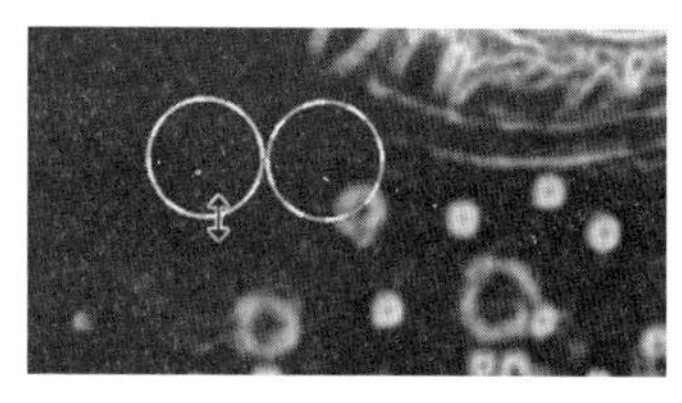

图2.85

提示 在修图时可以反复切换“使位置可见”复选框的勾选状态，以查看原图和效果图的对比效果，如图2.86所示。

图2.86

可以看到，效果图中人物的面部都是圆形修复框，只需在滤镜界面上方选择放大镜工具或抓手工具，就可以隐藏这些圆形修复框，如图2.87所示。

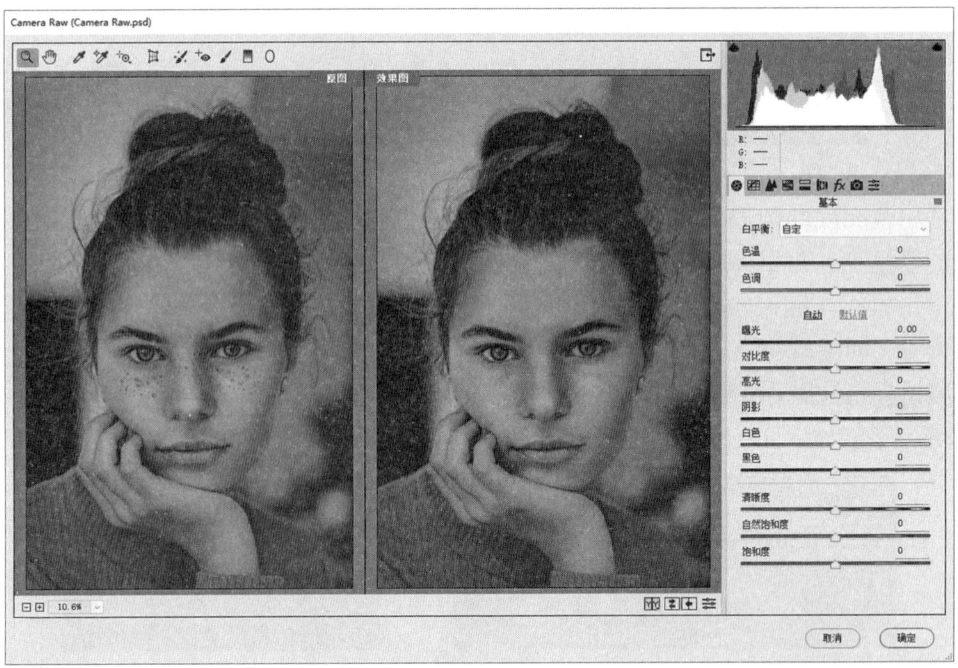

图2.87

人物面部的斑点经过处理减少了许多，可以根据需要再进一步进行处理，效果会更好。

2.3 场景修图

学习目标

- 通过观察找到图像的近似之处，对素材进行合理的处理。
- 掌握图像素材的处理方式和技巧，将其更好地运用到版式设计中。

技能要点

- 学会分析图像中要扩展的部位，并灵活使用“变换”命令。
- 掌握图像素材的处理方式和技巧。

2.3.1 场景修图的原因

在客户提供的产品图素材中，相对于产品而言，场景显得过小，使用这样的素材进行版面设计，有可能会影响版面的整体效果，此时就需要进行场景修图。观察图2.88，思考是否可以直接使用该图铺满整个版面进行对页画册设计？由于摄影的问题，图2.88中的产品在整幅画面中显得特别大，在对页画册设计中如果采用满版风格，产品的大部分区域处于画册的折叠位置，这样不利于产品的整体表现，不能够突出产品的整体外观，因此，需要进行图像的外扩，将场景延展开来，使产品在画面中比目前看到的效果要“小”，如图2.89所示。

图2.88

图2.89

2.3.2 场景修图的方式

场景修图的核心原则：找到与原图背景相似的素材图像，然后将原图扩展，再将素材图像拼接在原图的边缘，使其与原图组成新的整体结构，并适当调整颜色，使拼接的素材图像和原图的色调、明暗关系协调、一致。

针对图2.88的原图效果，找到的素材图像如图2.90、图2.91所示。

图2.90

图2.91

步骤01　在Photoshop中打开原图，使用裁剪工具向画布的右上角拖动鼠标指针，扩展画布的边缘，如图2.92所示。

步骤02　使用套索工具在素材图像中分别选择需要的区域，将其拖动至原图文件中，生成新的图层，将新图层命名为“右上角山峰”“前景雪块1”“前景雪块2”，如图2.93所示。

图2.92

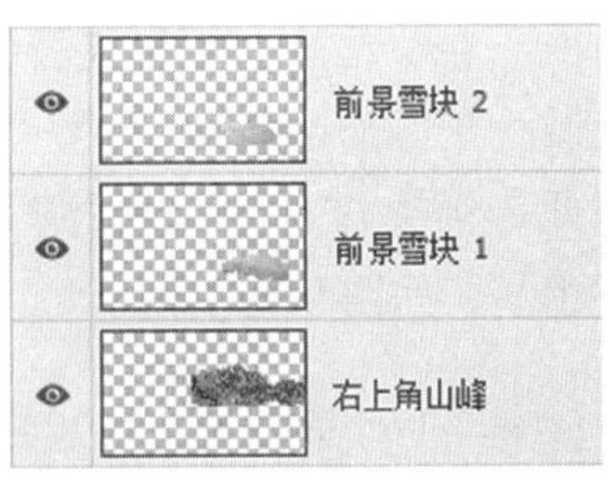

图2.93

步骤03　将新图层中的图像放置在原图画布扩展出来的相应位置，如图2.94所示。

步骤04　进一步调整在原图中添加的素材图像。先调整右上角的山峰，山峰的方向不合适，选择“右上角山峰”图层，按Ctrl＋T组合键变换对象（如图2.95所示），右击，在弹出的快捷菜单中选择“水平翻转”命令（如图2.96所示），将山峰水平变换方向，并适当调整山峰的大小，如图2.97所示。

图2.94

图2.95

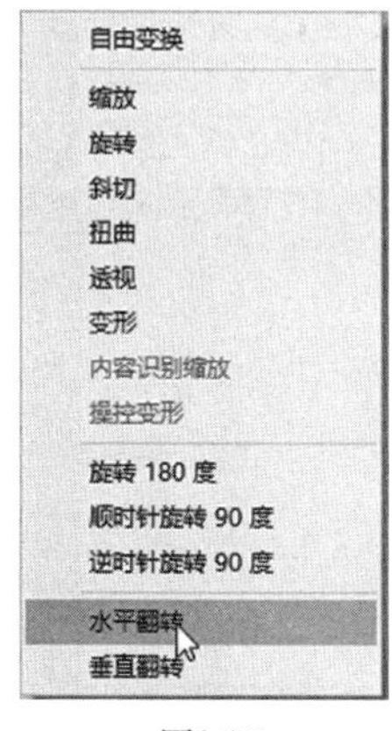

图2.96

图2.97

步骤05　选择橡皮擦工具，在属性栏中设置“不透明度”为20%，在“右上角山峰”图层的左侧位置进行擦除，效果如图2.98所示。

步骤06　此时右上角山峰的清晰度高于原图，选择“滤镜”→“模糊”→“高斯模糊”命令，如图2.99所示，对“右上角山峰”图层进行模糊处理，如图2.100所示，效果如图2.101所示。

图2.98

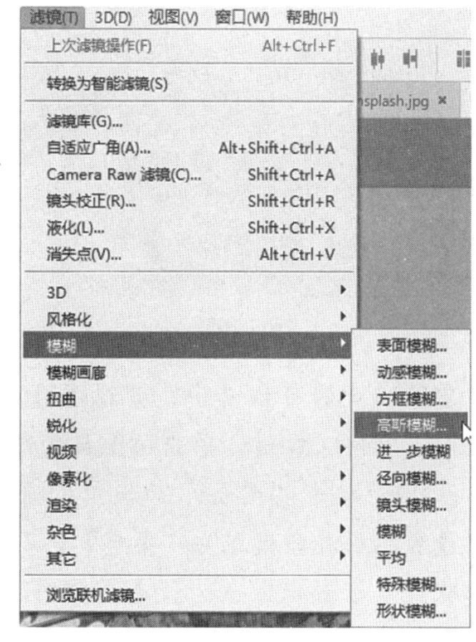

图2.99

图2.100

图2.101

步骤07　隐藏“右上角山峰”图层，使用套索工具沿雪块的边缘绘制选区（如图2.102所示），显示并选择“右上角山峰”图层，按Delete键，将山峰遮挡住雪块的区域删除，露出近景的雪块，如图 2.103所示。

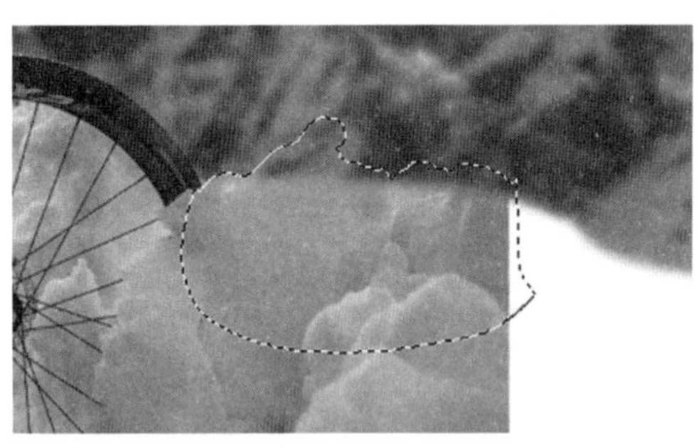

图2.102

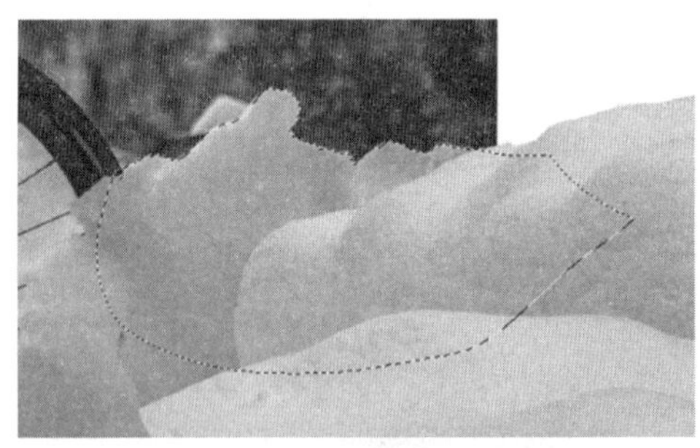

图2.103

步骤08　此时可以看出，素材图像中的雪块和原图的雪块颜色不同。选择“前景雪块1”图层，按住Ctrl键，单击该图层的图层缩览图，载入选区，如图2.104所示。

步骤09　单击“图层”面板中的按钮，新建空白图层，并将其命名为“柔光增色”，设置图层混合模式为“柔光”。

步骤10　设置前景色为蓝色，如图2.105所示，在“柔光增色”图层中填充前景色，效果如图2.106所示。

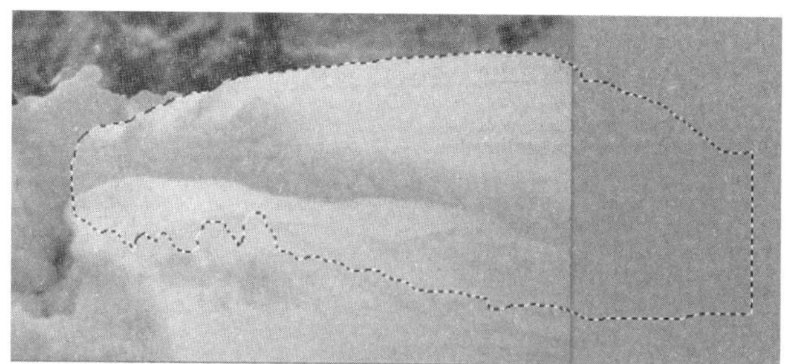

图2.104

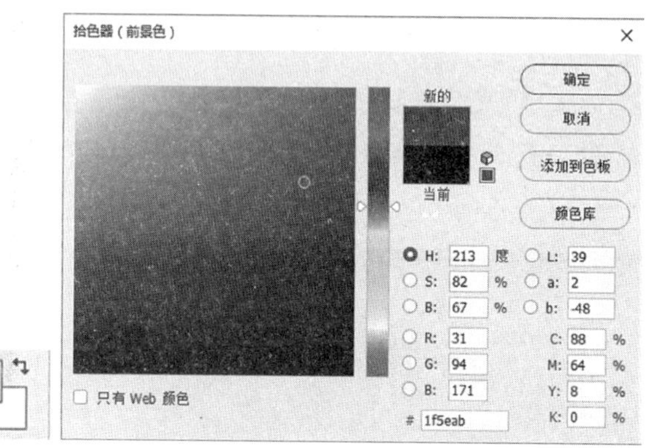

图2.105

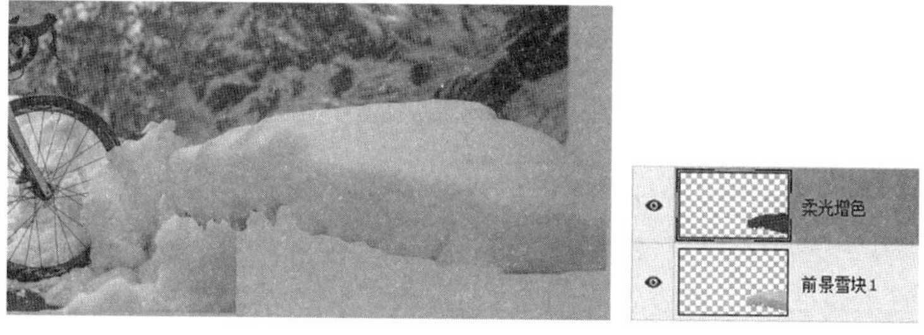

图2.106

步骤11　“柔光增色”图层中的蓝色饱和度较低，按Ctrl+J组合键，复制“柔光增色”图层，如图2.107所示，并适当调整图层的“不透明度”（在此设置参数为31%）。

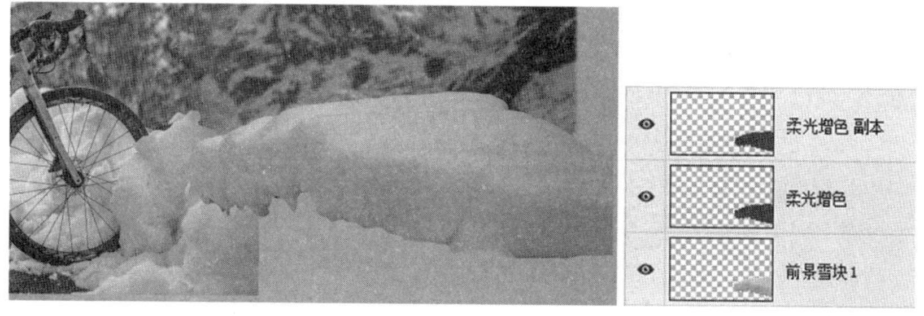

图2.107

步骤12　使用同样的方法，对“前景雪块2”图层进行操作，如图2.108所示。

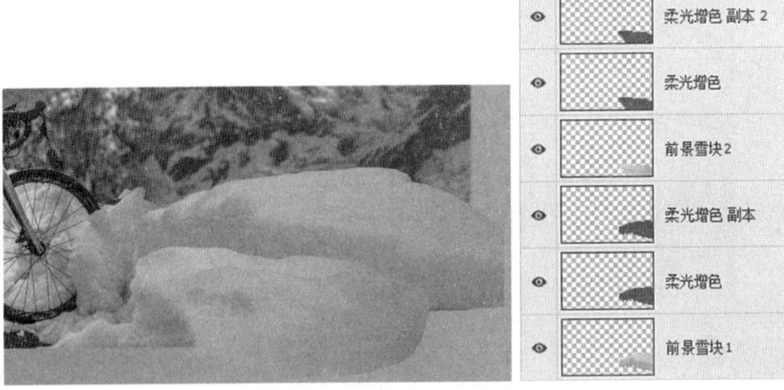

图2.108

步骤13　选择套索工具，选择“背景”图层，使用套索工具围绕天空区域绘制选区，按Ctrl+J组合键，复制得到新图层，并将其命名为“天空”，如图2.109、图2.110所示。

图2.109

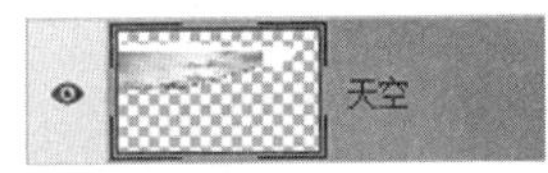

图2.110

步骤14　选择“天空”图层，按Ctrl+T组合键，拖动四角的控制点，变换“天空”图层中图像的大小，如图2.111所示。

步骤15　使用橡皮擦工具在天空图像的下半部分区域进行擦除，使天空图像与其他图层中的图像相融合，如图2.112所示。

步骤16　整体图像场景修图已经完成，如图2.113所示。

步骤17　添加文案与装饰图形并进行版面编排，效果如图2.114所示，画册效果如图2.115所示。

图2.111

图2.112

图2.113

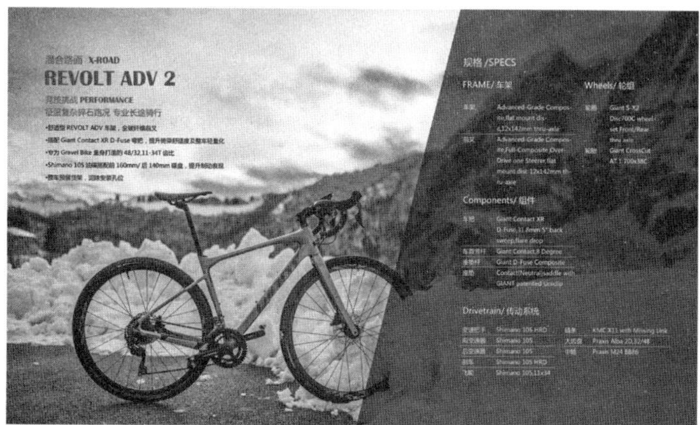

图2.114

图2.115

2.4 清晰化处理

学习目标

- 通过两种方法学习图像的清晰化处理。
- 灵活掌握清晰化处理的方法，针对不同图像可以使用不同的方法进行处理。

技能要点

- 理解在应用“USM锐化”滤镜清晰化图像时只处理图像边缘的原因。
- Camera Raw滤镜在处理图像时各参数的用途。

2.4.1 查找边缘+USM锐化

位图的清晰程度由两个因素决定：一是有足够多的像素组成位图；二是颜色的交界处非常明显，不模糊。但是，在日常应用中找到的素材图像一般不会特别清晰，怎样才能在不改变像素的情况下提高位图图像的清晰度？下面进行讲解。

步骤01　在Photoshop中打开文件“查找边缘+USM锐化.jpg”，按Ctrl+J组合键，复制当前图层，得到新图层，并将其命名为“查找边缘”，如图2.116、图2.117所示。

图2.116

图2.117

步骤02　选择“查找边缘”图层，执行“滤镜”→“风格化”→“查找边缘”命令，如图2.118所示，效果如图2.119所示。

提示

人物皮肤上的小黑点是毛孔或斑点，放大效果如图2.120所示。

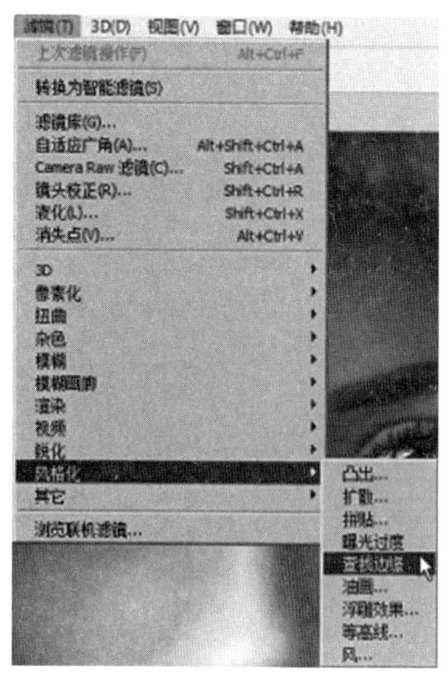

图2.118

图2.119

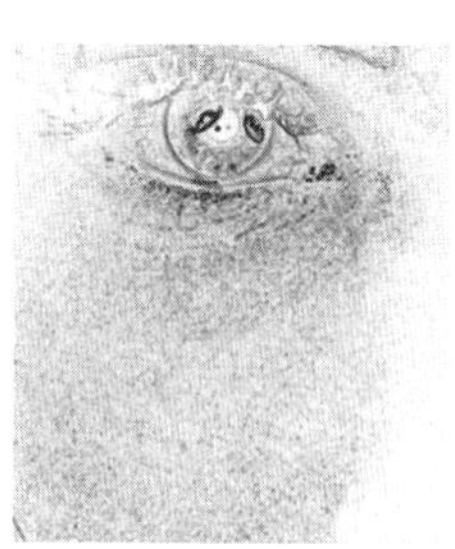

图2.120

步骤03　设置前景色为白色，使用画笔工具在人物面部的皮肤上进行涂抹，如图2.121所示。

提示　此步骤是为了将皮肤区域涂抹为纯色，切记不要涂抹轮廓部分。

提示　此时图像中只有人物面部的轮廓是黑色的，皮肤的大面积区域是白色的，但是图像中还存在有除黑色以外的彩色。下面进行去色处理。

步骤04　按Ctrl+Shift+U组合键去色，在不改变图像颜色模式的情况下，将彩色更改为黑白色，效果如图2.122所示。

图2.121

图2.122

步骤05　按Ctrl+I组合键反相颜色，效果如图2.123所示。

提示　“反相”是指在RGB模式下用白色的颜色值R=G=B=255减去当前像素的颜色值，再用剩下的颜色值构成新的颜色。

步骤06　此时人物轮廓呈亮白色，按Ctrl+Shift+Alt+2组合键，载入图像中的高亮区域，将其作为选区，如图2.124所示。

图2.123

图2.124

步骤07　隐藏当前“查找边缘”图层，选择“背景”图层，按Ctrl+J组合键复制得到新图层，并将其命名为“轮廓”，如图2.125所示。

图2.125

步骤08　显示“背景”图层，选择“轮廓”图层，选择“滤镜”→“锐化”→“USM锐化”命令，如图2.126所示。

步骤09　在弹出的“USM锐化”对话框中适当设置“数量”和“半径”数值，如图2.127所示，单击“确定”按钮，锐化前后的对比效果如图2.128所示，局部放大的对比效果如图2.129所示。

“数量”，控制锐化的强度；“半径”，控制锐化的范围，数值越大，锐化的范围越大。

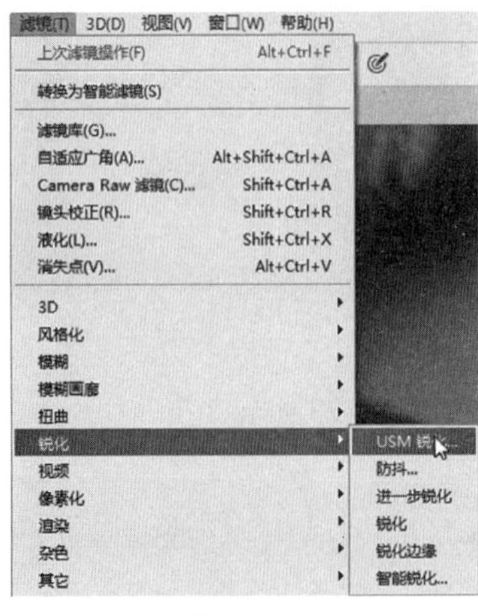

图2.126

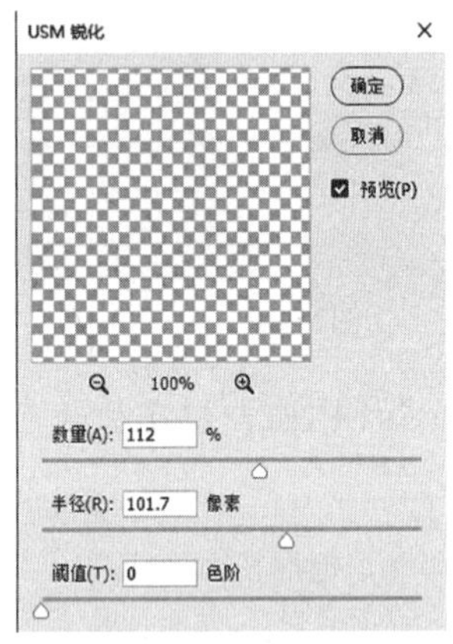

图2.127

图2.128

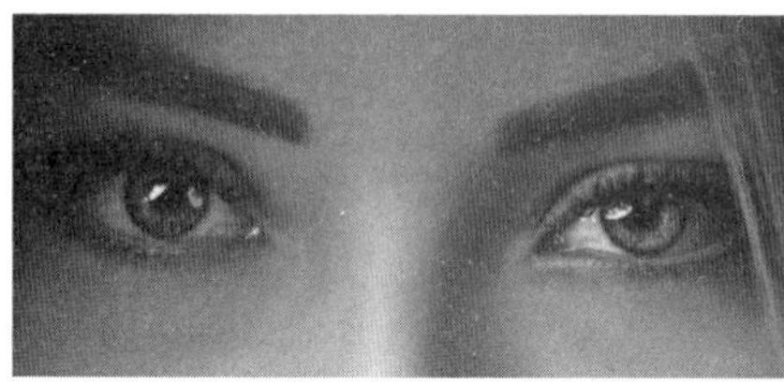
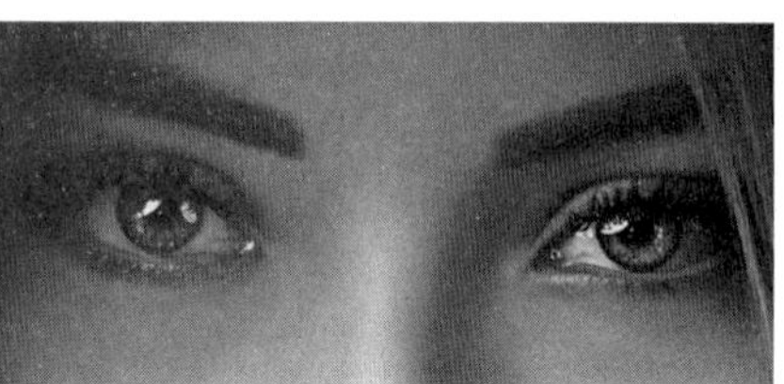

图2.129

2.4.2 Camera Raw滤镜

步骤01　在Photoshop中打开文件“Camera Raw滤镜.jpg”，如图2.130所示。

步骤02　按Ctrl＋J组合键，复制当前图层，得到新图层，并将其命名为“Camera Raw调整”，如图2.131所示。

步骤03　选择“Camera Raw调整”图层，选择“滤镜”→“Camera Raw滤镜”命令，如图2.132所示。

图2.130

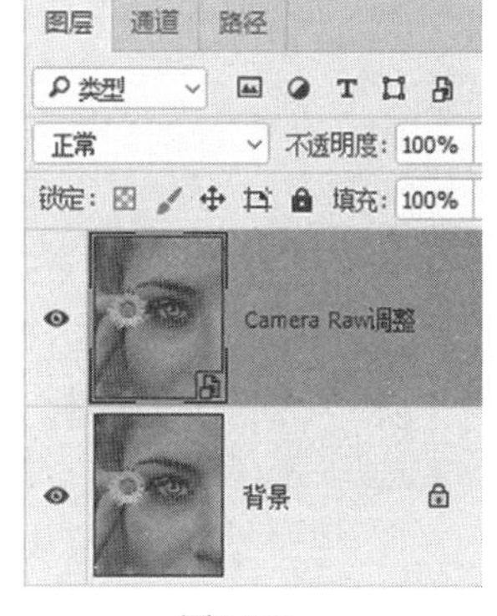

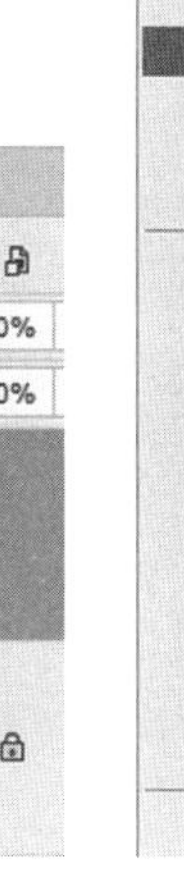

图2.131

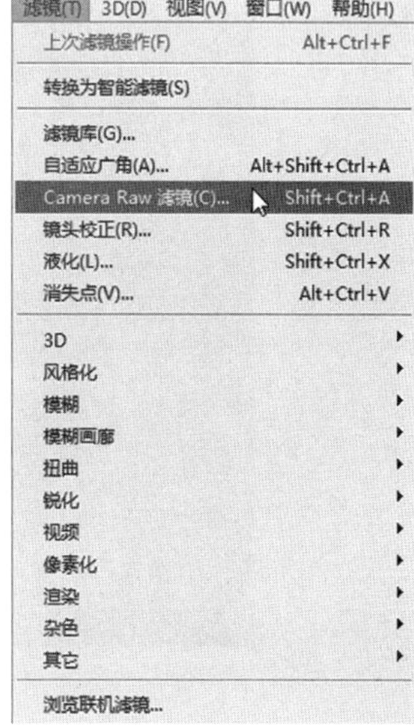

图2.132

步骤04　弹出相应的滤镜参数设置对话框，在“基本”选项卡中有一项“清晰度”调整设置，提高该数值，可以提高图像的清晰度，如图2.133所示。

图2.133

步骤05　在此将“清晰度”设置为+77，调整“清晰度”前后的对比效果如图2.134所示。

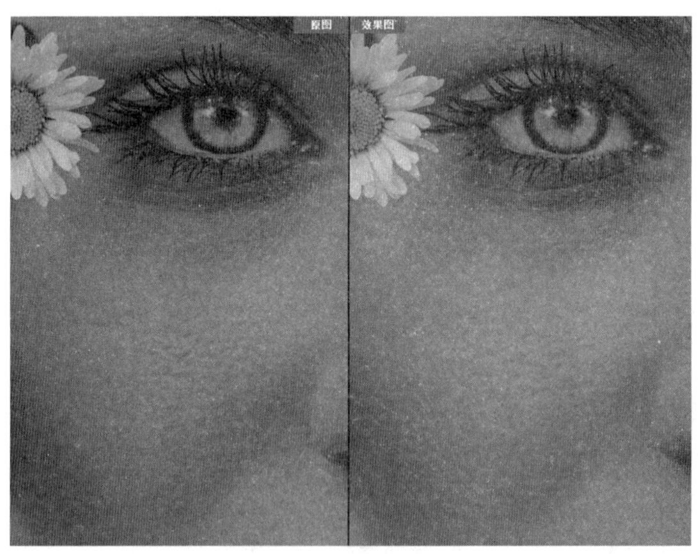

图2.134

步骤06　单击视图显示下方的Y按钮，选择“原图/效果图 左/右”显示方式，可以对比调整前后的不同效果，如图2.135所示，单击“确定”按钮，处理前后的对比效果如图2.136所示。

提示

可以看出，不仅人物的五官更清晰，而且头发发丝的清晰度及层次感有所加强。

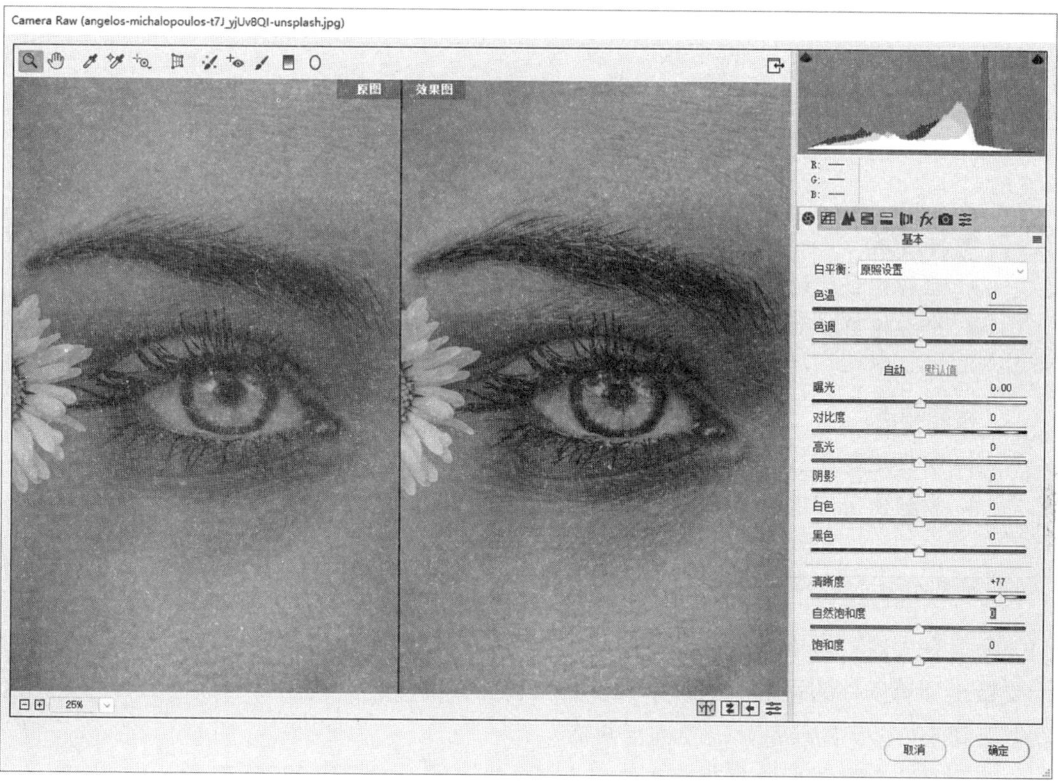

图2.135

图2.136

2.5 美白牙齿

学习目标

- 理解饱和度的含义，以及高饱和度和低饱和度位图的不同之处。
- 学会使用降低饱和度的方法美白牙齿。

技能要点

- 掌握饱和度、明度的调整方法。
- 掌握使用“色相/饱和度”对话框调整颜色的方法。

牙齿在人像摄影中占有极其重要的地位。一般来说，牙齿的颜色微微泛黄，但是由于受摄影环境条件的影响，照片中大多数人物牙齿的颜色会比正常的颜色更黄一些，这就影响到人物微笑的质量，需要进行调整。

步骤01　在Photoshop中打开文件“美白牙齿.jpg”，如图2.137所示。

步骤02　选择套索工具，在牙齿位置绘制选区，选择全部露出的牙齿，如图2.138所示。

提示　按住Shift键，可以添加选区；按住Alt键，可以减掉选区。

图2.137

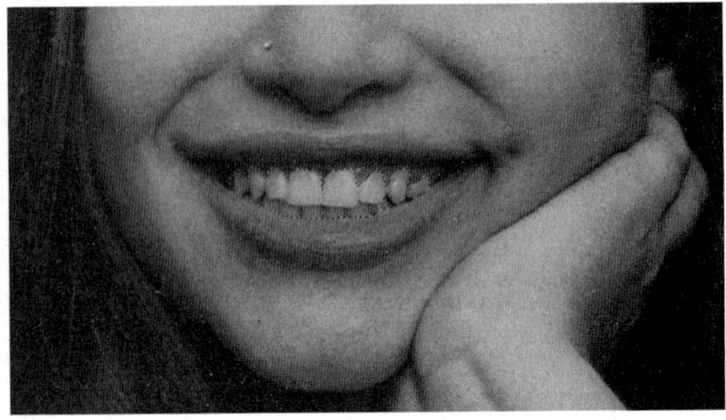

图2.138

步骤03　按Shift+F6组合键，弹出“羽化选区”对话框，设置“羽化半径”为2像素，如图2.139所示，单击“确定”按钮。

提示 “羽化半径”的数值根据图像的大小来定。图像的尺寸大，则数值设置得大些；图像的尺寸小，则数值设置得小些。

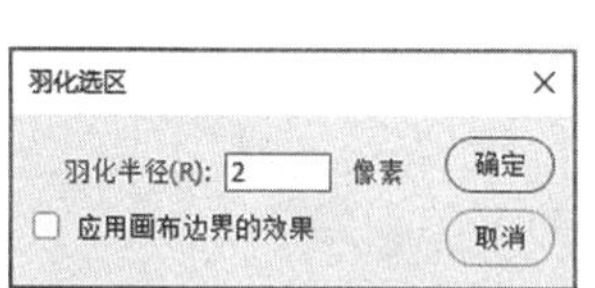

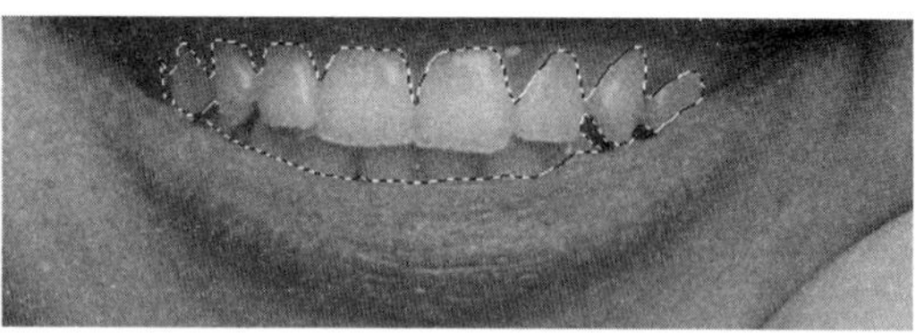

图2.139

步骤04　按 Ctrl+U组合键执行“色相/饱和度”命令，在弹出的对话框中适当降低“饱和度”数值，提高“明度”数值，可以明显看出，牙齿亮白了很多，如图2.140所示，单击“确定”按钮，牙齿美白前后的整体对比效果如图2.141所示。

提示 降低饱和度，通俗来讲，就是降低颜色的鲜艳程度。在本例中，不要将牙齿颜色的鲜艳程度降得过低，否则牙齿会变成黑白色调，不符合制作需要。提高明度，可以提高牙齿的整体亮度，使牙齿显得更白。这两个参数的调整需要适度。

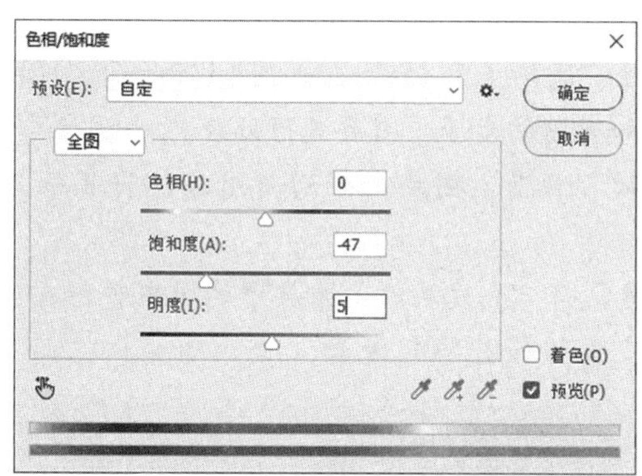

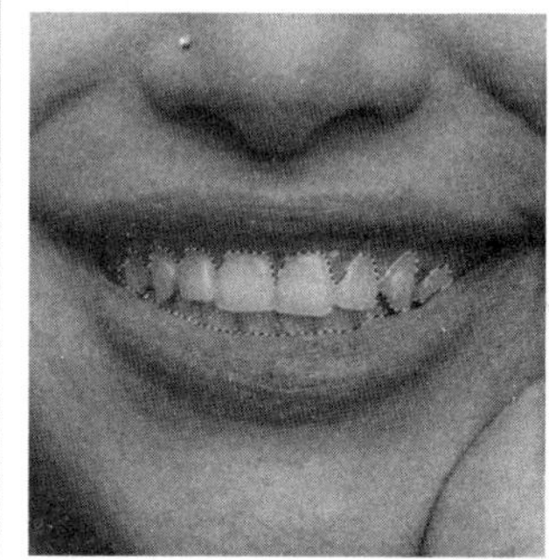

图2.140

图2.141

2.6 亮泽头发

学习目标

- 对彩色图像进行去色处理，使其成为黑白图像。
- 利用“柔光”图层混合模式以及减淡工具和加深工具，提高图像的对比度。

技能要点

- 掌握图层混合模式。
- 掌握减淡工具和加深工具的使用方法。

步骤01　在Photoshop中打开文件“亮泽头发.jpg”，如图2.142所示，可以看出，模特的头发略显平淡，没有丰富的层次和亮丽的光泽，需要进行处理。

步骤02　按Ctrl+J组合键，复制“背景”图层，得到新图层，将其命名为“头发层次”。

步骤03　按Shift+Ctrl+U组合键，将“头发层次”图层中的图像进行去色处理，设置图层混合模式为“柔光”，“图层”面板如图2.143所示。

提示　此时模特头发的亮部区域变亮，暗部区域变暗（参考前面关于“柔光”图层混合模式的讲解）。

步骤04　选择橡皮擦工具，将头发以外的图像内容擦除（即只处理头发，不处理面部），此时“头发层次”图层中的效果如图2.144所示。

图2.142

图2.143

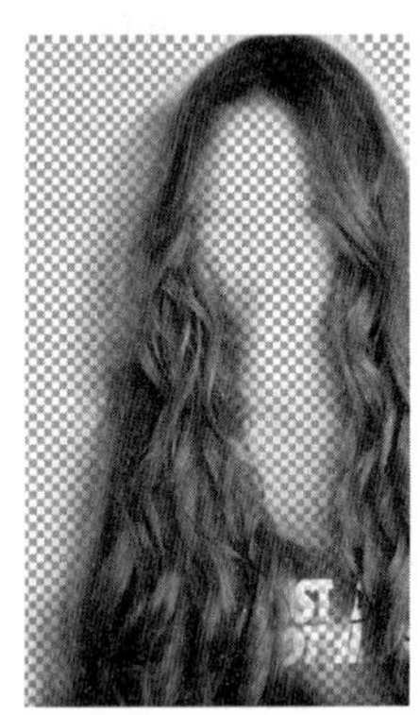

图2.144

提示 经过处理，头发的层次感增强了，但是依然没有光泽。下面增加头发的光泽度。

步骤05 新建一个空白图层，将其命名为“增强对比”。

步骤06 设置前景色为R=G=B=128的中性灰（如图2.145所示），将其填充到“增强对比”图层中，并设置图层混合模式为“柔光”，如图2.146所示。

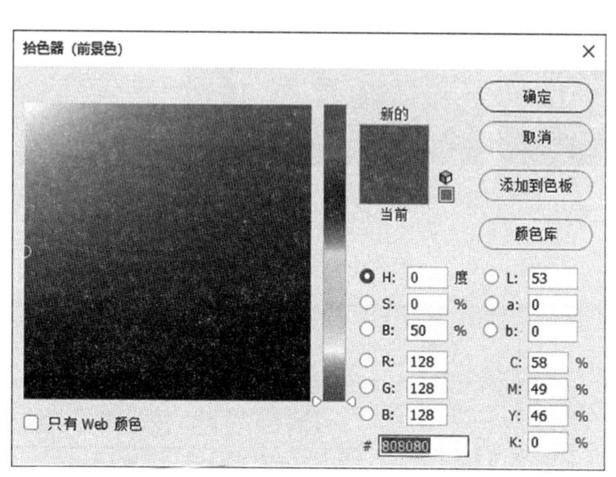

图2.145

图2.146

步骤07 选择减淡工具，右击，在弹出的面板中设置减淡工具的画笔笔尖为圆扇形细硬毛刷笔触样式，如图2.147所示。

步骤08 在属性栏中适当降低“曝光度”数值，属性栏中的其他参数保持默认设置，然后在模特头发的亮部区域进行涂抹。

步骤09 使用同样的方法，使用加深工具在模特头发的暗部区域进行涂抹，此时“增强对比”图层中的效果如图2.148所示，处理前后的对比效果如图2.149所示。

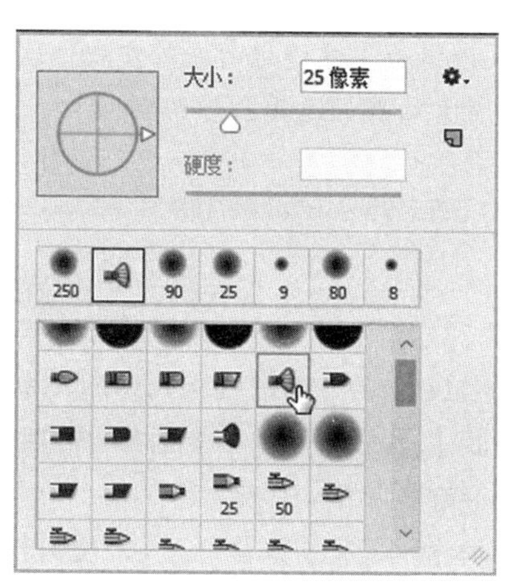

图2.147

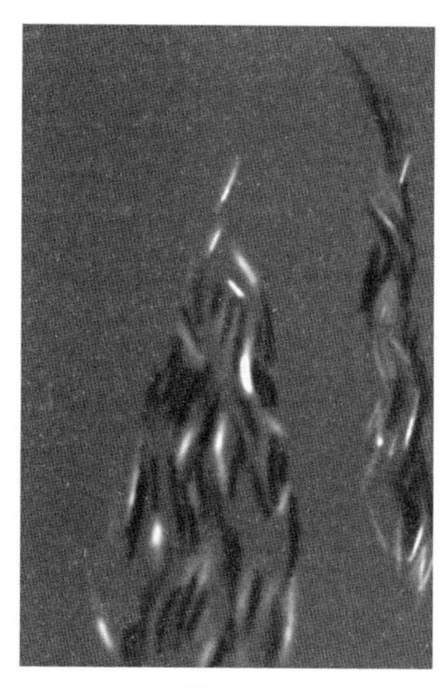

图2.148

图2.149

2.7 自然美肌

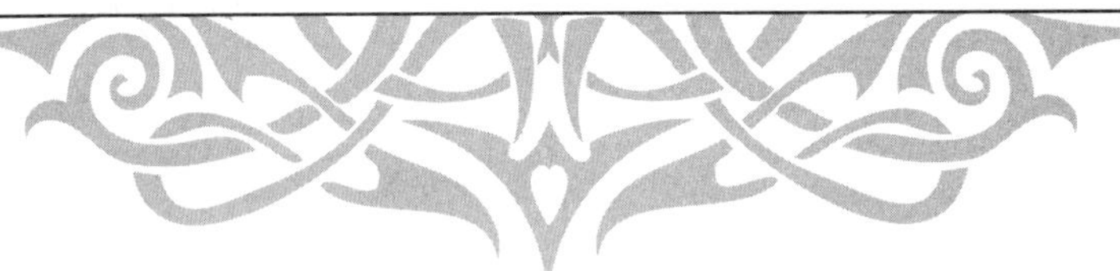

学习目标

- 掌握“高斯模糊”滤镜+“高反差保留”滤镜的使用方法。
- 认识Camera Raw滤镜中“细节”选项卡中的参数，体会参数调整的效果。

技能要点

- 掌握通过“高斯模糊”滤镜＋“高反差保留”滤镜进行人物皮肤处理的方法。
- 掌握Camera Raw滤镜中“细节”选项卡参数的运用。

2.7.1 高斯模糊＋高反差保留

在为照片中的人物皮肤祛斑后，一般会对皮肤进行模糊处理，这时皮肤上的毛孔或纹理会变得过于平滑，效果看上去很假。皮肤上无论如何都需要有细小的毛孔和纹理存在，这就需要在模糊处理皮肤后，再将毛孔和纹理“贴”上去。

步骤01　在Photoshop中打开文件“高斯模糊+高反差保留.jpg”，使用修图工具将人物皮肤中的瑕疵修除，修图前后的对比效果如图2.150所示。

步骤02　按Ctrl＋J组合键，复制当前图层，得到新图层，将其命名为“高斯模糊”，如图2.151所示。

图2.150

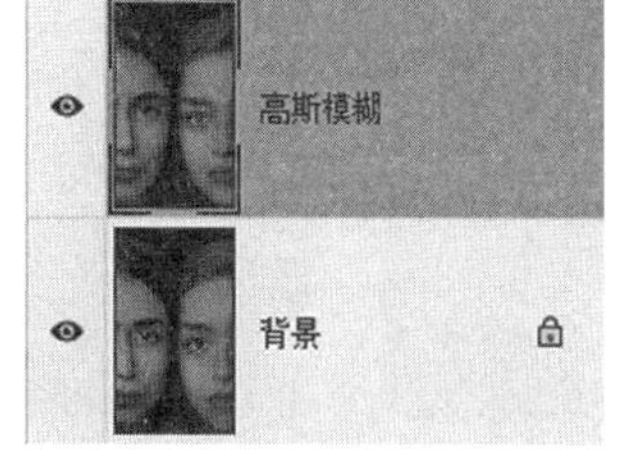

图2.151

步骤03　选择“滤镜”→“模糊”→“高斯模糊”命令，如图2.152所示，在弹出的对话框中设置“半径”数值，如图2.153所示，单击“确定”按钮，效果如图2.154所示。

> **提示**　“半径”数值的大小，取决于人物皮肤的平滑程度。人物皮肤刚好变平滑，没有明显的纹理即可，“半径”数值不宜设置得太大或太小。

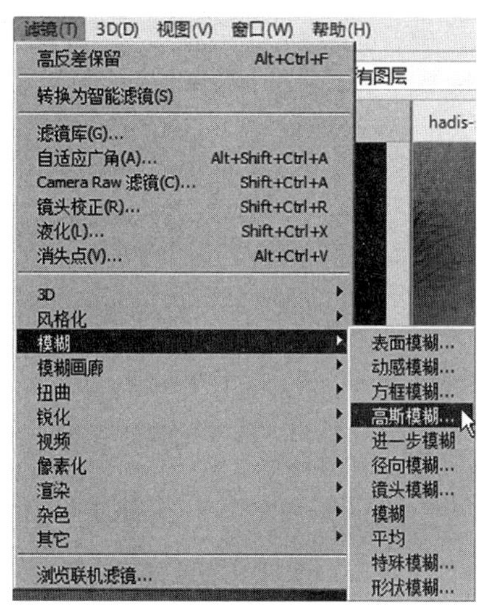

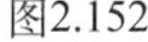

图2.152

图2.153

> **提示**　由于“高斯模糊”滤镜应用于整个图层，使整个图层中的图像都变得模糊了，实际上只需要皮肤变模糊即可。下面进行处理。

步骤04　选择橡皮擦工具，在属性栏中设置“不透明度”为30%（该参数控制擦除的程度，不宜设置得太大），将人物面部皮肤以外的区域全部擦除，如图2.155所示，细节放大效果如图2.156所示。

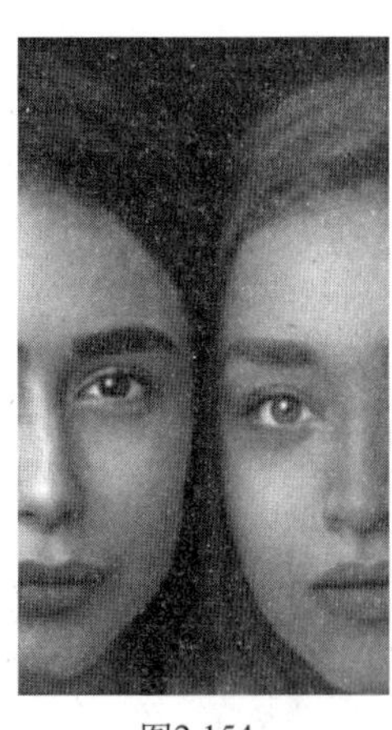
图2.154

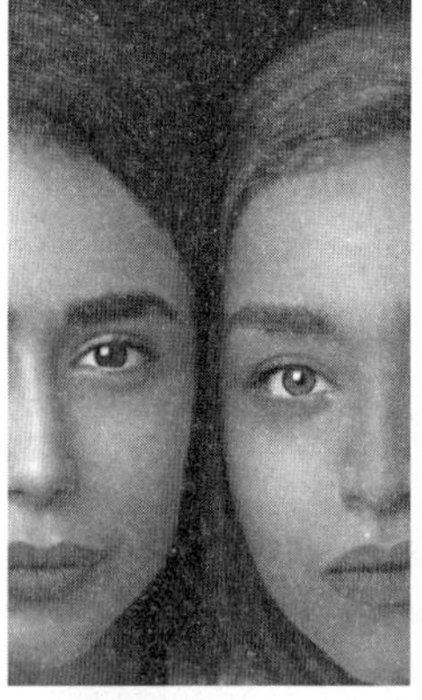
图2.155

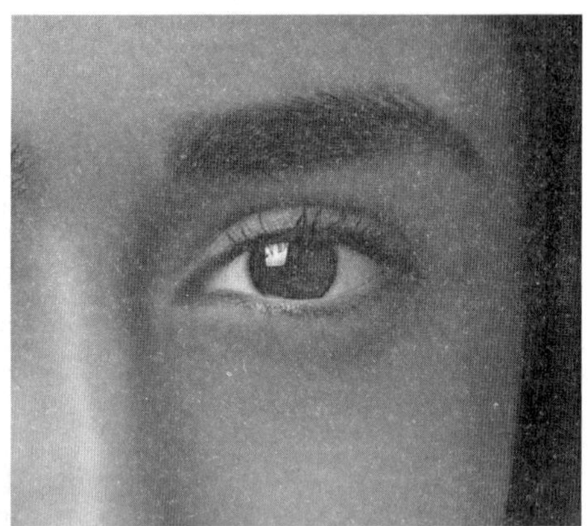
图2.156

提示 可以看出，人物的皮肤过于平滑，没有皮肤应有的质感，显得有些假。下面对皮肤进行处理，使皮肤的质感更真实。

步骤05　选择“背景”图层，按Ctrl+J组合键，复制当前图层，得到新图层，将其命名为“高反差保留”，将该图层拖动至在“高斯模糊”图层的上方，如图2.157所示。

步骤06　确定“高反差保留”图层为当前图层，选择“滤镜”→“其它”→“高反差保留”命令，如图2.158所示，在弹出的对话框中设置“半径”数值，如图2.159所示，单击“确定”按钮，图像显示如图2.160所示。

提示 “半径”数值的大小决定皮肤毛孔的大小，一般会设置较低的数值，根据实际需要进行调整。

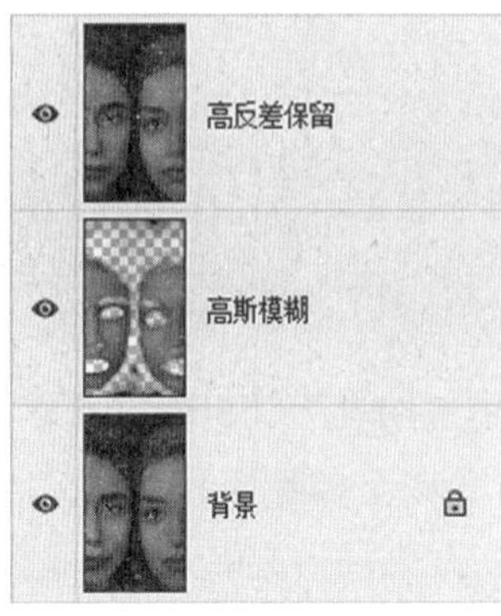

图2.157

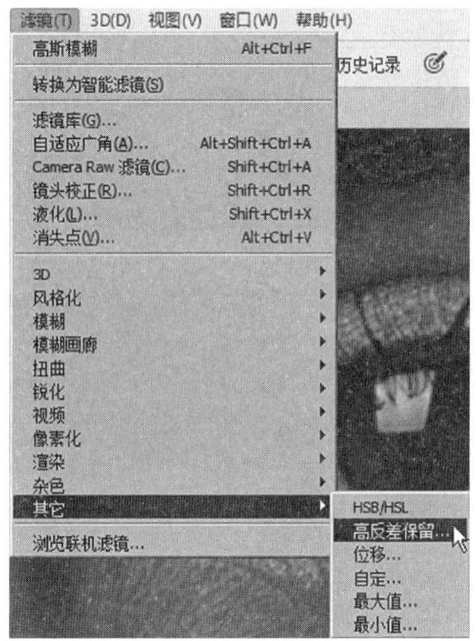

图2.158

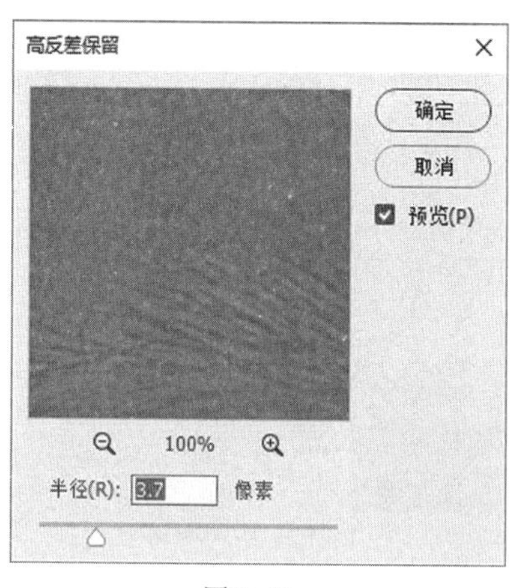

图2.159

图2.160

步骤07　展开“图层”面板中的混合模式下拉列表，设置“高反差保留”图层的混合模式为“线性光”，如图2.161所示，此时皮肤的质感显现出来，如图2.162所示。

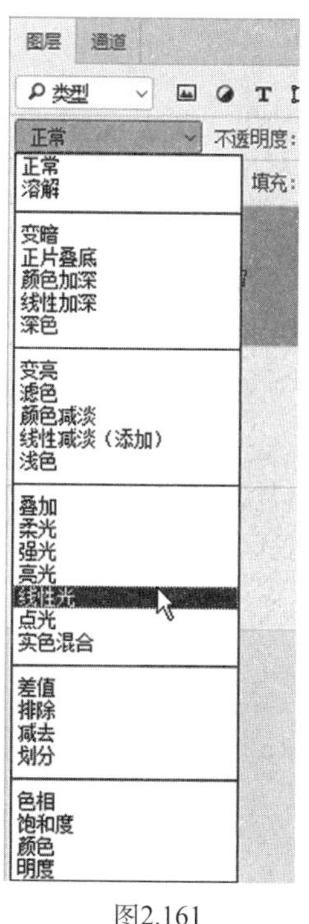

图2.161

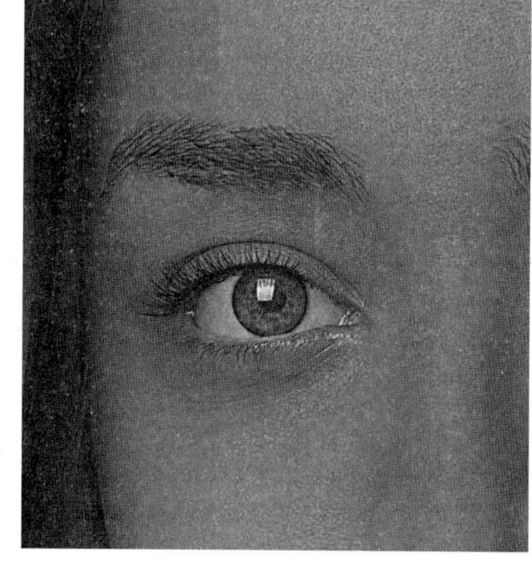

图2.162

步骤08　可以适当修改“高反差保留”图层的不透明度，进一步调整皮肤质感的强度。皮肤处理前后的对比效果如图2.163所示。

提示

根据“柔光”图层混合模式的原理，当R=G=B=128时，图像没有任何变化，人物面部的皮肤质感可以看作凸起（亮：R=G=B>128）和凹陷（暗：R=G=B<128）。高反差保留处理是将亮的区域降低亮度（向R=G=B=128靠近），暗的区域提高亮度（向R=G=B=128靠近），使皮肤中的凸起与凹陷更接近，这样皮肤的平滑度和质感就可以兼具了。

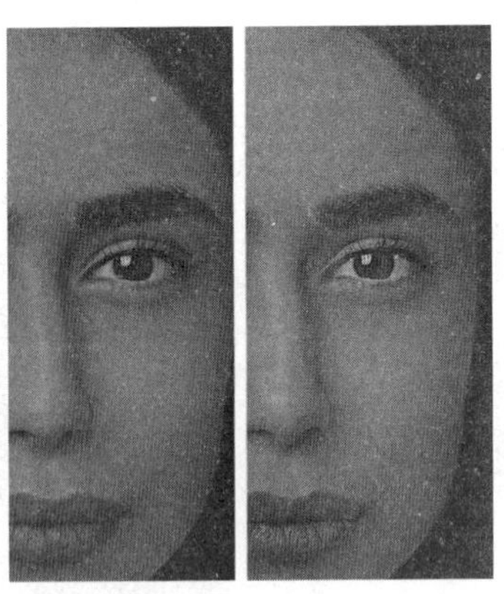

图2.163

2.7.2 Camera Raw滤镜

除上述方法外，还可以使用Camera Raw滤镜进行人物皮肤的处理。

步骤01　在Photoshop中打开未经过处理的人物素材图像，如图2.164所示。

步骤02　按Ctrl+J组合键，复制当前图层，得到新图层，将其命名为“Camera Raw”，单击“图层”面板中的☰按钮，在弹出的面板菜单中选择“转换为智能对象”命令，将“Camera Raw”图层转换为智能对象，如图2.165所示。

步骤03　确定“Camera Raw”图层为当前图层，选择“滤镜”→“Camera Raw”命令，在弹出的对话框中选择“细节”选项卡，如图2.166所示。

图2.164

图2.165

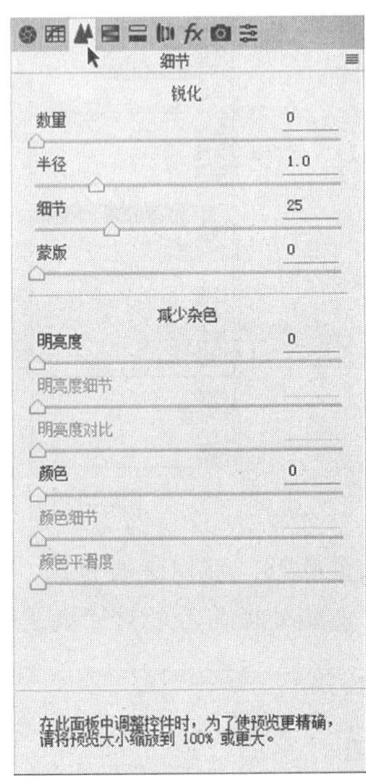

图2.166

步骤04　单击视图显示框下方的▣按钮，选择“原图/效果 左/右”显示方式，如图2.167所示。

步骤05　在“减少杂色”选项组中，设置“明亮度”数值为64，其他参数设置如图2.168所示。

“明亮度”参数控制皮肤处理的程度。

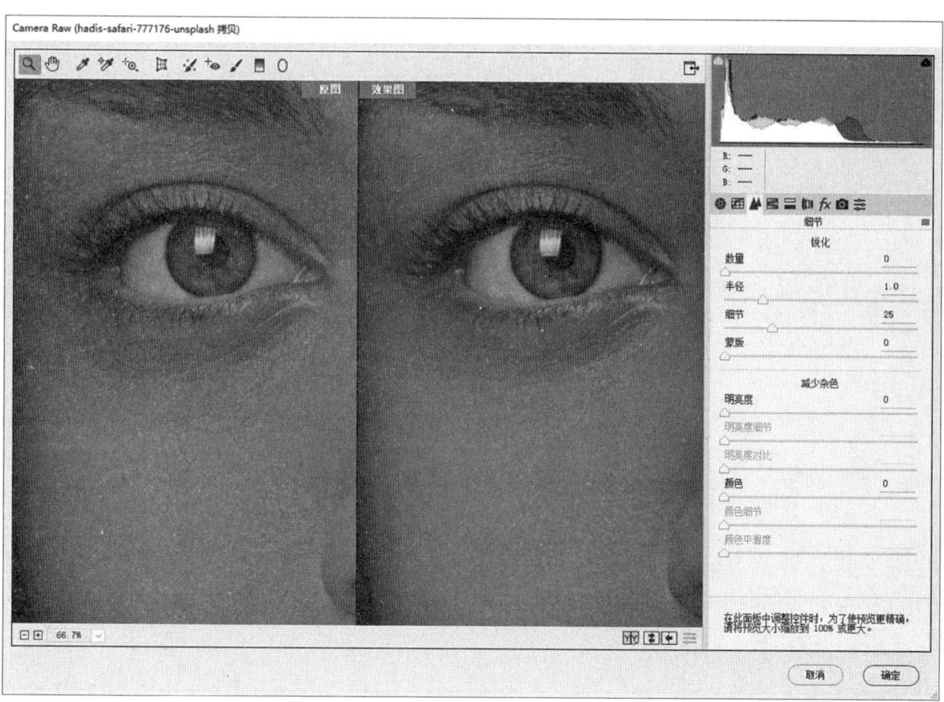

图2.167

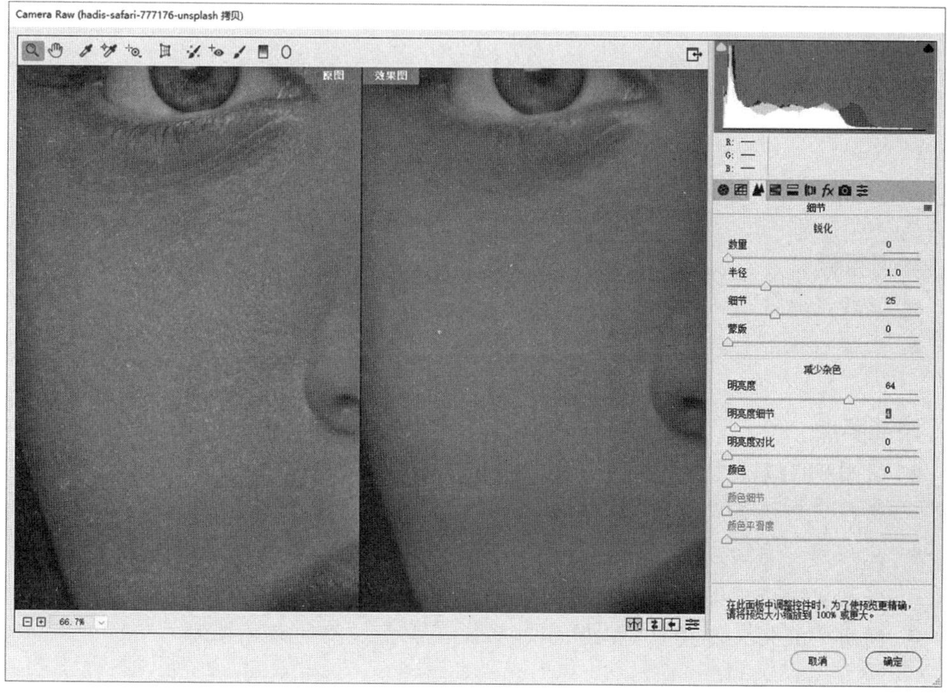

图2.168

步骤06　在“锐化”选项组中，设置“数量”“半径”“细节”参数，如图2.169所示，单击“确定”按钮，局部放大对比效果如图2.170所示。

提示　“数量”，控制锐化的范围，没有“数量”参数设置，其他参数无效；“半径”，控制锐化的强度；“细节”，控制锐化的清晰程度。

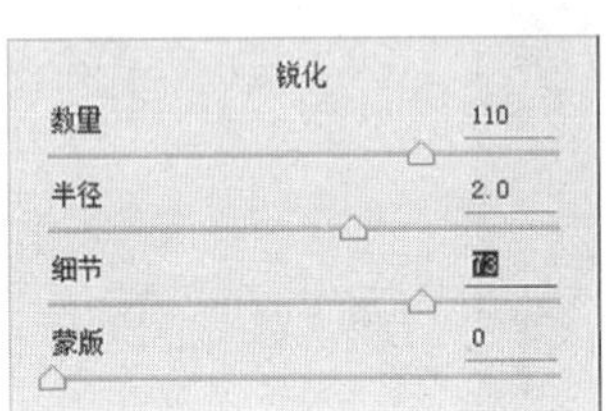

图2.169

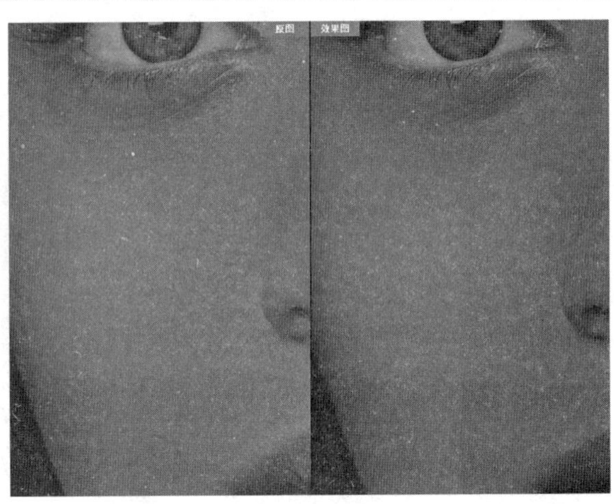

图2.170

虽然皮肤处理的方式不同，但原理是相同的。在将皮肤变平滑的过程中，皮肤颜色不均匀的状况也会得到改善，然后重新添加皮肤上的毛孔和纹理，再淡化毛孔中的黑色部分，使粗糙的质感变得细腻。

2.8 修形塑身

学习目标

- 掌握两种修图方法：自由变换＋操控变形，液化。
- 掌握形体的处理方式。

技能要点

- 使用钢笔工具绘制路径，将其作为参考线。注意：切勿在人物图层中描边，要在空白图层中描边，以作为参考。
- 在利用“自由变换＋操控变形”功能修图时，不要变形人物皮肤的纹理；不要只变换边缘的像素，对内部的像素也要适当进行变换。
- 利用“液化”滤镜中的人脸识别功能，调整人物的面部结构。

形体修饰是人物整体状态的修饰，在实际中也会遇到。例如，在影楼摄影中，化妆可以遮盖人物面部的瑕疵，而形体修饰在多数情况下无法使用这种手法，只能够进行后期处理。此外，美是多元化的，下面的讲解内容主要作为Photoshop修图技术的演示。

2.8.1 自由变换＋操控变形

“自由变换”命令和“操控变形”命令应用在人物处理中，可以达到意想不到的效果。

步骤01 在Photoshop中打开文件“自由变换+操控变形.jpg”，如图2.171所示。

图2.171

提示 分析人物需要修饰的部位，仔细观察人物的面部和手臂。如图2.172所示，白色方框内所示为手臂外侧需要修饰的部位，黑色方框内所示为手臂内侧与身体挤压产生的纹理，也是需要修饰的部位。

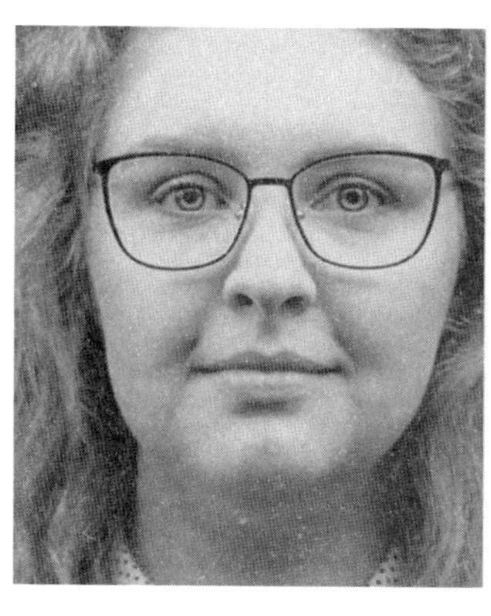
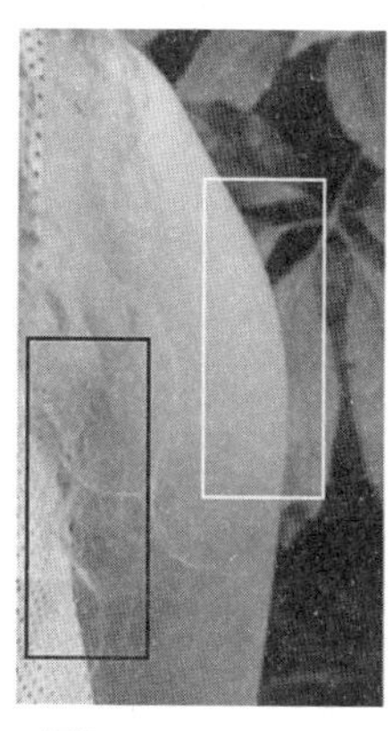
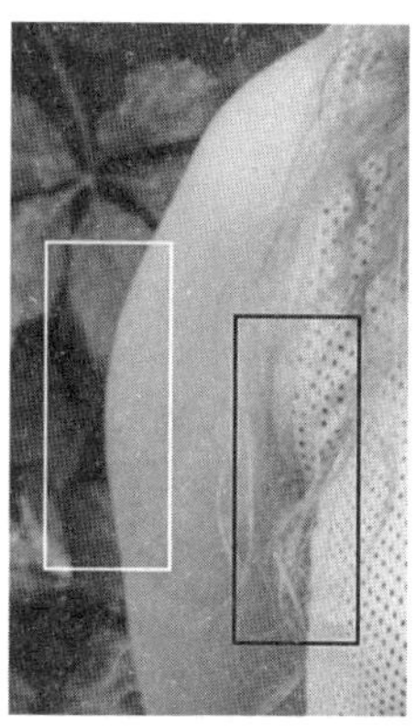

图2.172

步骤02 选择钢笔工具，在属性栏中设置工具模式为“形状”，“填充”为“无”，“描边”的颜色为黑色，宽度为5像素，在人物面部绘制描边路径，如图2.173所示。

提示 在绘制描边路径时，按Ctrl键可以断开当前路径，然后重新绘制路径。在此，只绘制眼睛、鼻子、嘴巴、下巴等部位。

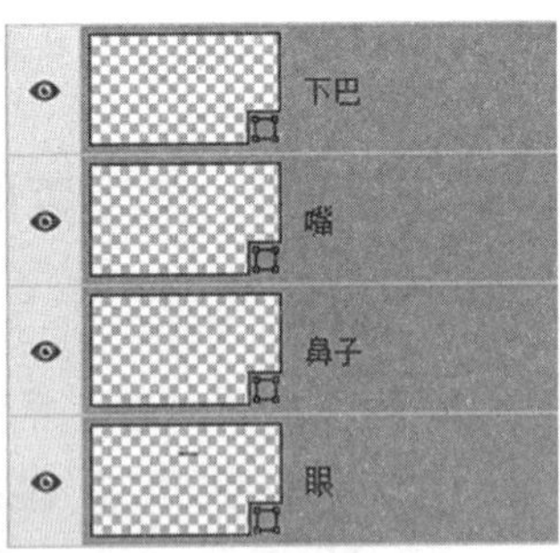

图2.173

步骤03　按住Ctrl键，在“图层”面板中单击“眼”“鼻子”“嘴”“下巴”图层，将其选中，按Ctrl+G组合键编组，将其命名为“参考线”，如图2.174所示。

提示　根据前面的分析，开始修饰图像。下面先修饰人物面部。

步骤04　选择“背景”图层，使用套索工具沿着人物面部的左侧绘制任意选区，如图2.175所示。

步骤05　按Ctrl+J组合键复制当前图层，得到新图层，将其命名为“脸部左侧”，如图2.176所示。

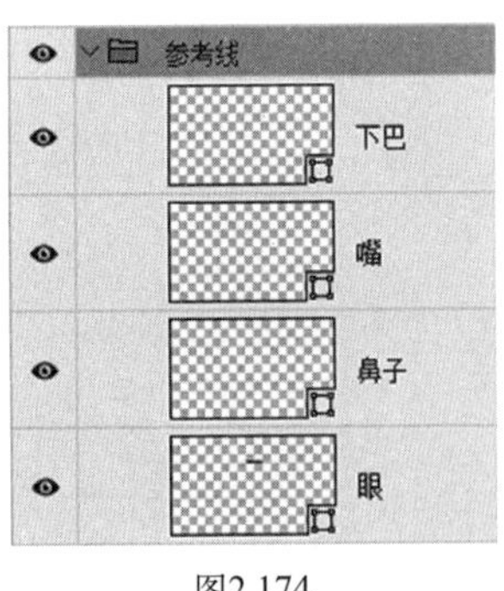

图2.174

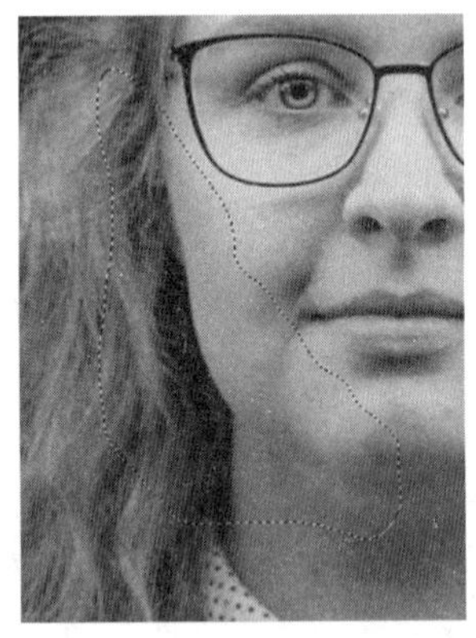

图2.175

图2.176

步骤06　按Ctrl+T组合键变换对象，如图2.177所示。

步骤07　单击属性栏中的按钮进行自由变换，单击人物下颌骨部位的控制点，将其向左上方拖动，使下颌骨尽量贴近前面绘制的黑色描边线条，如图2.178所示，按Enter键确认操作。

提示　黑色线条只是作为参考，并不一定要完全精确。

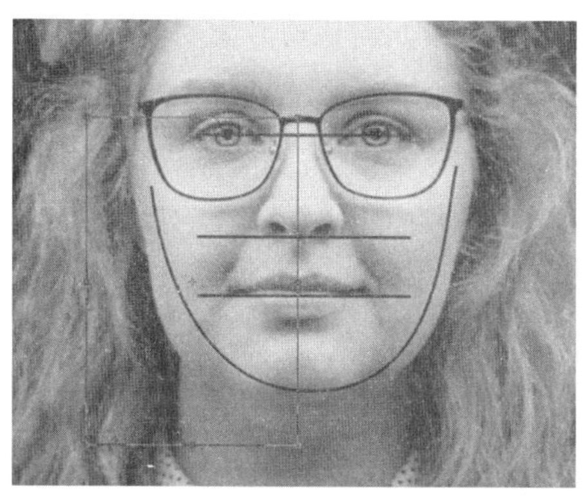
图2.177

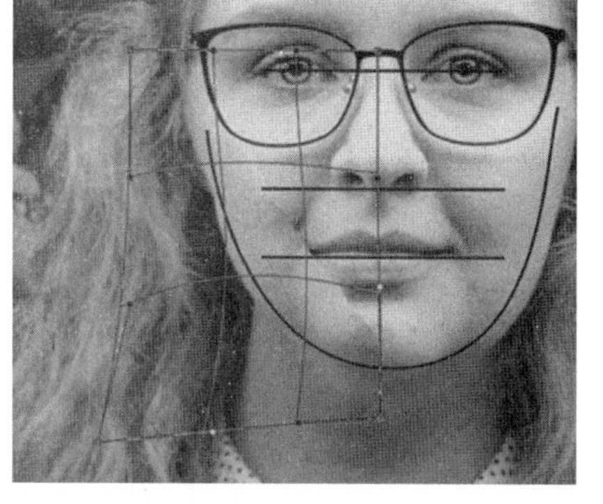
图2.178

步骤08　选择橡皮擦工具，在属性栏中设置“不透明度”为30%，在图2.179所示的黑色方框内涂抹，效果如图2.180所示。

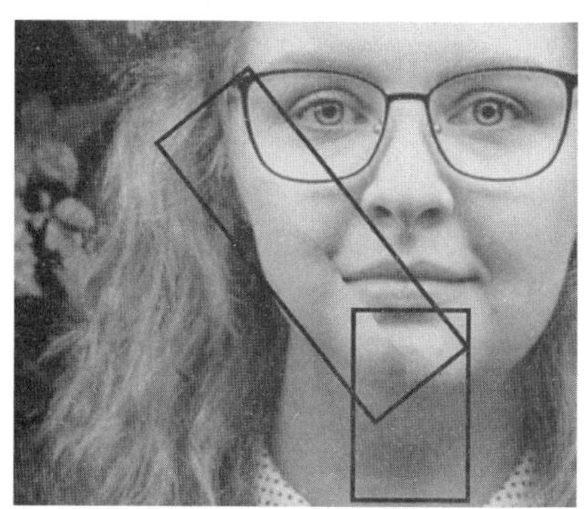
图2.179

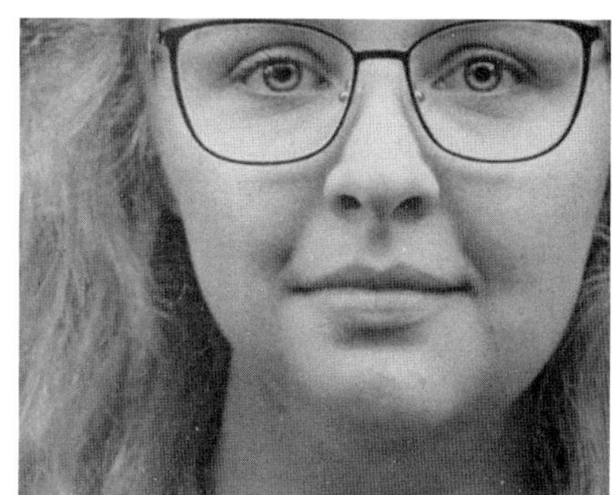
图2.180

步骤09　使用相同的方法，处理人物的右侧面部，效果如图2.181所示。

人物面部上半部和下半部的比例有些不协调，上半部需要变窄一些；下巴和颈部的交接处也需要处理，如图2.181黑色方框内所示。

步骤10　选择“背景”图层，使用矩形选框工具选择人物面部的上半部，按Ctrl+J组合键复制当前图层，得到新图层，将其命名为“额头”，如图2.182、图2.183所示。

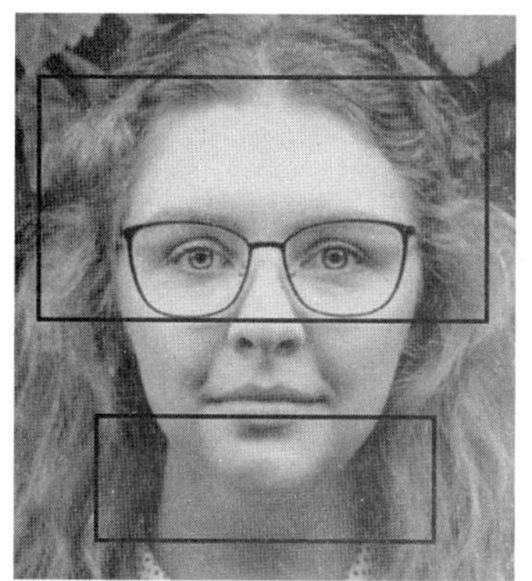
图2.181

图2.182

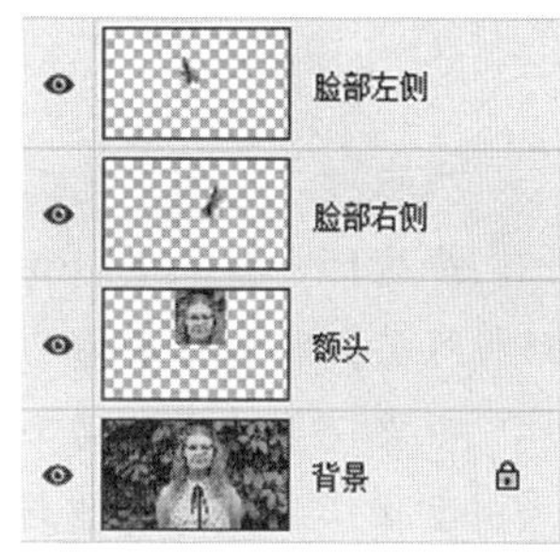

图2.183

步骤11　按Ctrl+T组合键变换对象（如图2.184所示），拖动右侧中间的控制点，如图2.185白色方框内所示，将人物面部整体变窄。

提示　图2.186中白色方框内所示的直线条，是横向缩放的后果，需要用橡皮擦工具将其擦除。

图2.184

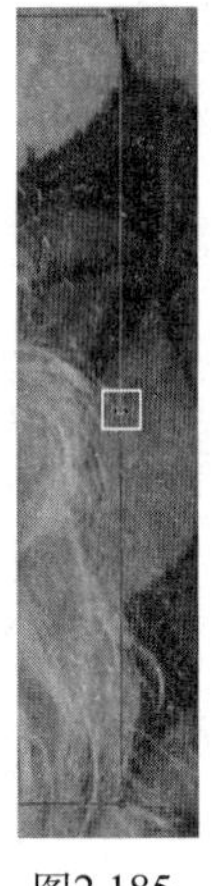

图2.185

图2.186

步骤12　选择"额头"图层，使用橡皮擦工具将人物两侧的直线条擦除，如图2.187所示。

步骤13　按Ctrl+Shift+Alt+E组合键盖印图层，将其命名为"效果01"，如图2.188所示。

图2.187

图2.188

步骤14　使用钢笔工具沿人物的下巴绘制路径，如图2.189所示。

步骤15　按Ctrl+Enter组合键将路径转换为选区，按Ctrl+J组合键复制当前图层，得到新图层，将其命名为"下巴"。

步骤16　使用移动工具向上拖动"下巴"图层中的图像，如图2.190所示。

步骤17　使用橡皮擦工具擦除下巴处多出的部分，如图2.191所示，处理前后的对比效果如图2.192所示。

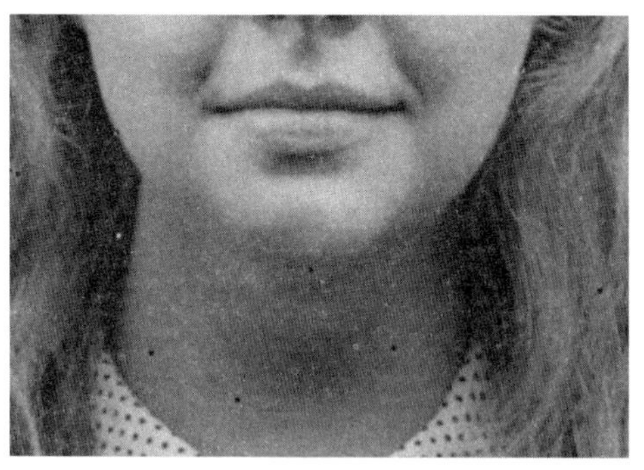

图2.189

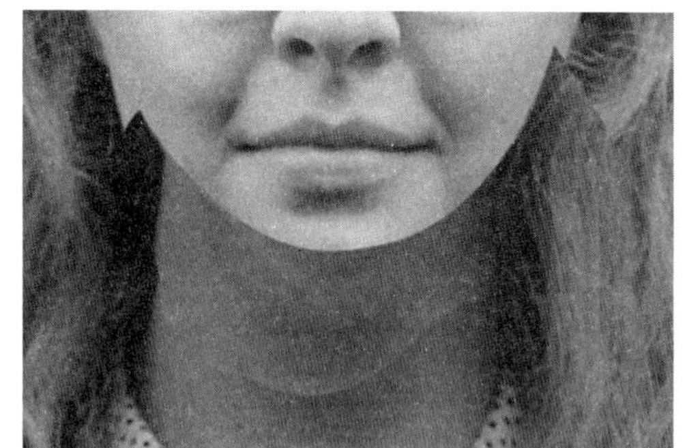

图2.190

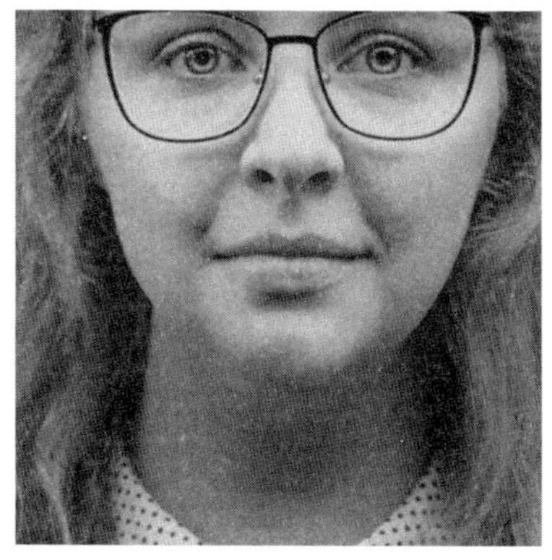

图2.191

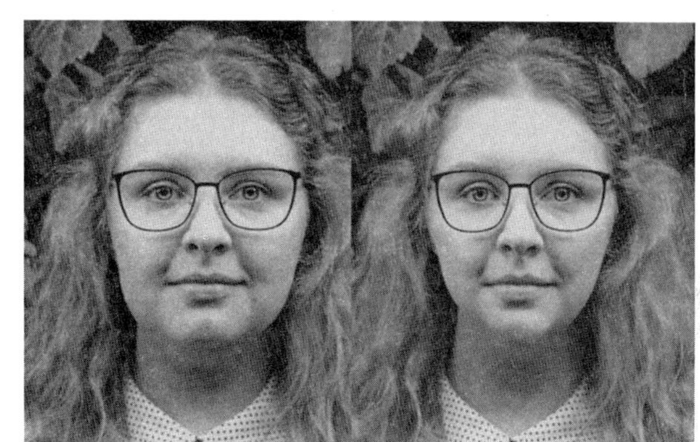

图2.192

提示　人物面部处理完成，下面处理人物手臂。

步骤18　与修饰人物面部前先绘制参考线相同，在修饰人物手臂前先绘制参考线，如图2.193所示。

步骤19　选择“效果01”图层，使用套索工具绘制选区，如图2.194所示。

步骤20　按Ctrl+J组合键复制当前图层，得到新图层，将其命名为“左臂外侧”，如图2.195所示。

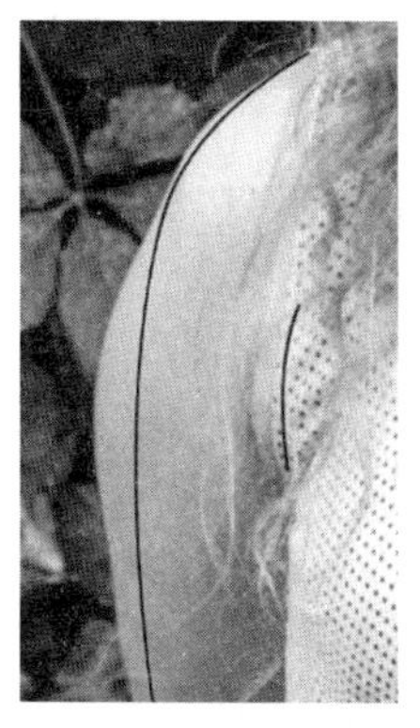

图2.193

图2.194

图2.195

步骤21　选择“左臂外侧”图层，按Ctrl+T组合键变换对象，单击属性栏中的按钮，对“左臂外侧”图层中的图像内容进行扭曲操作，使左臂外侧的轮廓尽量贴近黑色参考线，如图2.196所示，按Enter确认变换操作，如图2.197所示。

提示　图2.197中白色方框内的手臂轮廓采用扭曲操作进行调整，效果不是令人很满意。下面利用操控变形功能进一步修图。

步骤22　选择“左臂外侧”图层，选择“编辑”→“操控变形”命令，如图2.198所示。

图2.196

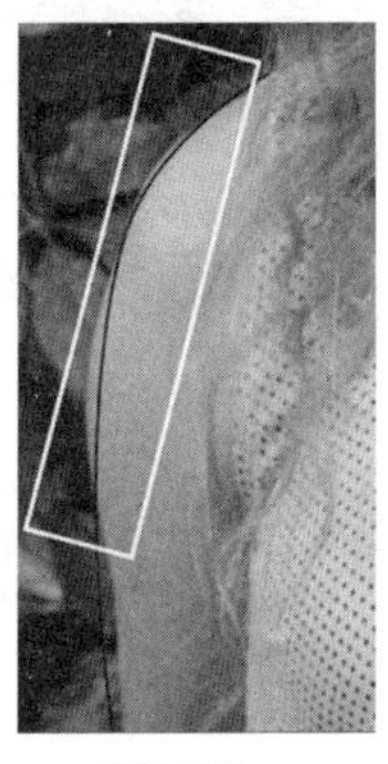

图2.197

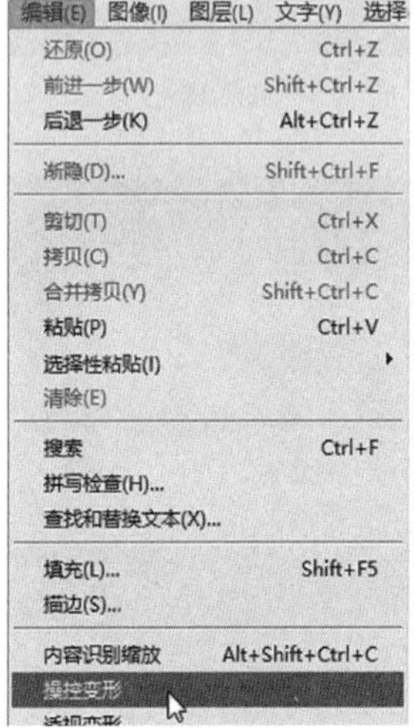

图2.198

提示　激活操控变形功能后，图像显示出网格结构，如图2.199所示。可以取消属性栏中“显示网格”复选框的勾选状态，隐藏网格结构。

步骤23　在手臂的相应区域单击，生成图钉。用图钉钉住不需要变形的部位（此时图钉的作用是为了固定不需要改变的部位），在需要变形的部位单击，生成下一枚图钉（此时图钉是为了确定要编辑的部位）。按住鼠标左键拖动图钉，图像也会随之变换，如图2.200所示，操作完成后，按Enter键确认操控变形。

提示　可以看出，图2.201中白色方框内的颜色不够融合。下面进行处理。

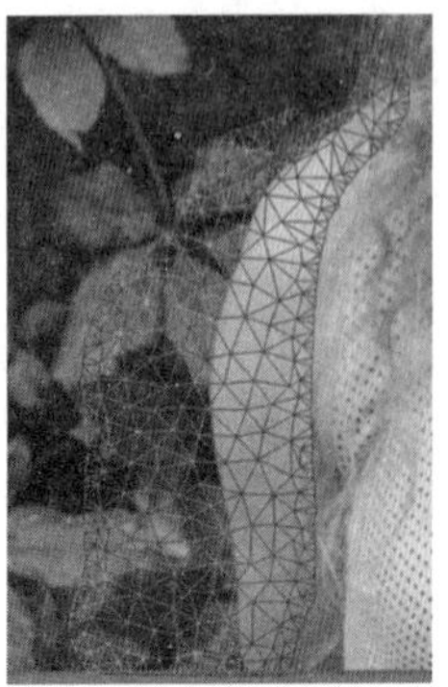

图2.199

图2.200

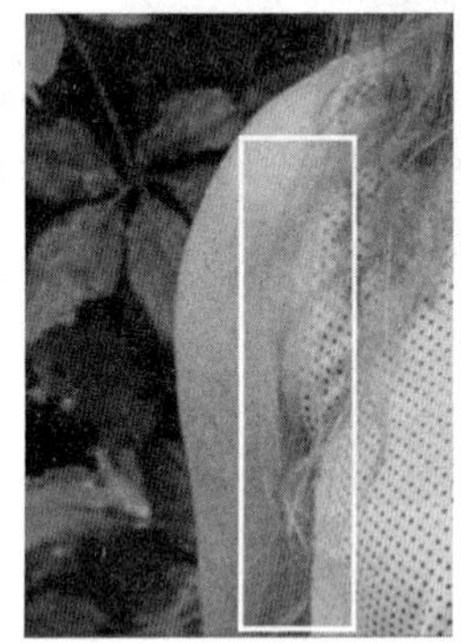

图2.201

步骤24　使用橡皮擦工具在颜色不融合的区域进行涂抹，使其与手臂皮肤融合，处理前后的对比效果如图2.202所示。

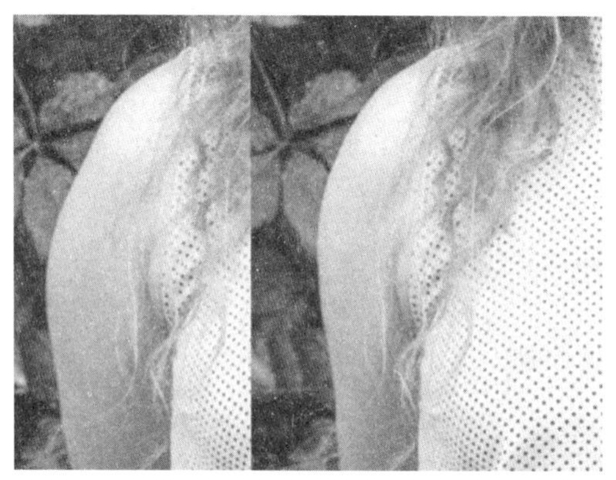

图2.202

步骤25　使用同样的方法，处理人物左臂内侧和右臂内/外侧，如图2.203~2.205所示，处理前后的整体对比效果如图2.206所示。

图2.203

图2.204

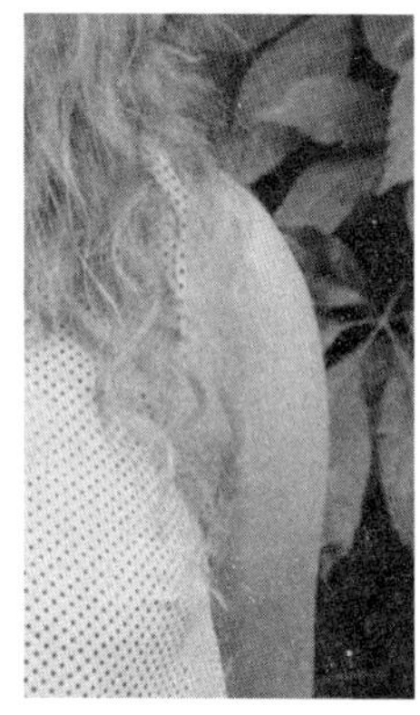

图2.205

图2.206

 2.8.2 液化

“液化”滤镜是Photoshop中一个早期的滤镜，在Photoshop CC 2015中增加了一项新功能——人脸识别液化，可以针对人物的面部结构进行参数化的控制。

步骤01　在Photoshop中打开文件“液化.jpg”，如图2.207所示。

> **提示**　仔细观察图像，人物的面部、腿部和腰部这三处是本例需要处理的主要部位。下面首先使用人脸识别液化功能处理人物的面部。

步骤02　按Ctrl＋J组合键，复制“背景”图层，得到新图层，将其命名为“液化处理”，如图2.208所示。

步骤03　选择“滤镜”→“液化”命令（如图2.209所示），弹出“液化”对话框，如图2.210所示。

图2.207

图2.208

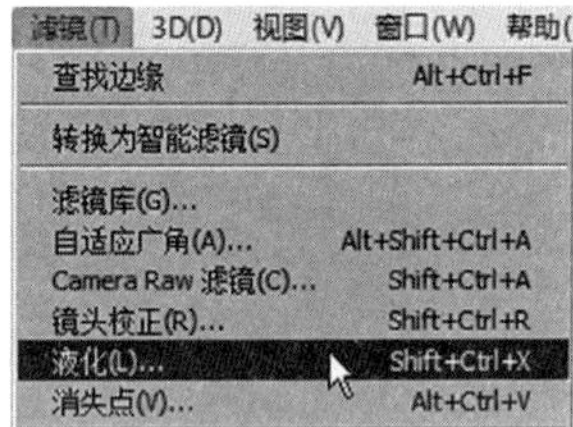

图2.209

图2.210

提示 在“液化”对话框中，右侧“属性”设置的第二个选项组是“人脸识别液化”，该功能可识别多个人脸。下面先处理人脸结构，

步骤04　按Ctrl+“+”组合键放大视图，选择“人脸识别液化”选项组中的“脸部形状”子选项组，适当调整“下巴高度”“下颌”“脸部宽度”数值，使人物的面部变窄，如图2.211所示，处理前后的对比效果如图2.212所示。

提示 从处理前后的对比效果中可以看出，人物面部明显变窄，人物面部附近的图像内容也会随之自动平移，不需要手动操作。

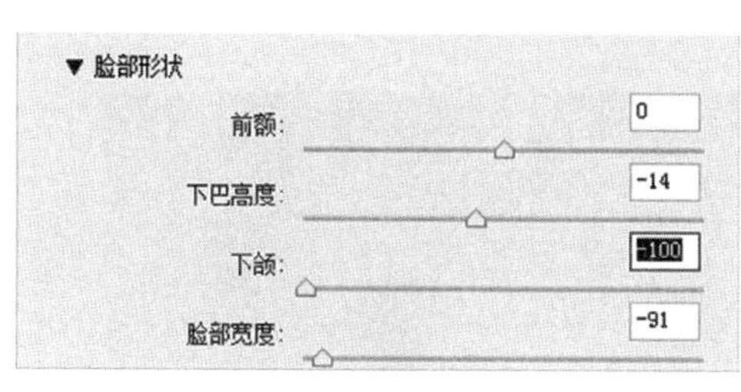

图2.211

图2.212

步骤05　在“液化”对话框的左侧选择向前变形工具，在右侧“属性”设置的“画笔工具选项”选项组中设置参数，如图2.213所示。

提示 “大小”，控制向前变形工具画笔笔尖的大小；“浓度”，控制向前变形工具边缘的强化程度；“压力”，控制向前变形工具的扭曲程度。

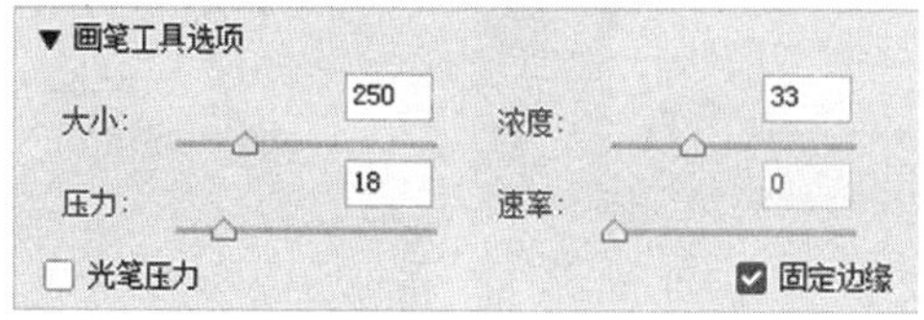

图2.213

步骤06　在“液化”对话框中按住Space键平移视图到人物腿部。使用向前变形工具将腿部的外侧边缘向腿部的中心拖动，处理前后的对比效果如图2.214所示。

提示 可以看出，腿部结构有了明显的变化。

步骤07　使用同样的方法，处理腿部内侧、小腿以及另一条腿。由于向前变形工具是画笔类工具，画笔笔尖是圆形的，容易使皮肤边缘产生凹凸感，如图2.215所示。

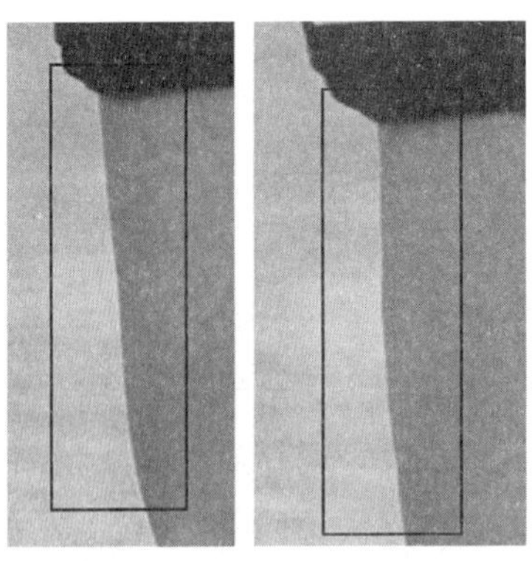

图2.214

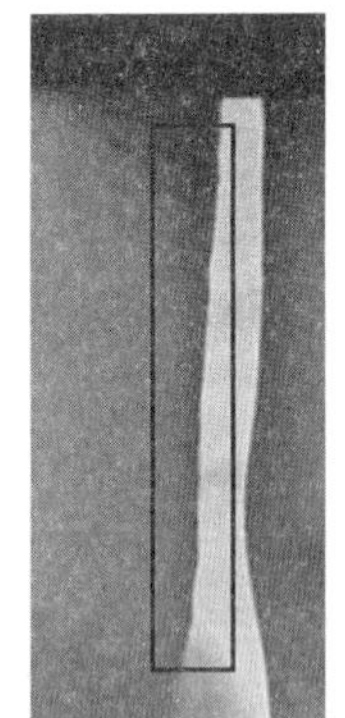

图2.215

步骤08　在“液化”对话框中使用平滑工具在人物腿部的凹陷、凸起位置不断单击，以修复凸凹不平的区域，使其平滑，如图2.216所示。

步骤09　使用同样的方法，将人物的另一条腿也处理完毕，处理前后的对比效果如图2.217所示。

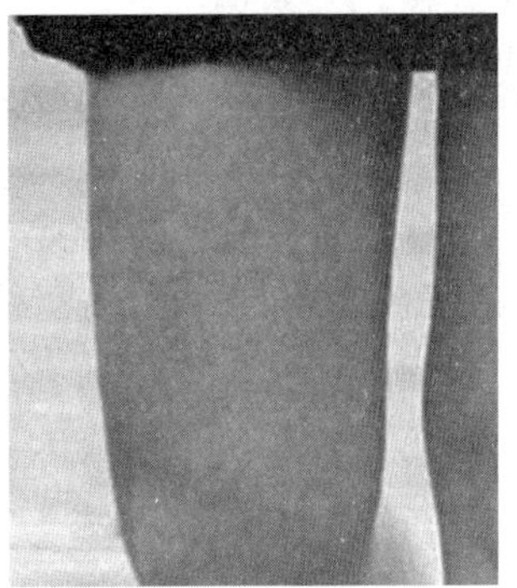

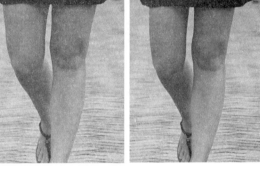

图2.216

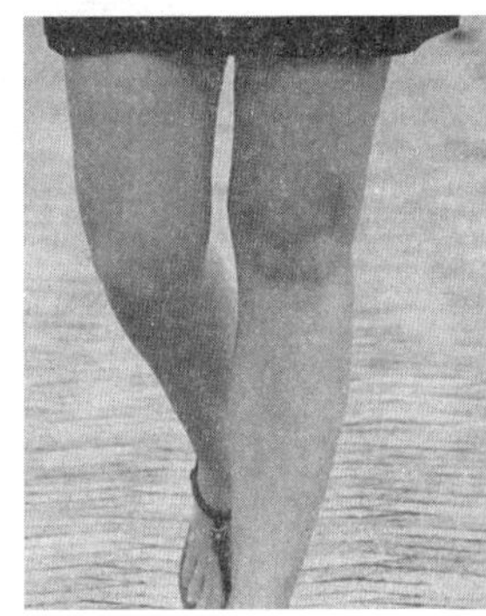

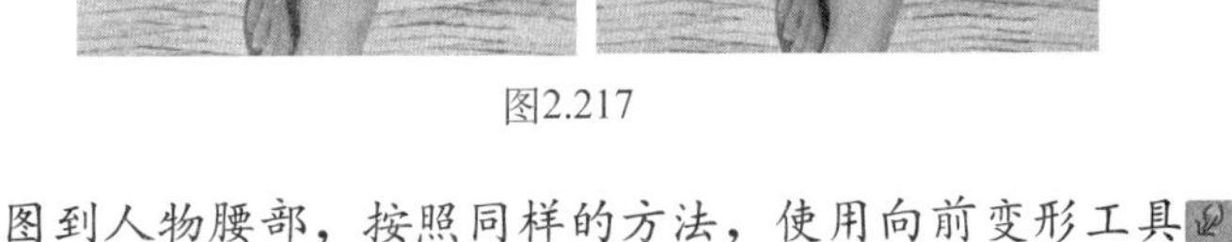

图2.217

步骤10　按住Space键平移视图到人物腰部，按照同样的方法，使用向前变形工具将人物的腰部曲线显现出来，处理前后的对比效果如图2.218所示。

图2.218

项目 3

文字编辑

- 文字工具
- “字符”面板与“段落”面板
- 标题文字
- 段落文字的版面设计

3.1 文字工具

学习目标

- 使用文字工具输入文字。
- 掌握文字的编辑方式。
- 区分段落文字和点文字。

技能要点

- 掌握文字的输入方式，区分点文字和段落文字。
- 学会如何更改文字方向和安装字体。
- 学会如何设置字体大小和文字对齐方式。

3.1.1 文字的输入方式

在Photoshop中选择文字工具时，默认为横排文字工具T，展开文字工具的隐藏工具面板（如图3.1所示），可以根据需要从中选择其他文字工具。

Photoshop中的文字工具可以实现两种文字表现方式：一是实体文字（横排文字工具T、直排文字工具IT）；二是选区文字（横排文字蒙版工具T、直排文字蒙版工具IT）。

二者的相同之处是：文字输入方式相同，在文字输入时的修改方式也相同。

二者的不同之处是：实体文字结束输入后可以反复修改，而选区文字结束输入后将转换为选区，不能再修改字体属性，如图3.2所示。

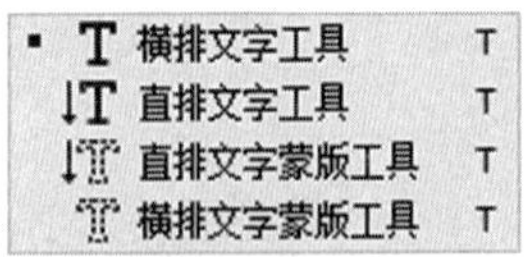

图3.1

文字工具的使用 文字工具的使用

图3.2

使用选区文字能够达到的效果，使用实体文字也能够达到。例如，可以为选区文字填充渐变颜色，也可以为实体文字填充渐变颜色。但是对实体文字无法直接填充渐变颜色，需要在选择文字图层后，单击“图层”面板中的fx.按钮，在弹出的菜单中选择“渐变叠加”选项，在弹出的“图层样式”对话框中为文字图层添加“渐变叠加”图层样式，从而为文字图层填充渐变颜色，如图3.3所示。

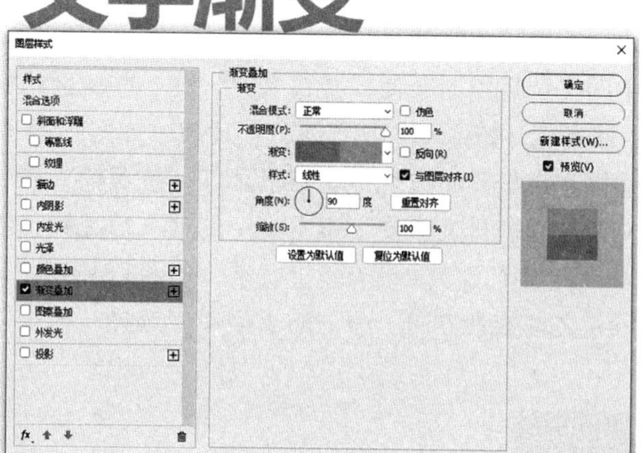

图3.3

3.1.2 点文字和段落文字

1. 点文字

选择文字工具，单击插入光标，然后输入文字，此时输入的文字为点文字。点文字的特点是：输入文字时不能自动换行，必须按Enter键手动换行，如图3.4所示。

2. 段落文字

选择文字工具，单击并拖动出文字输入框，然后输入文字，此时输入的文字为段落文字。段落文字的特点是：输入文字时在文字输入框的右侧边缘自动换行，如图3.5所示。

文字工具的使用
文字工具直接点击录入
点文本

图3.4

文字工具录入方式及特点。点文字：选择文字工具后，鼠标左键点击录入文字，特点是不能够自动折行，必须按下 enter 键手动换行；段落文字：选择文字工具后，鼠标左键点击并拖动录入文字，特点是文字在录入时在文本框的右侧边缘自动折行。

图3.5

无论使用哪种输入方式，在“图层”面板中都会生成一个文字图层，文字图层默认是以输入的文字进行命名的，如图3.6所示。

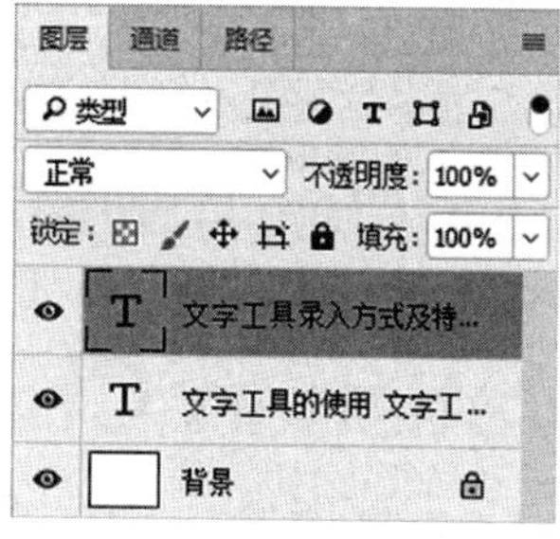

图3.6

3.1.3 文字方向

文字有两种方向——横排文字或竖排文字。在不同的设计中可以使用不同的表现形式。例如，在表现中国传统风格时会使用竖排文字，在一些版面结构较窄的设计作品中也会使用竖排文字，如书签（如图3.7左图所示）、道旗（如图3.7右图所示）等。

可以直接选择横排文字工具**T**或直排文字工具**↓T**，按照输入需要的方向输入文字；也可以在输入横排文字后（横排文字便于查看文字的输入情况），单击属性栏中的“切换文本方向”按钮，将横排文字转换为竖排文字，如图3.8所示；还可以在完成文字输入后，在“文字”→“文本排列方向”命令的子菜单中选择“横排”或“竖排”命令，如图3.9所示。

图3.7

修改文字方向

切换文本方向按钮

修改文字方向

切换文本方向按钮

图3.8

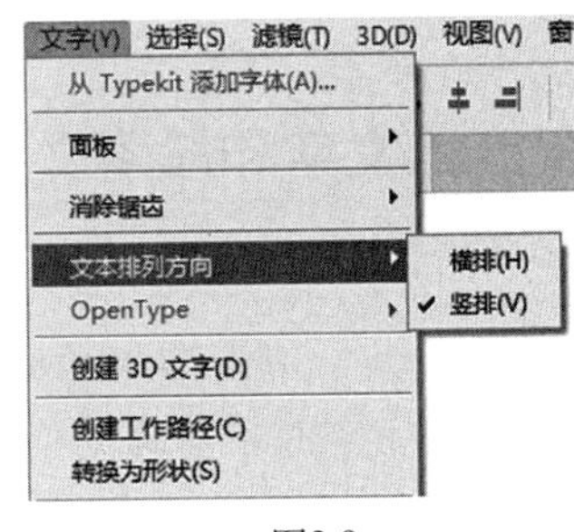

图3.9

3.1.4 安装字体

操作系统自带的字体有限，通常在进行设计时会用到一些特殊字体，这时可以从网络上下载需要的字体，但是要尊重字体的版权，避免构成侵权行为。

1. 单个字体的安装

如果需要的字体较少，可以直接双击字体文件。在Win7以上的系统下，打开字体后会出现 “安装”按钮，单击即可安装字体，如图3.10所示。字体安装完毕，在Photoshop中的字体预览下拉列表中可以找到安装的字体名称，选择该字体即可将输入的文字设置为该字体，如图3.11所示。

图3.10

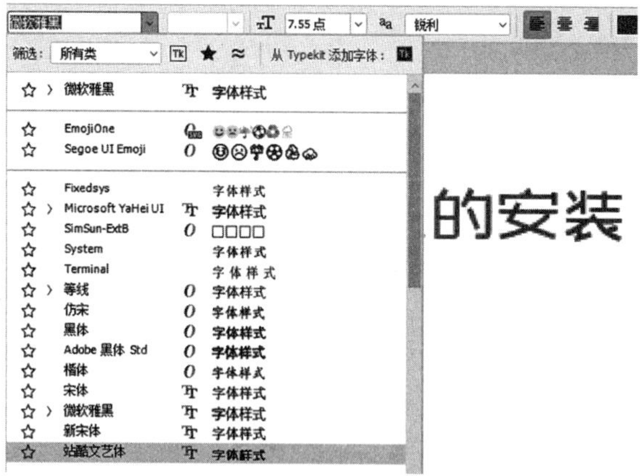
图3.11

2. 多个字体的安装

如果需要一次性安装多个字体，可以打开 C:\Windows\Fonts 文件夹，如图3.12所示，这是系统字体的安装路径。选择需要安装的多个字体，单击并将其拖动到“Fonts”文件夹中，则直接安装字体，如图3.13所示。

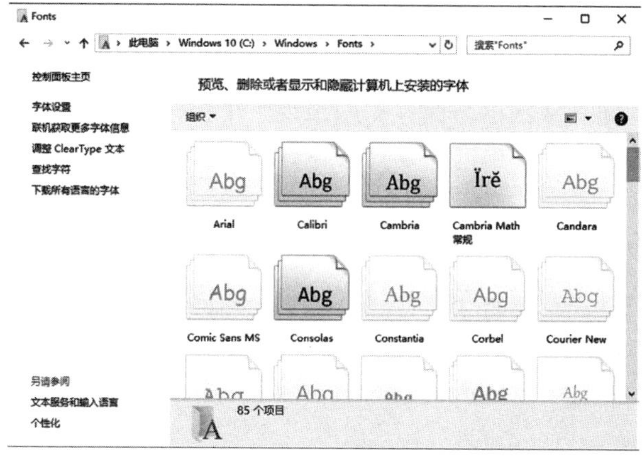
图3.12

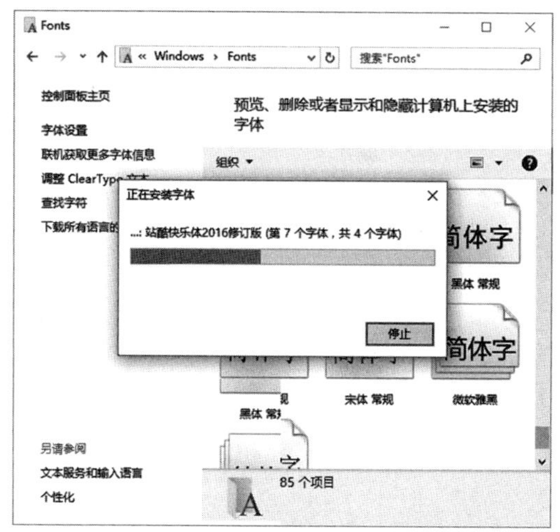
图3.13

3.1.5 字体大小

可以利用快捷键更改字体大小。选择文字工具，单击并拖动鼠标指针选择文字（选择方法与Office系列软件中选择文字的方法相同），按Ctrl+Shift+“，”（或“。”）组合键，可以更改所选文字的大小，每次变动 1pt。

选择文字图层，在属性栏的字体大小下拉列表中可以进行选择，也可以直接输入数值，最大是1296pt。但是在户外广告中，这个数值仍然不能满足需求，这时就不能用字体大小的预设范围来约束文字了，可以按Ctrl+T组合键，通过“变换”命令改变文字的大小。假设该图尺寸为12m×4m，上方文字的字体大小是1296pt，下方较大文字是使用“变换”命令得到的效果，如图3.14所示。

更改文字大小 1296 pt

更改文字大小Ctrl+T组合键变大文字

图3.14

3.1.6 文字的对齐方式

“文字的对齐方式”在此是指“点文字的对齐方式”。对齐方式是在不同的版式编排中与版面结构进行综合设计的，总共包括三种对齐方式：左对齐、居中对齐、右对齐。

使用文字工具选择文字图层，属性栏中出现三个按钮，从左至右依次为左对齐、居中对齐、右对齐，直接单击需要的对齐方式按钮，即可切换对齐方式。

1. 左对齐

文字左对齐的应用如图3.15所示，主体图像在版面右侧且面向版面左侧的文案，文案在版面左侧时最佳的对齐方式是左对齐，这样整体的版面结构会更加协调。

图3.15

2. 居中对齐

文字居中对齐的应用如图3.16所示，主体图像的视觉中心在版面中间，文案居中对齐，使整体版面效果左右对称，版面结构更加稳定。

图3.16

3. 右对齐

文字右对齐的应用如图3.17所示，主体图像在版面左侧，如果文案也在版面左侧，会导致版面的重心偏左，造成重心失衡，因此，要将文案放在版面右侧右对齐，以起到平衡版面重心的作用。

图3.17

3.1.7 结束文字输入和再次编辑文字

1. 结束文字输入

通常是按Ctrl+Enter组合键结束文字输入，这时文字的基线和光标（如图3.18所示）会消失，文字图层也会以输入的文字作为图层名称，如图3.19所示。

图3.18

图3.19

也可以按小键盘上的Enter键结束文字输入，只不过这样操作离左手较远，不太方便（右手控制鼠标）；还可以选择工具箱中的其他工具结束文字输入，只是不太常用而已。

2. 再次编辑文字

当文字图层中的文字内容需要再次编辑时，可以使用文字工具单击文字所在的位置，出现基线和光标，表示该文字图层进入编辑状态，可以进行修改。但是，这样会产生一个很大的问题，当无法单击文字所在位置时，会产生一个空白的文字图层，这样不利于图层管理，如图3.20所示。因此，这种方式不建议使用，尤其是在文字较小时难以操作。

图3.20

另一个再次编辑文字图层中文字的方式是，选择需要编辑的文字图层，双击文字图层的缩览图（如图3.21所示），该文字图层中的所有文字都会被选中，进入文字编辑状态，如图3.22所示。

图3.21

图3.22

3.2 “字符”面板与“段落”面板

学习目标

- 学会使用“字符”面板编辑文字。
- 学会使用“段落”面板编辑文字。

技能要点

- “字符”面板：字间距的调整，比例间距的设置，垂直缩放和水平缩放的设置。
- “段落”面板：对齐方式的设置，缩进的设置，避头尾法则的设置，连字的设置。

3.2.1 “字符”面板

“字符”面板是编辑文字时常用的一个面板，文字工具属性栏中大多数关于文字设置的参数在“字符”面板中都能找到。

可以在文字输入状态下（显示文字光标时）按Ctrl+T组合键，打开“字符”面板，如图3.23所示；也可以在“窗口”→“字符”菜单中选择相应命令，打开“字符”面板，如图3.24所示；还可以单击属性栏中的▤按钮，打开“字符”面板。一般多采用第一种方式。

图3.23

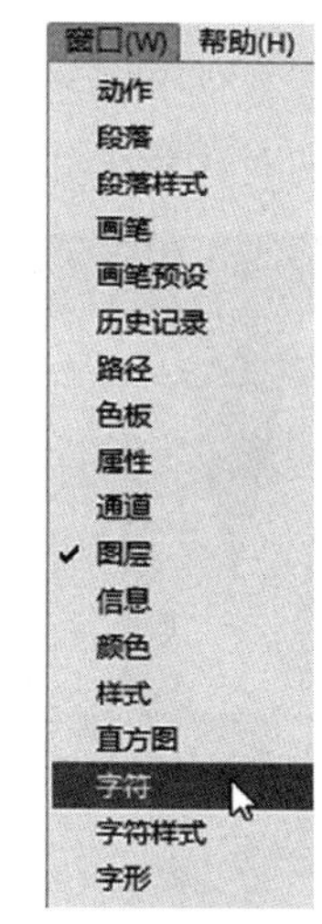

图3.24

“字符”面板如图3.25所示，其中，字体类型、字体样式和字体大小在文字工具的属性栏中也可以进行设置，如图3.26所示。

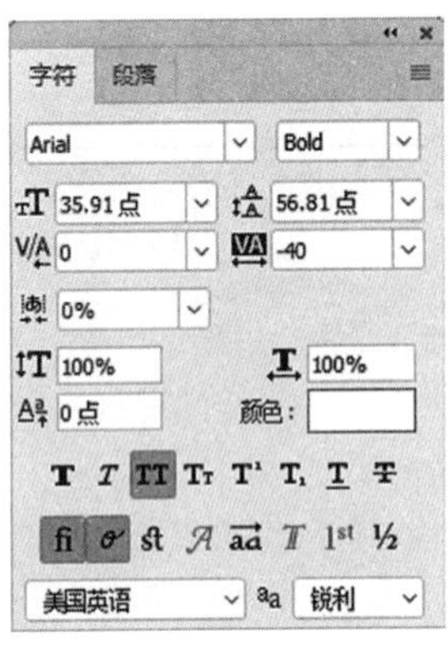

图3.25

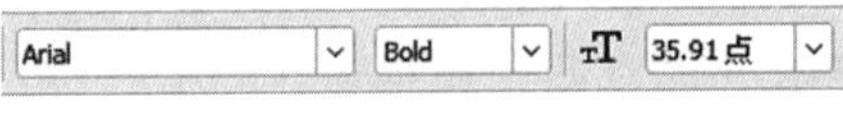

图3.26

可以针对点文字或段落文字设置字间距和行间距，但一般情况下会使用快捷键（选择文字后，按Alt键＋方向键修改字间距或行间距），效果更加直观。

字符之间的字距微调有两种设置，一种是度量标准，一种是视觉标准，分别应用在文字上，效果如图3.27所示。图中“K”“N”“G”三个字母，上方选择的是视觉标准设置，下方选择的是度量标准设置。二者的不同之处在于，度量标准设置是绝对的相同间距的体现，而视觉标准设置同时考虑到字母的外观表现以进行整体调整。例如，考虑到字母“G”的左侧是圆弧结构，于是将“N”和“G”之间的距离缩小，以达到视觉平衡。

图3.27

设置比例间距，可以使文字两端的空白区域相应减少，数值范围是0%~100%，不同设置的对比效果如图3.28、图3.29所示。

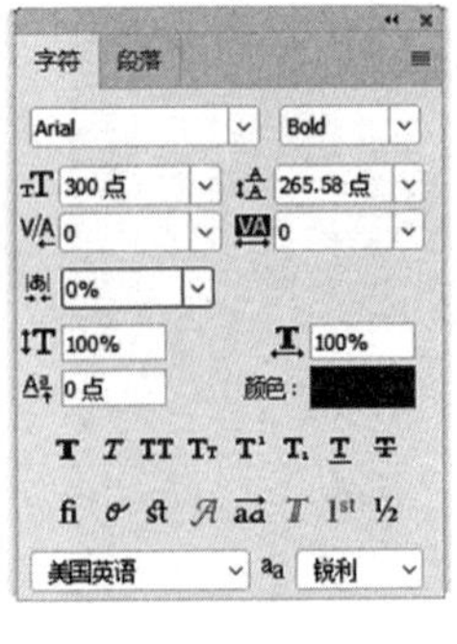

图3.28

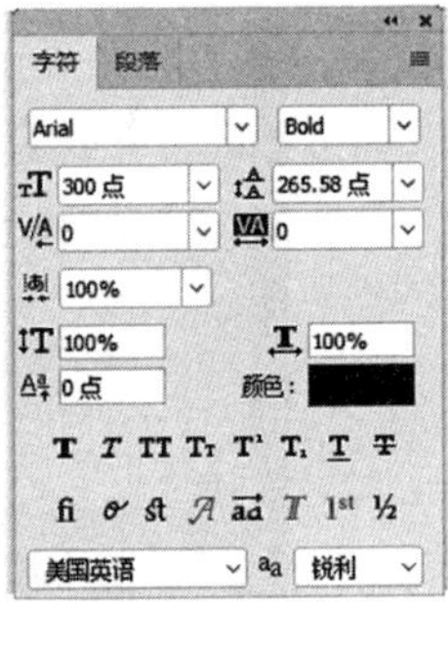

图3.29

文字的垂直缩放↕T和水平缩放T，默认是100%，这时文字的比例是1∶1。如果更改这两个参数的数值，文字会变形，一般情况下保持默认设置。

可以设置文字的基线偏移A a。“基线”是指文字输入时高亮显示的线条，可以单独进行设置，如图3.30所示，但是这样做的意义不大。

文字的基线偏移

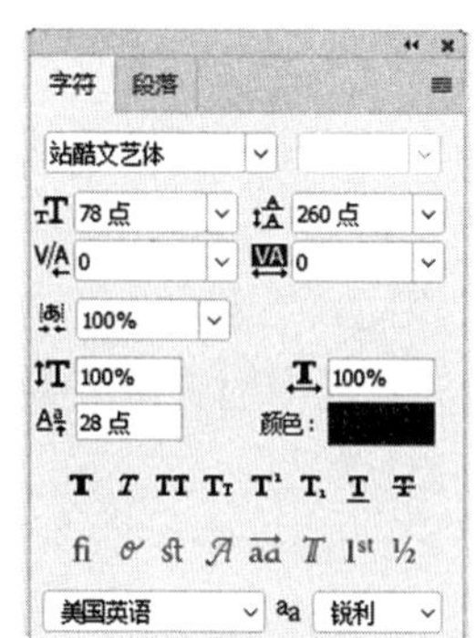

图3.30

> **提示** 文字可以沿路径排列，这样可以更加自由地创建文字效果。首先绘制路径，然后选择文字工具，将鼠标指针移至路径附近，当鼠标指针变为形式时单击，在路径上插入光标，再输入文字，如图3.31所示。文字在路径的起始处显示为（如图3.32中左侧灰色方框内所示），结束处显示为（如图3.32中右侧灰色方框内所示），按住Ctrl键可以移动起始点或结束点，以控制文字在路径上的位置（此时选择的必须是文字工具，且处于文字输入状态）。按住Ctrl键，拖动文字至路径的另一侧（例如，文字在路径的上方排列，用此方法可以将文字移至路径的下方排列），以更改文字的方向。

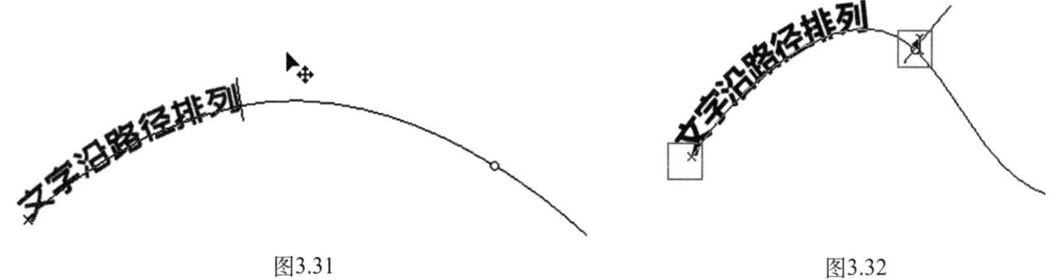

图3.31　　图3.32

在属性栏中单击颜色缩览图，可以设置文字的颜色；在“字符”面板中单击“颜色”右侧的颜色缩览图，也可以设置颜色。这两种方式操作相同，但不是最便捷的，最便捷的方式是在工具箱中设置好前景色或背景色，然后按Alt+Delete组合键进行前景色填充，或按Ctrl+Delete组合键进行背景色填充，将设置好的前景色或背景色直接填充到文字。

“字符”面板中有一排小按钮，如图3.33所示，从左至右分别为仿粗体、仿斜体、全部大写字母、小型大写字母、上标、下标、下划线和删除线，其中最常用的是上、下标，全部大写字母和小型大写字母是针对英文使用的，其余的按钮在中、英文中通用。

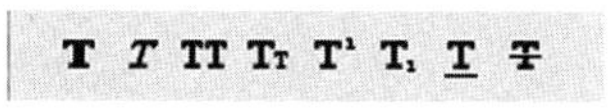

T　T　TT　Tr　T¹　T₁　T　T

图3.33

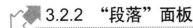

 3.2.2 “段落”面板

相对于点文字，段落文字的设置简单得多。大多数成段出现的文字内容主要用来作为正文，没有那么多的设置，首行缩进、避头尾法则、段前加空格、对齐方式这四项内容是最常用的设置。

1. 对齐方式

“段落”面板中的对齐方式按钮有七种，如图3.34中黑色方框内所示。左侧的三个按钮从左至右分别是“左对齐”“居中对齐”“右对齐”，与文字工具属性栏中的三个对齐方式按钮相同；右侧的四个按钮是针对段落文字的，从左至右分别是“最后一行左对齐”“最后一行居中对齐”“最后一行右对齐”“全部对齐”。

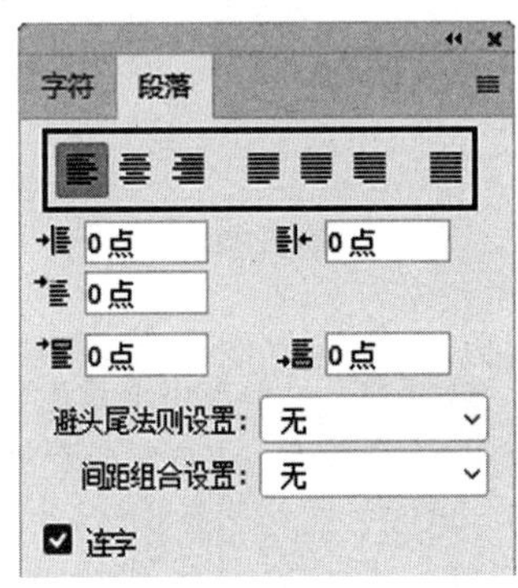

图3.34

段落文字常用的对齐方式可以分为中文段落和英文段落的对齐方式，这样划分是基于中、英文的阅读习惯。

中文段落在排版时，段落文本框右侧的文字会产生对不齐的现象，如图3.35所示，图中左侧黑色方框内所示每行文字的末端参差不齐，段落文字的对齐方式是默认的“左对齐”（图中右侧黑色方框内所示），文字的排版效果不够理想。要解决这一问题，通常选择的对齐方式是“最后一行左对齐”，这样每行的文字被强行拉宽到段落文字框的右侧，而最后一行文字是在段落文字框的左侧对齐，如图3.36所示，图中黑色方框内所示为选择的对齐方式和生成的文字效果。

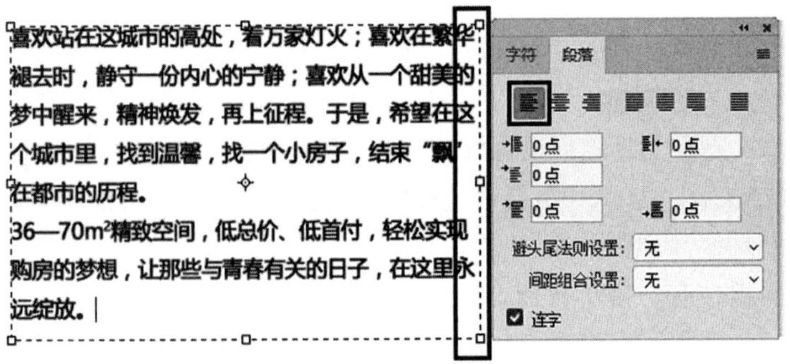

图3.35

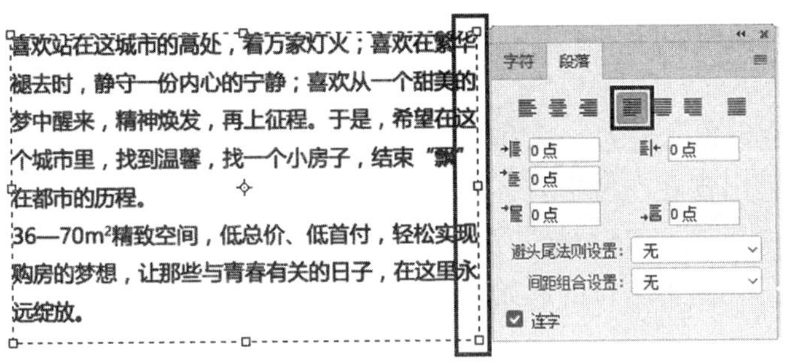

图3.36

英文段落不需要遵循这一原则，因为英文采用的是字母组合成单词的形式，每一个单词的字母数量不同，如果强行对齐，看着不太舒服。因此，英文段落文字仅需要左对齐，如图3.37所示。但是遇到中、英文混排时，需要按照中文的排版方式设置对齐方式。

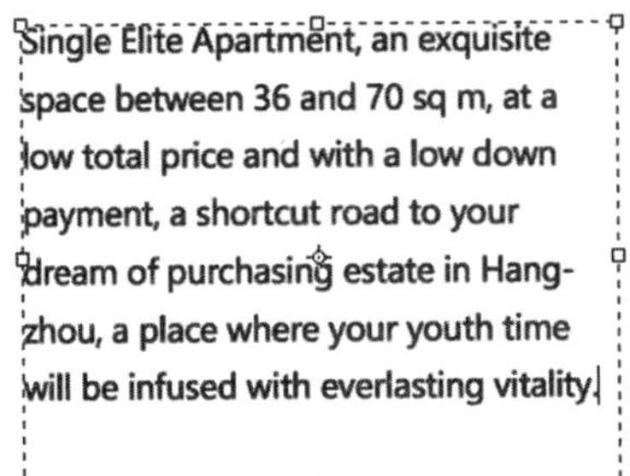

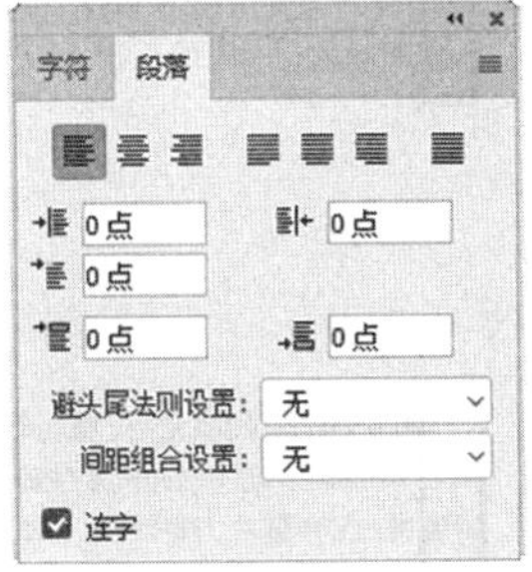

图3.37

2. 缩进方式

“段落”面板中的缩进方式有五种，面板左侧一列从上至下依次为“左缩进”、“首行缩进”、“段前加空格”，右侧一列从上至下依次为“右缩进”、“段后加空格”。其中比较常用的是首行缩进，如图3.38所示。图中，段落文字大小是10点，“首行缩进”是20点，是一个字的两倍，也就是写作中所说的“开头空两格”。

喜欢站在这城市的高处，看万家灯火；喜欢在繁华褪去时，静守一份内心的宁静；喜欢从一个甜美的梦中醒来，精神焕发，再上征程。于是，希望在这个城市里，找到温馨，找一个小房子，结束“飘”在都市的历程。

36～70m²精致空间，低总价、低首付，轻松实现在杭州购房的梦想，让那些与青春有关的日子，在这里永远绽放。

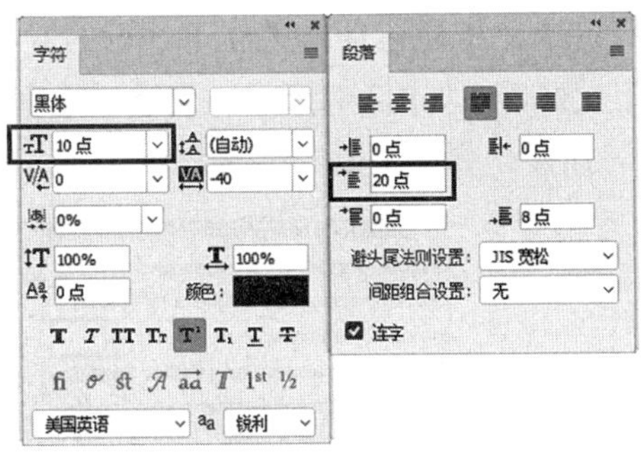

图3.38

“左缩进”和“右缩进”没有太大的实际意义，文字图层可以向左或向右移动，不需要左、右缩进来进行设置。

“段前加空格”和“段后加空格”选择一项设置即可，效果相同，都是使段落文字的两段之间有较大的间距，用来分段，便于阅读。

3. 避头尾法则

“避头尾法则设置”是为了避免标点符号不符合行文规范现象的发生。在图3.39中，可以看到标点符号出现在左侧行首，这是不合规则的，必须予以纠正，即设置避头尾法则。此时“JIS严格”或“JIS宽松”没有太大区别，任选其一即可，软件会自动将上一行行末的文字强行排列到下一行的起始位置，而上一行基于对齐方式自动拉宽间距，如图3.40所示。

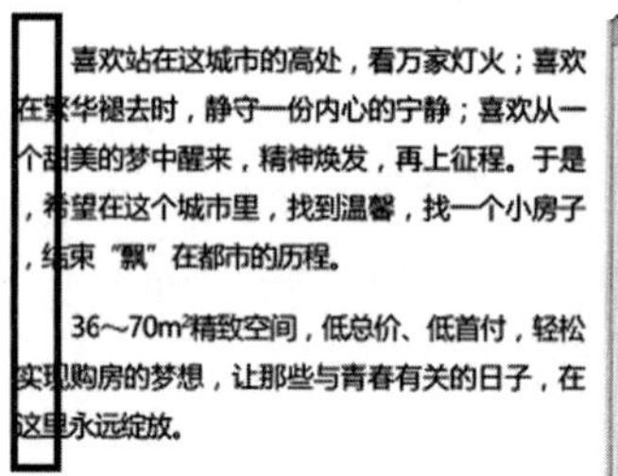

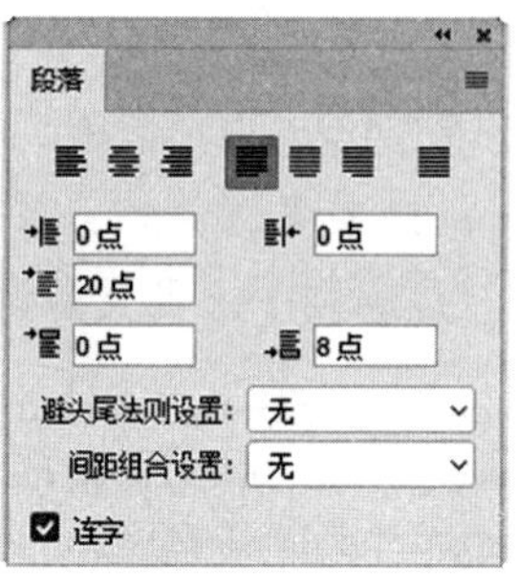

图3.39

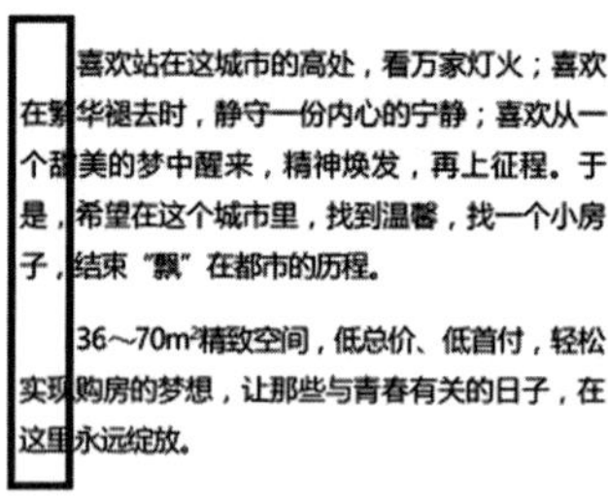

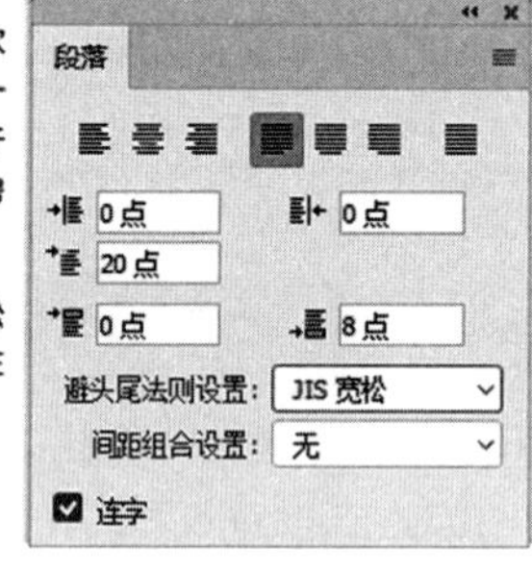

图3.40

4. 连字

“连字”是针对英文段落文字的。英文段落中有些单词包含的字母较多，无法排列在上一行行末，于是自动排列在下一行的起始位置，这时上一行行末就会出现大片空白，版面不太好看，如图3.41所示。勾选“连字”复选框后，单词“flamboyance”通过连字符号“-”连接，弥补了上一行的大片空白，如图3.42所示。

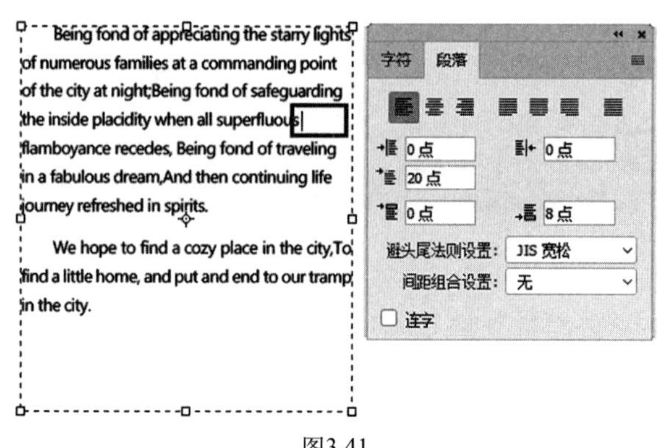

图3.41

Being fond of appreciating the starry lights of numerous families at a commanding point of the city at night;Being fond of safeguarding the inside placidity when all superfluous flam-boyance recedes, Being fond of traveling in a fabulous dream,And then continuing life jour-ney refreshed in spirits.

We hope to find a cozy place in the city,To find a little home, and put and end to our tramp in the city.

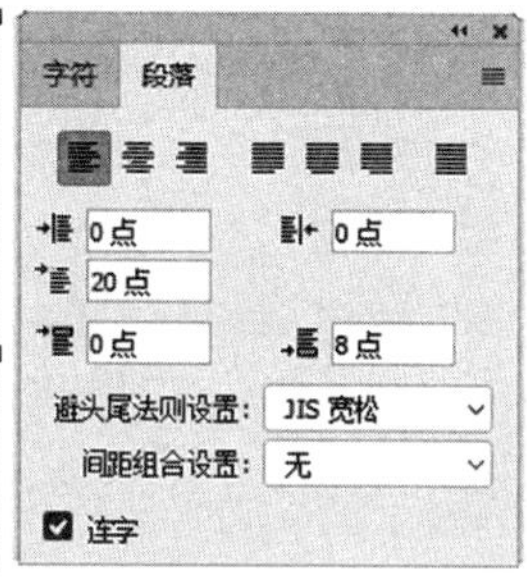

图3.42

3.3 标题文字

学习目标

- 学会对标题进行排版。
- 灵活运用“左对齐”“居中对齐”“右对齐”方式制作标题结构。

技能要点

- 标题结构的分析。
- 标题排版时对齐方式的运用。

3.3.1 标题文字的特点

在设计作品中，标题文字通常传达着最醒目的信息，是广告主题的浓缩，起着“引导受众有选择地阅读”的作用。一般情况下，标题文字是设计作品中最大的文字。在平面设计中是宣传的广告语，如图3.43所示；在画册设计中是对当前版面中文字及插图的归类，如图3.44所示；在海报设计中用于突出品牌效应，如图3.45所示。

图3.43

图3.44

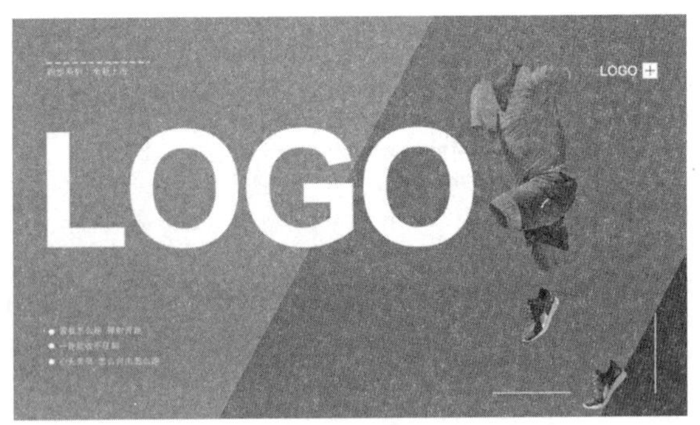

图3.45

3.3.2 标题文字的排版方式

在图3.46中，最显眼的是标题文字中最重要的信息，上下两侧辅以说明文字，权重很好理解，最重要的文字信息放大，补充说明的文字信息略小。在图3.47中采用的是居中对齐方式，在图3.48中采用的是右对齐方式。左、右对齐结构左右镜像，这两种方式的表现结构是不是很眼熟，连在一起就是居中对齐的文字排版方式，如图3.49所示。当然，标题文字的版式变化还有很多种，但是通用结构（图3.49）是不变的核心内容。

图3.46

图3.47

图3.48

图3.49

3.4 段落文字的版面设计

学习目标

- 学会使用“段落”面板。
- 灵活运用段落文字的排版流程完成正文排版。

技能要点

- “段落”面板的设置方法。
- 段落文字的排版流程。

3.4.1 段落文字的编辑

段落文字是为了进行大段文字的排版设计而产生的。编辑当前文字输入框可以对所有文字进行调整；同时，复制当前编辑好格式的文字输入框，再次粘贴进新文字，可以使文本格式保持不变。如图3.50所示，左侧大段的英文内容采用段落文字编辑，省去了很多麻烦；如图3.51所示是利用段落文字排版制作完成的画册效果。

图3.50

图3.51

以一个简约画册的版面结构设计来讲解段落文字输入框的运用。

步骤01　新建一个空白文件（尺寸为420mm×285mm，分辨率为300像素/英寸，CMYK颜色模式），用于制作一个大16开画册的正文版面，如图3.52所示。

步骤02　按住Alt键，然后按V键和E键（分别顺序按下两个字母键），弹出“新建参考线”对话框，单击“垂直”单选按钮，设置“位置”为“21厘米”，如图3.53所示，单击“确定”按钮。

建立参考线的目的，是为了避免主要内容贴近版面的装订位置。

步骤03　按Ctrl＋Alt＋“；”组合键，将建立的参考线锁定于版面。

参考线不可以移动，但是其他对象可以对齐到参考线。

步骤04　选择“文件”→“置入嵌入的智能对象”命令，如图3.54所示，将需要的位图作为智能对象置入到新建的版面中。

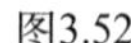

图3.52

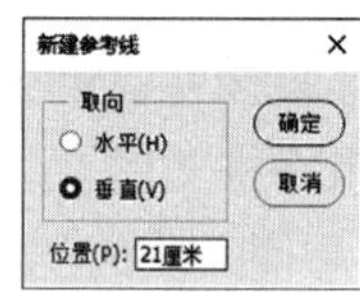

图3.53

图3.54

步骤05　使用移动工具贴着参考线将置入的智能对象放在版面的右侧，如图3.55所示。

步骤06　使用横排文字工具T，在版面左侧的空白区域单击，输入“Apple Fruit”，将其作为标题。

步骤07　放大文字，使其跨页，如图3.56所示。

使用横排文字工具T选择文字，按Ctrl＋Shift＋“。”组合键可以放大文字。

一定要避免文字出现在参考线上，即避免文字处于画册的折叠位置。

文字颜色使用的是苹果的红色。可以使用吸管工具吸取苹果中的红色，将其作为前景色，然后按Alt＋Delete组合键用前景色填充。

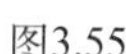

图3.55

图3.56

步骤08 使用横排文字工具T在文字“Apple”的下方输入“苹果”，将其作为中文标题。

步骤09 适当放大文字，并填充苹果叶子的绿色，如图3.57所示。

标题的字体可以根据自己的喜好进行设置。

步骤10 使用横排文字工具T在文字“苹果”的右侧输入“蔷薇科苹果属果实”“富含矿物质和维生素”“生津止渴、清热除烦、健胃消食”，将其作为副标题，填充颜色为苹果柄儿的棕色，如图3.58所示。

图3.57

图3.58

下面进行段落文字的编辑。

步骤11 使用横排文字工具T在文字“苹果”的下方拖动出文字输入框，输入如图3.59所示的文字。

步骤12 在“字符”面板中设置“字体”为“黑体”，“字体大小”为10点，“行间距”为16点；在“段落”面板中设置“首行缩进”为20点，“对齐方式”为“左对齐”，“段后加空格”为8点，“避头尾法则设置”为“JIS宽松”，如图3.60所示，效果如图3.61所示。

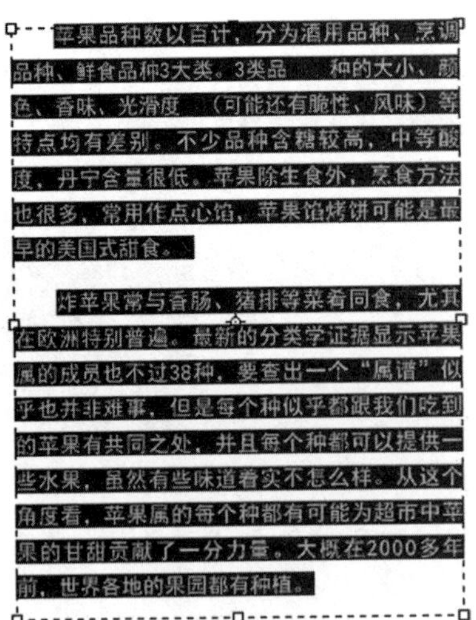

图3.59

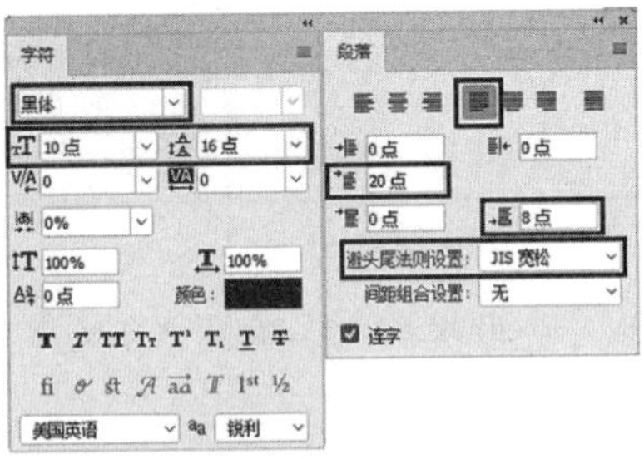

图3.60

图3.61

步骤13　此时文字输入框的右侧还可以继续输入文字内容，按住Alt键，使用移动工具将之前添加的段落文字内容拖动到文字输入框的右侧，如图3.62所示。

步骤14　使用横排文字工具T选择右侧文字输入框中的所有文字内容，如图3.63所示，输入新的文字内容。

图3.62　　　　图3.63

提示 新文字内容的格式（字体、字体大小、行间距、首行缩进、对齐方式、段后加空格、避头尾法则等设置）与左侧段落文字输入框中文字内容的格式相同，这样省去了重新编辑的时间，是提高段落文字编辑效率的好方法，效果如图3.64所示。

图3.64

步骤15　在版面的左下角添加页码，最终效果如图3.65所示。

图3.65

3.4.2 段落文字的排版流程

通用的段落文字的排版流程是：

（1）更改字体大小。

（2）设置行间距、字间距。

（3）设置首行缩进。

（4）设置段前距。

（5）设置避头尾法则。

根据以上内容进行段落文字的排版是比较合理的顺序流程，一般不会产生重复操作。段落文字排版流程各项的具体作用如表3.1所示。

表3.1 段落文字排版流程各项的具体作用

分步流程	作　用
（1）更改字体大小	先确定字体大小，以便于后面行间距和首行缩进的设置。一般16开版面的广告单页使用9pt或10pt文字作为正文文字；8开及更大版面单页折页的字体大小应适当放大（根据具体的设计作品而定）
（2）设置行间距、字间距	依据设置的正文字体大小计算行间距。一般情况下，正文行间距的数值是正文字体大小的1.6倍左右，例如，正文文字是10pt，行间距大约在16pt左右；字间距在段落文字中保持是0即可（一般只有在室外广告位设计中会将标题的字间距改小，在logo设计中可能将字间距设置得较大，其余设计中很少更改字间距参数的数值）
（3）设置首行缩进	根据设置好的字体大小设置首行缩进
（4）设置段前距	增加段与段之间的距离，使阅读更加方便
（5）设置避头尾法则	避免标点符号的使用不符合行文规范

项目4 颜色调整

- 颜色在Photoshop中的构成
- RGB颜色模式与CMYK颜色模式
- 调整命令与调整图层

4.1 颜色在Photoshop中的构成

学习目标

- 了解光学三原色的原理，以及RGB颜色的应用和在计算机中的表现。
- 了解印刷色的原理及颜色组成。

技能要点

- 掌握光学三原色的构成。
- 掌握印刷色的构成。

4.1.1 光学三原色

1. 物理学中的三原色

1666年，牛顿用三棱镜将白色太阳光分离成色彩光谱。他利用从缝隙射进的太阳光，使其落在三棱镜上，然后将分开的光线投射到荧幕上，产生红、橙、黄、绿、蓝、青、紫七种色光。在分解白色光后，牛顿又进行了新的研究——这七种颜色的光是否还能够再分解。经过无数次实验，牛顿发现红色、绿色、蓝色三种颜色的光无法再分解，而其他四种颜色的光可以通过这三种颜色的光以不同比例混合得到，于是结论产生了：红色、绿色、蓝色三种颜色的光被定义为“光学三原色”。光学三原色的基本原理如图4.1所示。

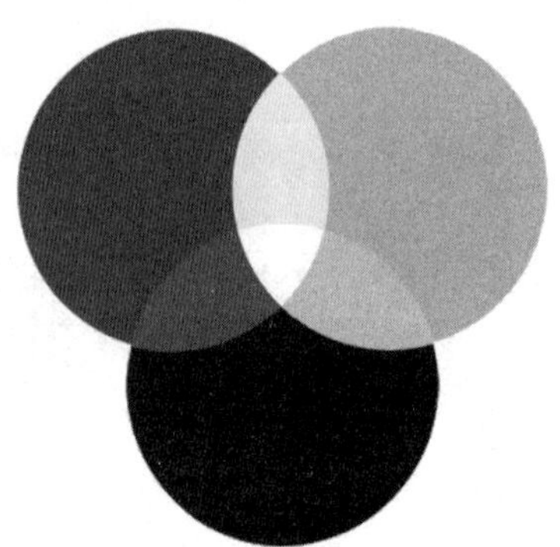

图4.1

光的颜色是叠加出来的，三原色以不同比例混合，能够得到人们常见的颜色。人们看见的太阳光、灯光、生物光等都满足光的三原色原理。

无论是色光，还是绘画或印刷，颜色都有三要素——色相、饱和度、明度。色相，通俗讲就是颜色的种类；饱和度，通俗讲就是颜色的鲜艳度；明度，通俗讲就是颜色的明暗度。这三种颜色的要素会伴随设计的各个环节。

2. RGB 颜色模式的应用

在实际生活中，手机、显示器、平板电脑、电视、LED显示屏等相关颜色输出设备的标准显示模式是RGB颜色模式。在图像调整、人像处理、合成设计、网页设计、电商美工设计等Photoshop应用领域中，只要不是印刷制作，都可以使用RGB颜色模式，但黑白设计除外，黑白设计是灰度模式的设计。

3. 计算机中的 RGB 颜色

RGB颜色的取值范围是0~255，每种颜色共计256个取值，三种颜色可以组合成为256×256×256，即大约1670万种颜色。这个参数（256）是计算机中的二进制，也就是2^8，因此，RGB颜色模式中的每种颜色都是8位的二进制数据，RGB颜色模式就是以3个8位的二进制数据表示颜色，也被称作“24位位图”。当RGB颜色值是最大值R＝G＝B＝255时，得到的是白色，此时亮度级别最高；当RGB颜色值是最小值R＝G＝B＝0时，得到的是黑色，此时亮度级别最低。

4.1.2 印刷色

在美术教学中讲解绘画颜料的调色时会涉及“色彩三原色”的概念，一般是以红色、黄色、蓝色作为三原色，给人以符合客观实际的色彩感受。色彩三原色的基本原理如图4.2所示。

印刷色类似色彩原色，由C（青）、M（品红）、Y（黄）、K（黑）四种颜色组成。人们在观看印刷品时，实际上看到的是印刷品反射的色光，印刷品的色彩是吸收色光，而不是叠加色光，如图4.3所示。

例如，一幅绿色树叶的图像体现的是物体的反光，太阳光照射到纸张上，纸张上的树叶图像吸收白色光中的其他颜色而反射绿色，因此，人们看到纸张上的树叶是绿色的，如图4.4所示。原理是：将黄色颜料和青色颜料混合，黄色颜料吸收蓝色光，青色颜料吸收红色光，因此，只反射绿色光，这就是黄色颜料加青色颜料形成绿色的道理。

图4.2

图4.3

图4.4

4.2 RGB颜色模式与CMYK颜色模式

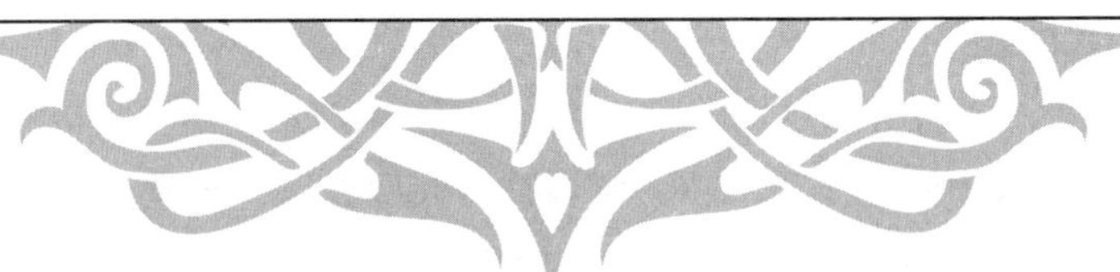

学习目标

- 掌握RGB颜色模式在Photoshop中的表现。
- 掌握CMYK颜色模式在Photoshop中的表现。

技能要点

- 掌握RGB颜色模式中的颜色构成。
- 掌握CMYK颜色模式中的颜色构成。

4.2.1 RGB颜色模式

RGB颜色模式在Photoshop中的应用非常广泛。随着新媒体的发展，越来越多的设计倾向于手机端和电脑端的应用（如图4.5~图4.7所示），而传统的印刷品设计和广告位设计所占市场份额的比例在逐渐缩减，因此，RGB颜色模式在设计中的应用占比非常大。

图4.5

图4.6

图4.7

在Photoshop中新建文件时可以设置新文件的颜色模式，如图4.8所示，确定文件的尺寸和分辨率后，就可以设置颜色模式了。在设计时一定要根据作品的用途来定义颜色模式。按Ctrl+O组合键，在Photoshop中打开一幅从网络上下载的图片，在图片的标题栏中可以看到该图片的颜色模式，如图4.9所示。

在RGB颜色模式的文件中，单击工具箱中的前景色或背景色图标，如图4.10所示，会弹出“拾色器”对话框，在其中可以选择任意颜色，也可以精确输入颜色值定义颜色，如图4.11所示，单击“确定”按钮。按Alt+Delete组合键（前景色填充）或按Ctrl+Delete组合键（背景色填充），即可填充RGB颜色。

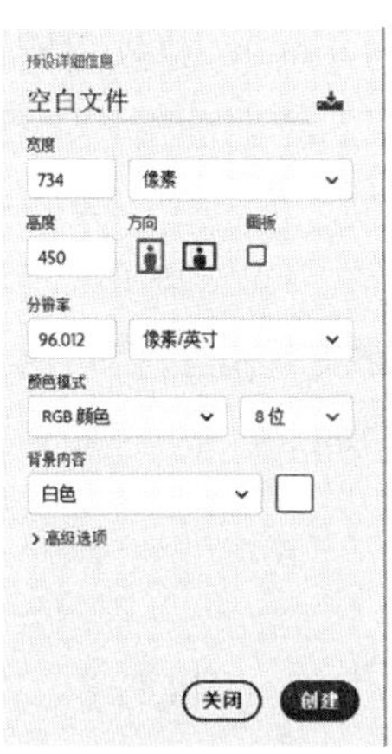

图4.8

图4.9

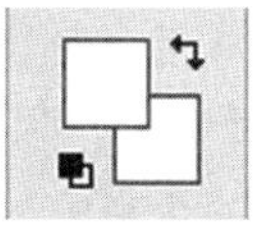

图4.10

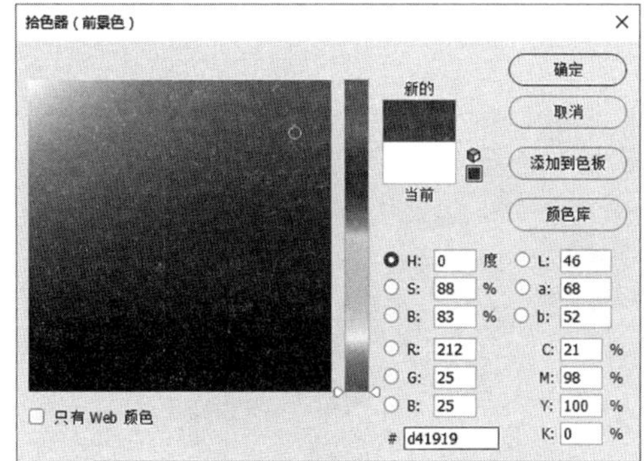

图4.11

RGB颜色由R（红）、G（绿）、B（蓝）三种颜色组成，这三种颜色在Photoshop中以不同颜色值进行组合，从而得到不同的颜色，如表4.1所示（表中的组合方式只包含两种原色组合）。

表4.1　RGB颜色的组合

三原色	组合方式	颜色表述	颜色图例	颜色值对颜色的影响
R（红）	R+G且R>G	不同程度的橙色		（1）颜色值较小时，颜色较暗 （2）颜色值较大时，颜色较亮
	R+G且R=G	不同亮度的黄色		
	R+G且R<G	不同程度的黄绿色		
G（绿）	G+B且G>B	不同程度的绿蓝色		
	G+B且G=B	不同亮度的蓝色		
	G+B且G<B	不同程度的蓝绿色		
B（蓝）	B+R且B>R	不同程度的蓝紫色		
	B+R且B=R	不同亮度的紫色		
	B+R且B<R	不同程度的红紫色		

颜色的种类千差万别，在此只是进行大概的配比。观察表 4.1 中的颜色图例，是不是很像彩虹？彩虹的颜色是红、橙、黄、绿、青、蓝、紫，为了便于理解RGB颜色和CMY颜色，可以将彩虹颜色中的橙色去掉，变为红、黄、绿、青、蓝、紫（紫色权且近似于品红），再进一步将RGB颜色和CMY颜色与彩虹颜色联系在一起，就是R（红）、Y（黄）、G（绿）、C（青）、B（蓝）、M（品红），是不是很好记忆？换句话说，只要能够记住彩虹的颜色，就能够解决 RGB 颜色模式的颜色混合问题。

4.2.2 CMYK颜色模式

CMYK颜色模式在传统出版和广告行业的应用十分广泛，如书籍（图4.12）、户外广告（图4.13）、海报（图4.14）、包装（图4.15）等。

图4.12

图4.13

图4.14

图4.15

在Photoshop中新建文件时也可以设置CMYK颜色模式，如图4.16所示。确定尺寸和分辨率后，就可以设置颜色模式了。同样，在设计时一定要根据作品的用途来定义颜色模式。

如果在设计时没有考虑作品的用途，那么有可能会出现什么情况呢？

例如，在进行设计时使用的是RGB颜色模式，如图4.17所示。其中，文字的黑色是RGB颜色模式下的黑色，即R＝G＝B＝0，如图4.18所示。

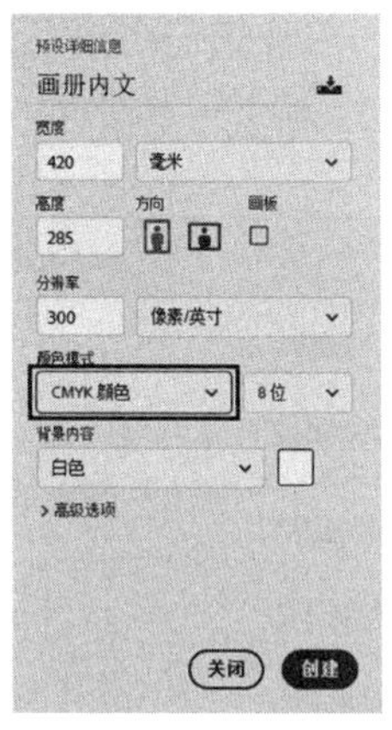

图4.16

图4.17

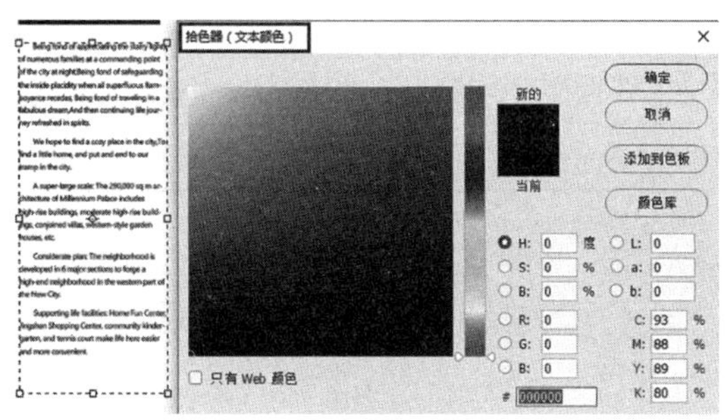

图4.18

完成设计后用于印刷，需要将颜色模式转换成CMYK颜色模式。选择“图像”→“模式”→“CMYK颜色”命令进行颜色模式的转换，如图4.19所示。此时，文字的黑色发生变化，RGB颜色模式下的黑色转换成CMYK颜色模式下的四色黑，如图4.20所示。在印刷时，这种黑色的文字有可能会产生重影，如图4.21所示。因此，一定要弄清楚作品的设计用途，再定义颜色模式。

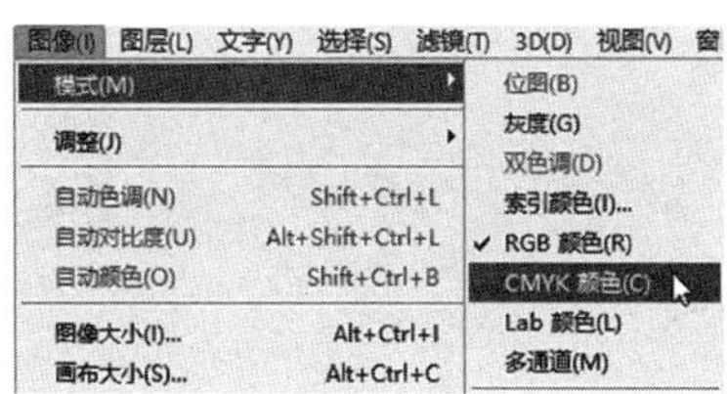

图4.19

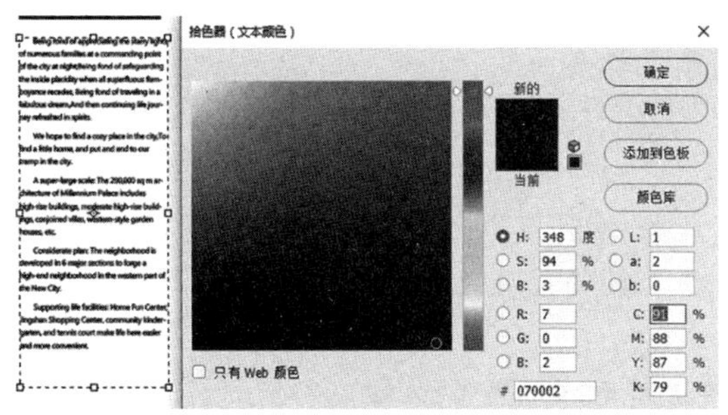

图4.20

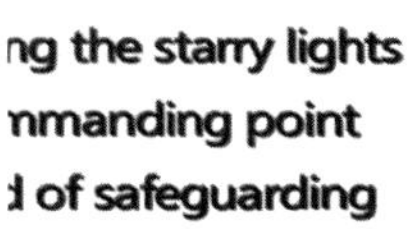

ng the starry lights
nmanding point
d of safeguarding

图4.21

CMYK颜色由C（青）、M（品红）、Y（黄）、K（黑）四种颜色组成，这四种颜色在Photoshop中以不同颜色值进行组合，从而得到不同的颜色，如表4.2所示。

表4.2 CMYK颜色的组合

原色	组合方式	颜色表述	颜色图例	颜色值对颜色的影响
C（青）	C+M且C>M	不同程度的蓝色		（1）颜色值越大，颜色越深 （2）颜色值越小，颜色越浅 （3）可以添加K（黑）到任意颜色中，使其更深
	C+M且C=M	不同亮度的蓝紫色		
	C+M且C<M	不同程度的紫红色		
M（品红）	M+Y且M>Y	不同程度的玫红色		
	M+Y且M=Y	不同亮度的红色		
	M+Y且M<Y	不同程度的橙色		
Y（黄）	Y+C且Y>C	不同程度的黄绿色		
	Y+C且Y=C	不同亮度的绿色		
	Y+C且Y<C	不同程度的蓝绿色		

提示 C（青）、M（品红）、Y（黄）是CMYK颜色模式中彩色的原色，K（黑）的添加可以改变彩色的明暗关系，添加不同程度的K（取值范围为0~100），可以把CMY混合出来的颜色变暗。

一般而言，C100+M100+Y100能够得到黑色。但是印刷时会产生人为误差，导致不能得到理想状态下的黑色，因此，在C、M、Y的基础上单加了一个K（黑）。尤其是印刷品中的文字一定要保证K=100，在设计时将其称为“单色黑”。

4.3 调整命令与调整图层

学习目标

- 掌握各种调整命令及调整图层的使用。
- 结合颜色分析进行图像调整。
- 深入掌握RGB颜色模式的颜色构成。

技能要点

- 掌握“色阶”“曲线”“色相/饱和度”“色彩平衡”“通道混合器”“匹配颜色”“替换颜色”等调整参数的设置及颜色取样器工具的使用。
- 体会案例中RGB颜色的构成。
- 掌握利用Camera Raw 滤镜进行颜色调整的方法。

4.3.1 调整命令与调整图层的区别

1. 需要调整的图像

一些照片由于拍摄时受环境色温的影响而导致偏色，如图4.22所示。这种偏色问题在胶卷（如图4.23所示）摄影时代较为多见，那时的相机拍摄不能时时观察到拍摄效果，只有在暗房冲洗出照片后才能够发现问题。随着数码产品的发展，使用现在的数码相机，不仅可以随时看到拍摄效果，从中选择适合的照片或者重新拍摄，而且在相机或其他设备中可以安装一些修图软件，在任何时候都可以对拍摄效果进行调整，修图软件Photoshop的界面如图4.24所示。

提示

本项目的调整命令是针对图像的特殊颜色要求所进行的调整，而非校正偏色照片。

图4.22

图4.23

图4.24

2. 调整命令和调整图层

调整命令是针对图像进行颜色调整，直接更改图像RGB颜色的配比。如图4.25所示，复制“背景”图层，得到新图层，执行“色相/饱和度”命令，在“色相/饱和度”对话框中调整“色相”参数，在“图层”面板中可以看到调整后的新图层与“背景”图层中图像颜色的不同。

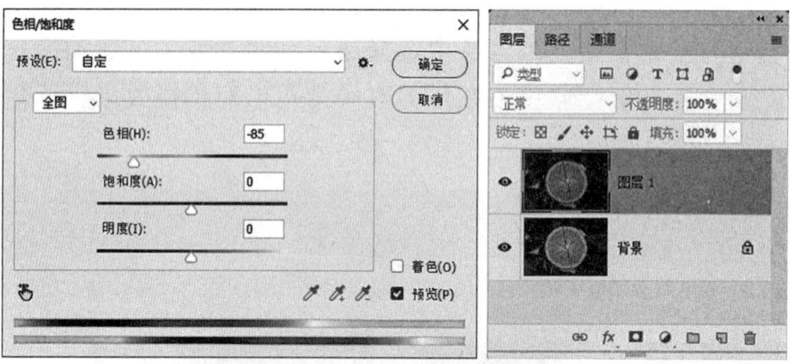

图4.25

添加调整图层，可以影响该调整图层下方所有可见图层的颜色（如图4.26所示），但不会更改图像本身的颜色，并且可以随时隐藏或删除该调整图层。如图4.27所示为隐藏调整图层后的图像效果。

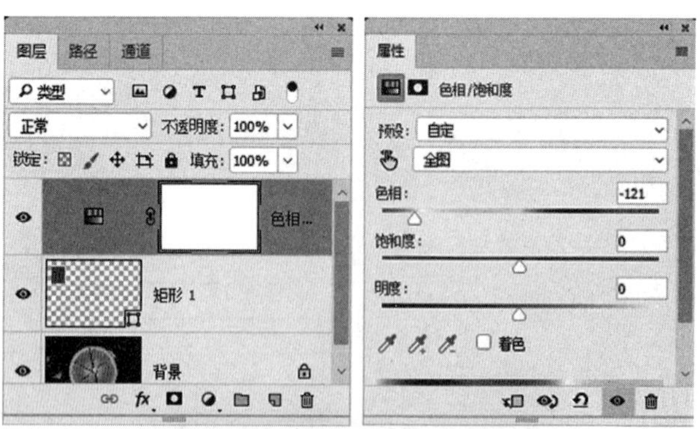

图4.26

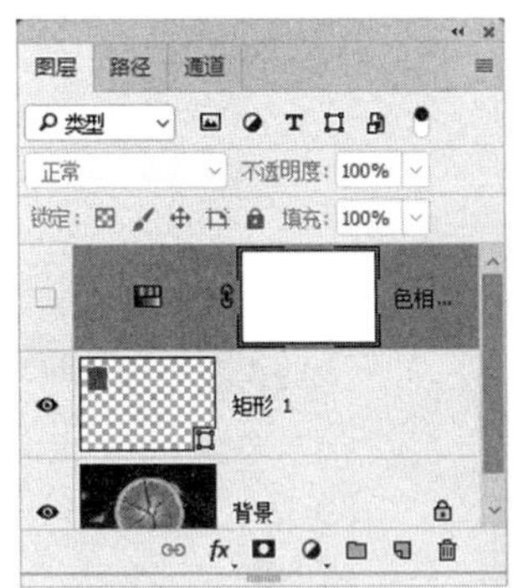

图4.27

可以在调整图层的图层蒙版中将某一区域填充为黑色，使调整操作在该区域不起作用，如图4.28所示。双击调整图层的缩览图，可以再次修改调整参数，更加方便。

图4.28

调整命令和调整图层可以达到同样的效果，不同之处在于个人使用习惯和二次编辑方便与否。在此以调整图层为例进行讲解（注意，调整命令只介绍快捷键，没有快捷键的命令只给出菜单位置）。

4.3.2 色阶

色阶调整很常见，可以用来调整图像的明暗关系及颜色信息等。

“色阶”调整命令的快捷键是Ctrl+L。

在“图层”面板中单击 按钮，在弹出的菜单中选择“色阶”选项，如图4.29所示，此时在“图层”面板中会产生一个新图层——“色阶”调整图层，如图4.30所示（图中显示为“色阶1”），随后弹出色阶“属性”面板，如图4.31所示。

可以选择“窗口”→“属性”命令，如图4.32所示，打开“属性”面板。

色阶“属性”面板分为四部分。下面进行具体讲解。

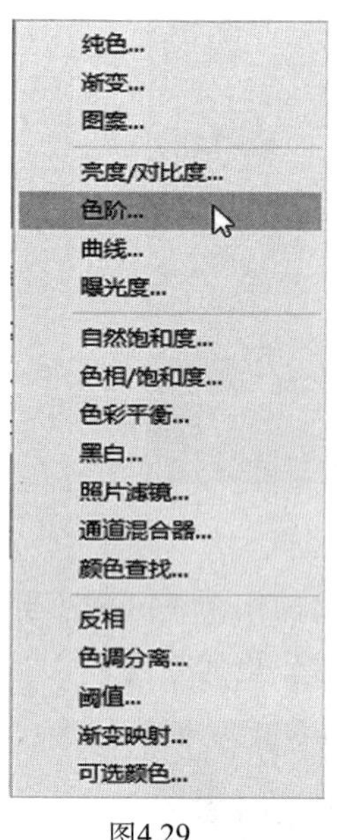

图4.29

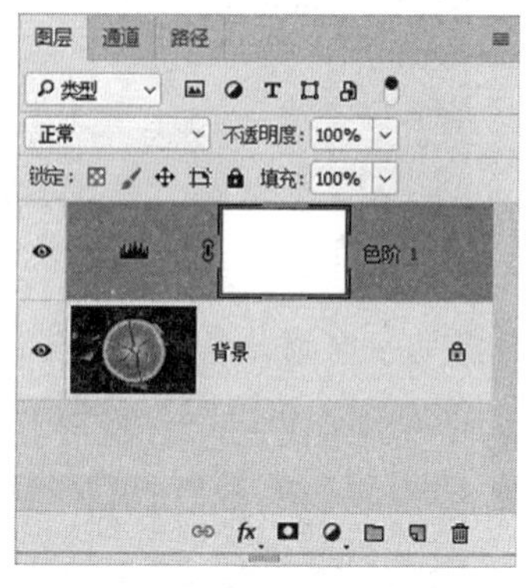

图4.30

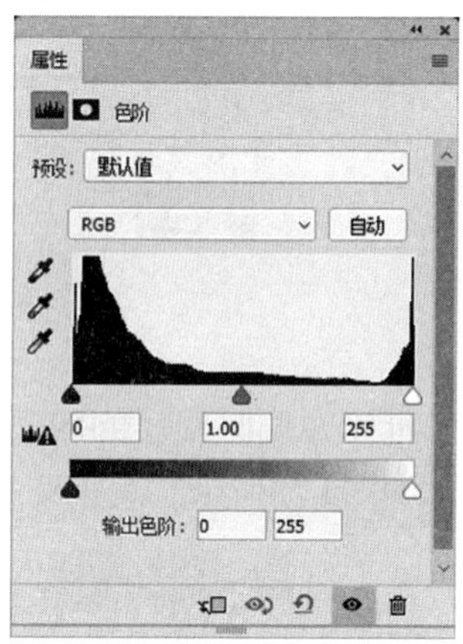

图4.31

1. 预设及通道选项

第一部分为预设和调整范围设置区域，如图4.33中黑色方框内所示。可以直接选择在“预设”下拉列表中设定好的调整方式（如图4.34所示），将其载入到当前“色阶”调整图层中，如图4.35所示。

“预设”下方是通道选项，可以选择“RGB”通道（此时调整的是图像整体的明暗关系），也可以选择“红”“绿”“蓝”通道（以调整单个通道的颜色），如图4.36所示。

2. 直方图

第二部分是直方图，也是色阶“属性”面板中最大的区域，如图4.37所示。直方图是颜色分布图，黑色“山峰”表示颜色的分布。

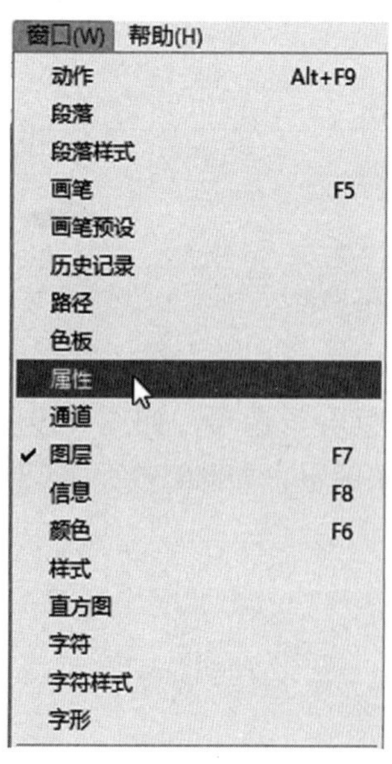

图4.32

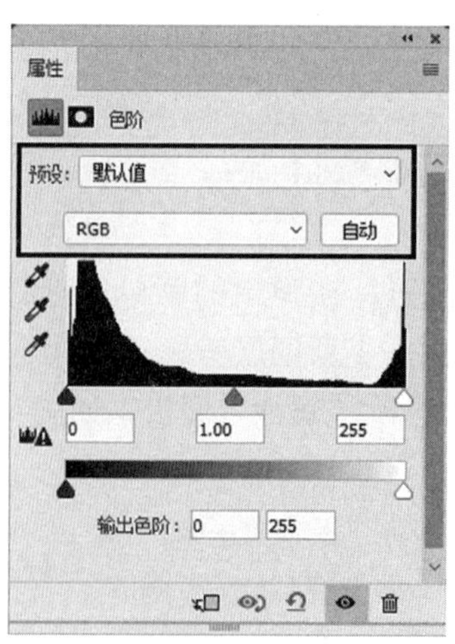

图4.33

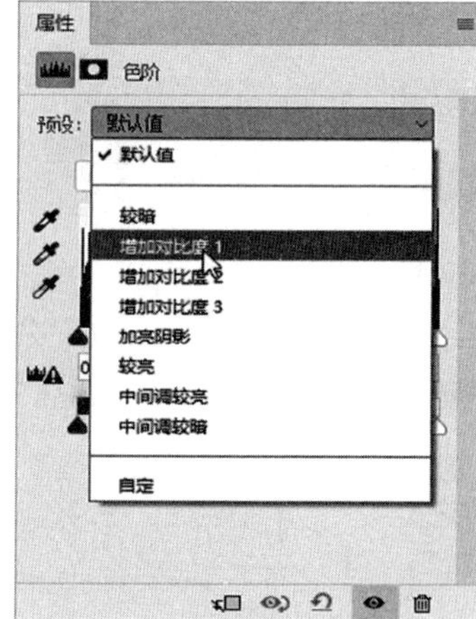

图4.34

图4.35

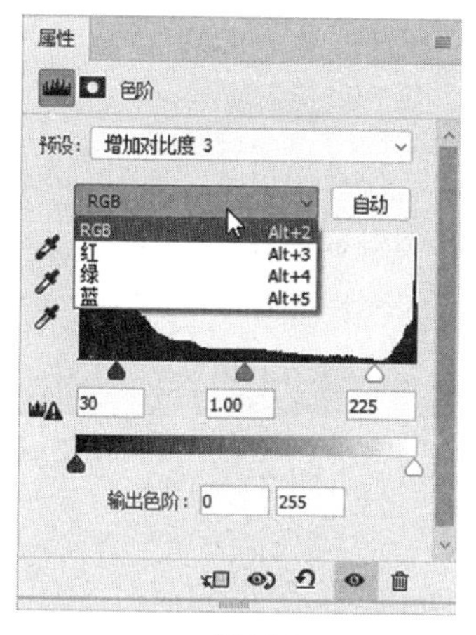

图4.36

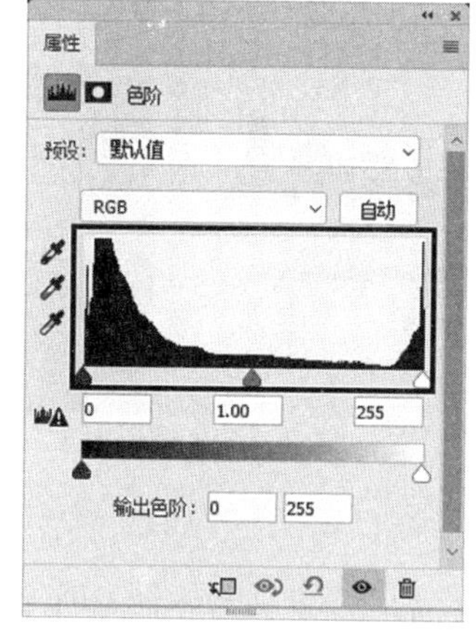

图4.37

当在通道选项中选择“RGB”通道时，可以看出图像的明暗关系，如图4.38~图4.40所示。图4.38中，黑色在直方图左侧较多，则当前图像较暗或暗色较多；图4.39中，黑色在直方图右侧较多，则当前图像较亮或亮色较多；图4.40中，黑色在直方图中间较多、两侧较少，则当前图像偏灰色。

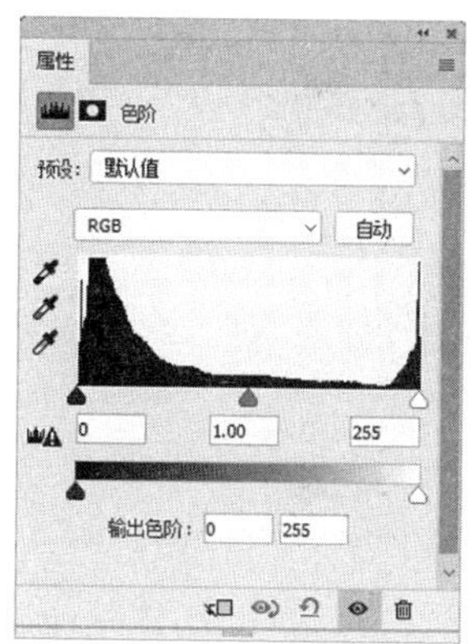

图4.38

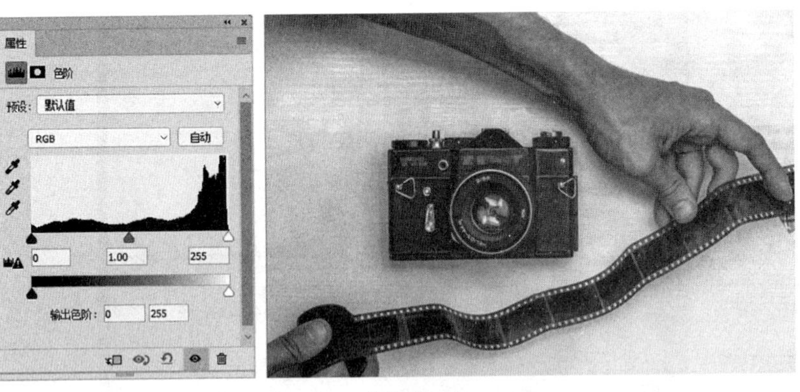

图4.39

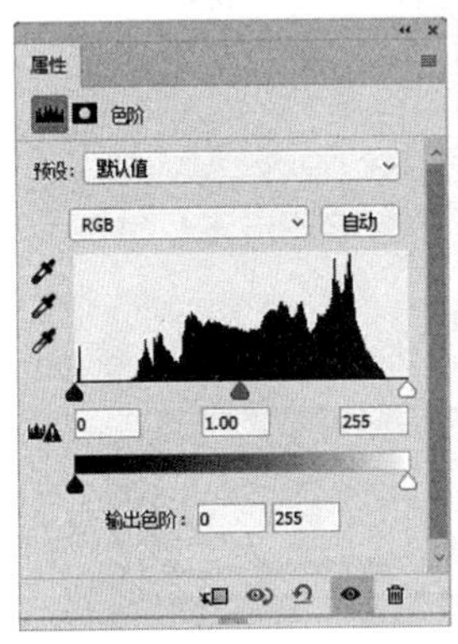

图4.40

3. 吸管工具

第三部分是面板左侧的三个吸管工具，如图4.41中黑色方框内所示，从上至下依次为“定义黑场”“定义灰场”“定义白场”。使用“定义黑场”吸管工具在图像中单击，可以使图像整体自动进行调整，单击位置强行调整成黑色（使用较少）；使用“定义灰场”吸管工具在图像中单击，可以使图像整体自动进行调整，单击位置强行调整成灰色（这一工具会用到，接近于灰色的含有其他彩色的颜色被定义为灰色）；使用“定义白场”吸管工具在图像中单击，可以使图像整体自动进行调整，单击位置强行调整成白色。

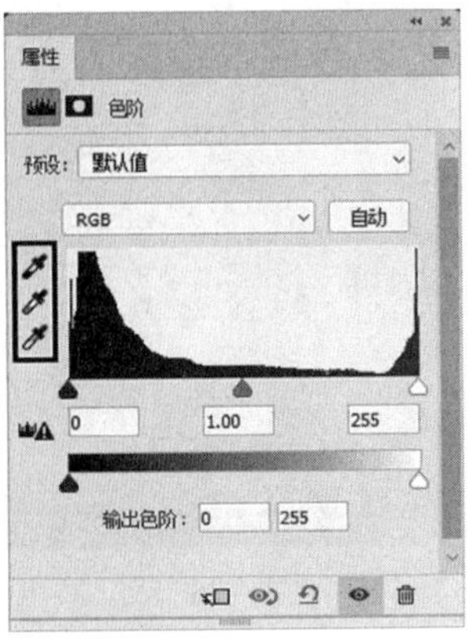

图4.41

如图4.42所示，图中的白色偏蓝色，添加“色阶”调整图层后，在色阶“属性”面板中选择“定义灰场”吸管工具，在图中地板处单击，将该处颜色强行调整为灰色，而整幅图像中的偏蓝色调被去掉了，效果如图4.43所示。

提示

为什么地板是白色的，却不用“定义白场”吸管工具来调整呢？图像中的颜色较少有纯白色出现，例如室内白色的墙壁不会是纯白色，而往往是浅灰蓝色（前提是自然光透过无色透明的玻璃，自然光不是指太阳直射的光线，而是指大气层由于被日光照射产生亮度，影响到其中物体的颜色，大气层的颜色是蓝色的，会透过无色透明的玻璃，使白色墙壁呈现淡淡的灰蓝色）。

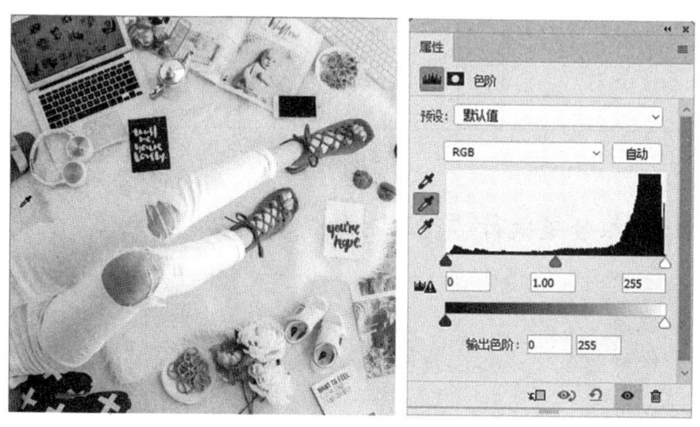

图4.42

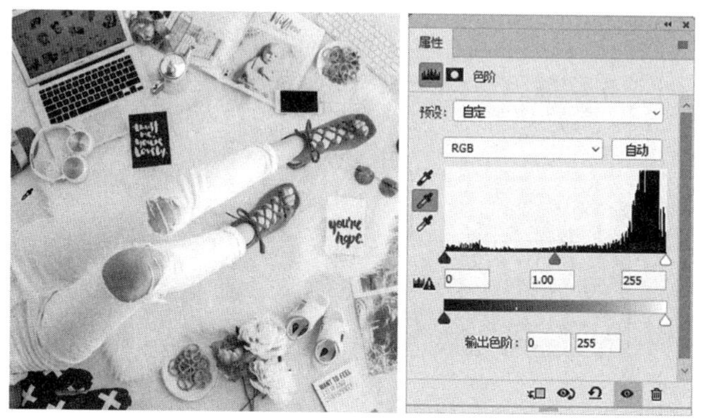

图4.43

如图4.44所示，要求将该幅图像制作成banner，这就需要将背景变宽。下面具体讲解。

图4.44

步骤01　选择裁剪工具，按住Alt键拖动画布左右两侧中间位置的控制点，将画布向外侧扩展，按Enter键确认操作，如图4.45所示。

提示　原图背景是浅灰色的（图4.45中黑色方框内所示为其与扩展区域的分界线），并不是白色的。如果要使原图背景与扩展区域相融合，最快的方式是使原图背景变为白色。

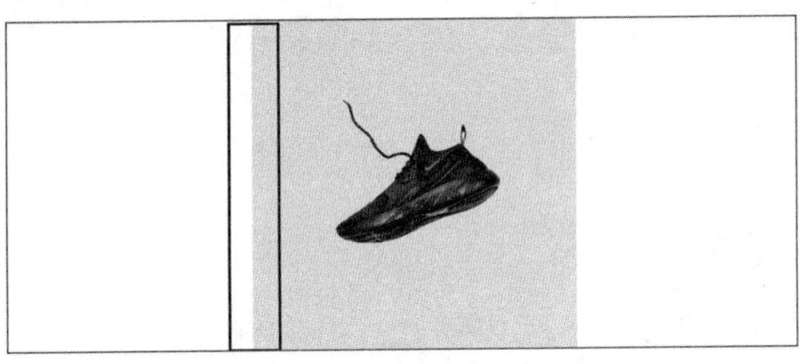

图4.45

步骤02　按Ctrl＋L组合键执行“色阶”命令。

提示　这时选择使用“色阶”命令，是因为原图像是背景图像，后续制作时有可能抠图，或者仅仅将其作为背景而不再进行修改，所以无需添加调整图层。

步骤03　在“色阶”对话框中选择“定义白场”吸管工具，单击原图背景中的灰色区域，如图4.46所示。

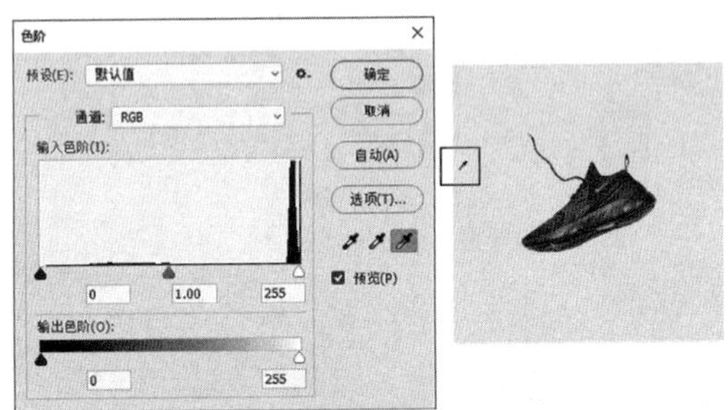

图4.46

步骤04　原图背景中的灰色区域被强行调整为白色，这时原图背景与扩展区域相融合，如图4.47所示。

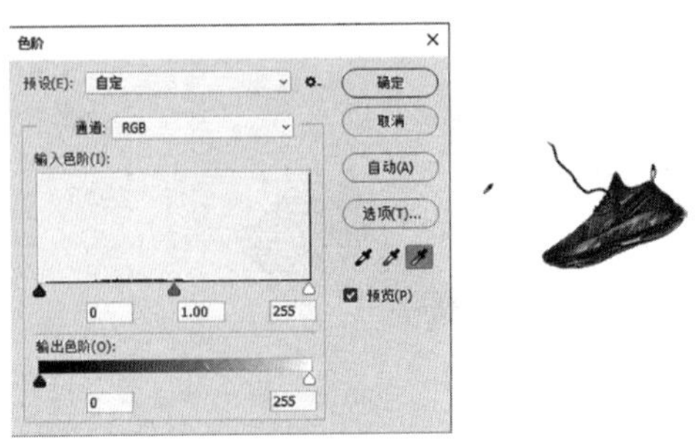

图4.47

4. 调整滑块和复位调整按钮

第四部分是调整滑块及复位调整按钮，如图4.48所示，调整滑块分为黑色滑块、灰色滑块和白色滑块。

在通道选项下拉列表中选择“RGB”通道时，三个滑块用于调整图像的亮度：黑色滑块控制暗部色调，灰色滑块控制中间色调，白色滑块控制亮部色调。

原图像效果如图4.49所示。将黑色滑块向右移动，图像中的暗部区域增加，图像的亮度变暗，如图4.50所示；将白色滑块向左移动，图像中的亮部区域增加，图像的亮度变亮，如图4.51所示。

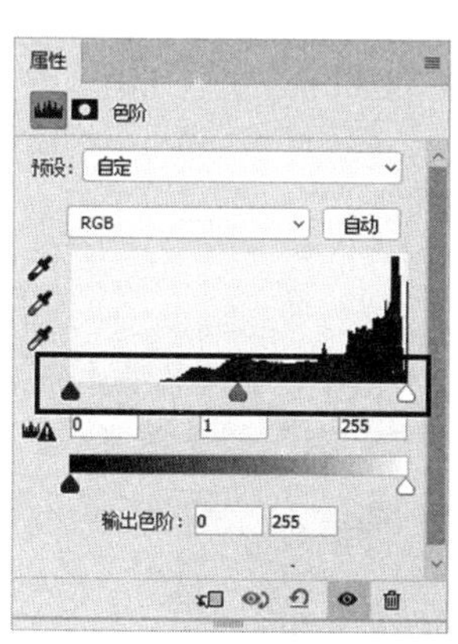

图4.48

图4.49

图4.50

图4.51

下面以具体实例讲解调整滑块的操作方法。

步骤01　打开一幅图像，如图4.52所示，在“图层”面板中单击 按钮，在弹出的菜单中选择“色阶”选项，在“图层”面板中添加“色阶”调整图层。

图4.52

步骤02　在色阶“属性”面板中，将灰色滑块左右移动，图像中的中间色调变化最为明显。将灰色滑块向右移动，图像中的中间色调变暗，如图4.53所示，图像整体偏暗；将灰色滑块向左移动，图像中的中间色调变亮，如图4.54所示，图像效果偏白。

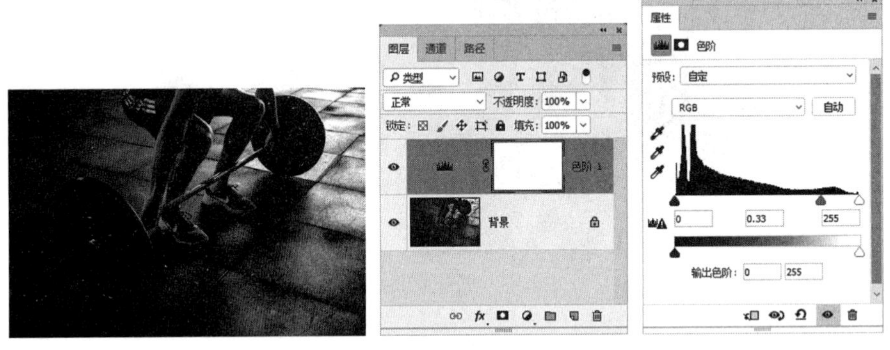

图4.53

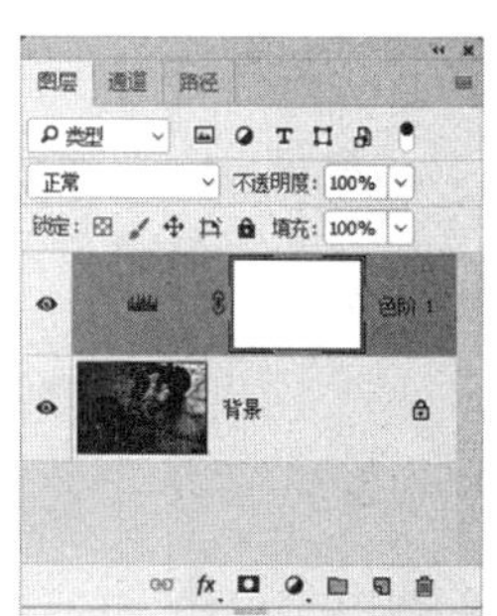

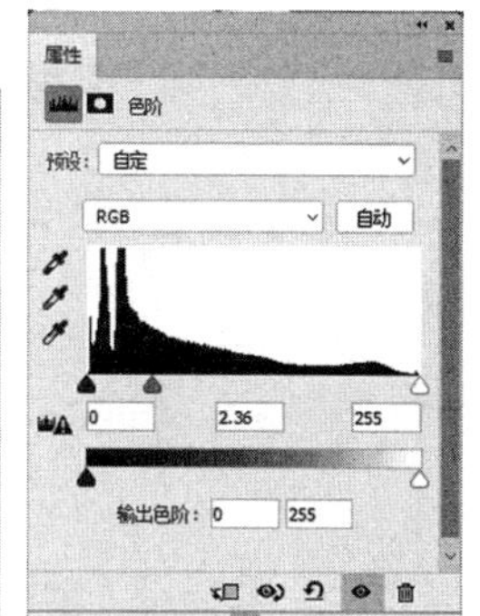

图4.54

提示 在通道选项下拉列表中选择“红”“绿”“蓝”通道时，三个滑块调整的是RGB颜色的分布。下面以“蓝”通道为例进行讲解。

步骤03　添加“色阶”调整图层，在色阶“属性”面板的通道选项下拉列表中选择“蓝”通道，如图4.55所示。

图4.55

步骤04　将灰色滑块向右移动，蓝色减少，红色和绿色没有变化，地板原有颜色中红色最少，蓝色和绿色几乎相等，经过调整，地面颜色中的蓝色减少，红色最少，绿色最多，因此，图像偏黄绿色，如图4.56所示；还原滑块位置，将灰色滑块向左移动，此时蓝色增加，如图4.57所示。

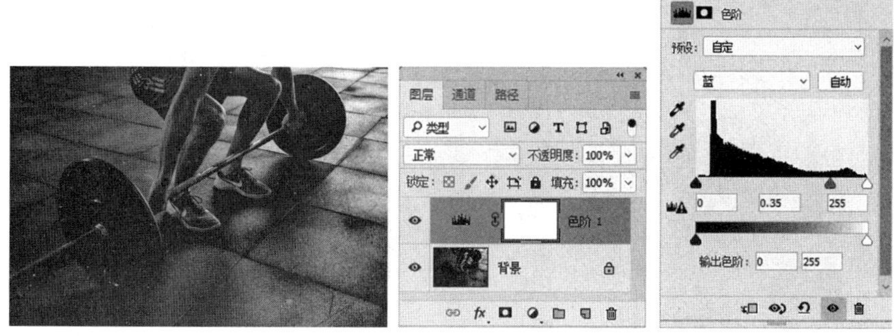

图4.56

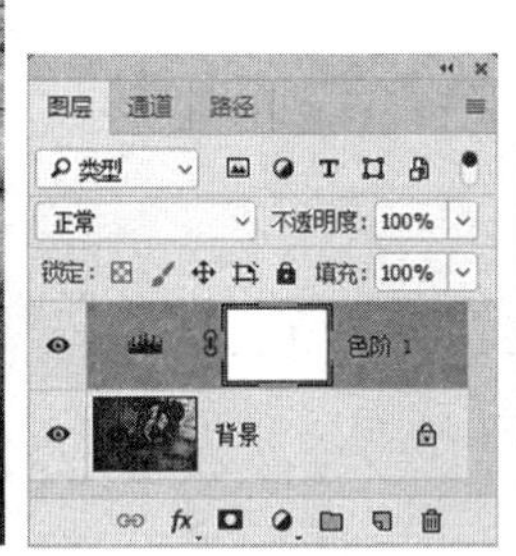

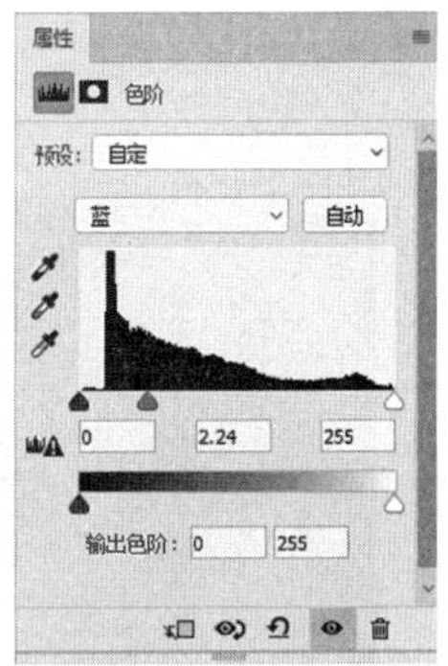

图4.57

5. 综合分析调整思路

仍然使用图4.49中的图像，单击“图层”面板中的按钮，添加“色阶”调整图层。在色阶“属性”面板中通过直方图可以看出暗部缺少颜色信息（如图4.58中黑色方框内所示），表示图像的亮度较高，结合图像直接观察，效果也是如此。此时将黑色滑块向右移动，扩大暗部区域，使图像的亮度降低；将灰色滑块适当向右移动，降低人物衣服的亮度，使其与天空区别明显，效果如图4.59所示。

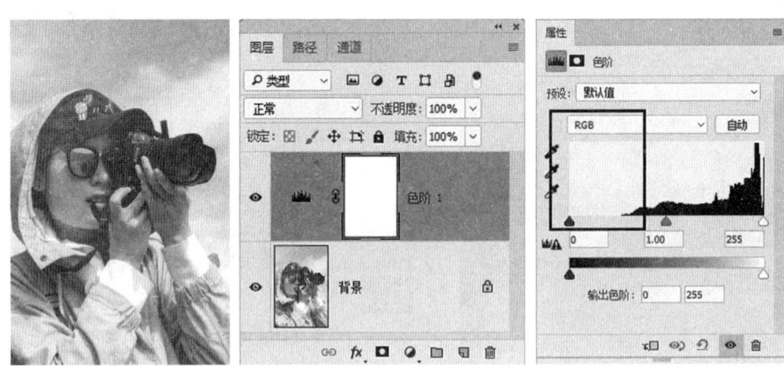

图4.58

观察图4.60，图像有一种灰蒙蒙的感觉，好像被雾气遮住了眼睛。单击“图层”面板中的按钮，添加“色阶”调整图层，此时观察色阶“属性”面板中的直方图，发现直方图中黑色的颜色信息集中在直方图的中部，亮部和暗部缺少颜色信息，如图4.61中黑色方框内所示。将黑色滑块向右移动，增加暗部色调，将白色滑块向左移动，增加亮部色调，从图像效果可以直观看出增加了对比度，图像效果更加清晰，如图4.62所示。

图4.59

图4.60

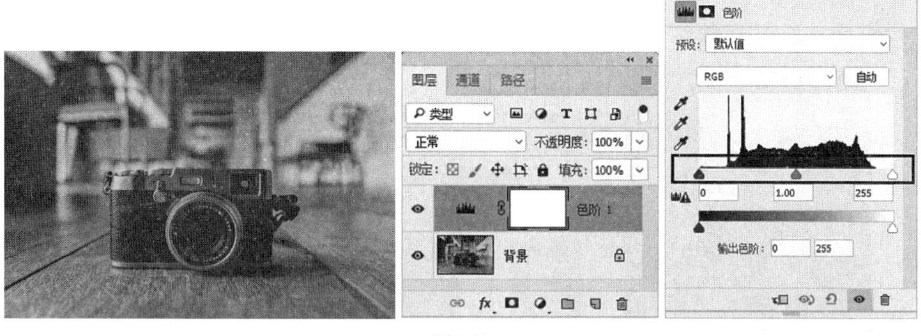

图4.61

图4.62

下面以具体实例讲解“色阶”调整图层的调整思路。

步骤01　打开一幅人物图像，在“图层”面板中单击 按钮，在弹出的菜单中选择“色阶”选项，在“图层”面板中添加“色阶”调整图层，如图4.63所示。

提示　可以看出，拍摄时环境光的亮度不够，黑色衣服没有层次，皮肤颜色偏黄，此时皮肤的RGB颜色值应该是R>G>B。

图4.63

步骤02　在色阶“属性”面板中展开通道选项下拉列表，选择“蓝”通道，将白色滑块向左移动，适当移动灰色滑块，增加蓝色成分，如图4.64所示，此时图像的颜色偏紫红色，原来的颜色值R>G>B，R和G没有变化，B增加了，而R最多，根据前面所讲的RGB颜色构成，此时皮肤颜色偏紫红色。

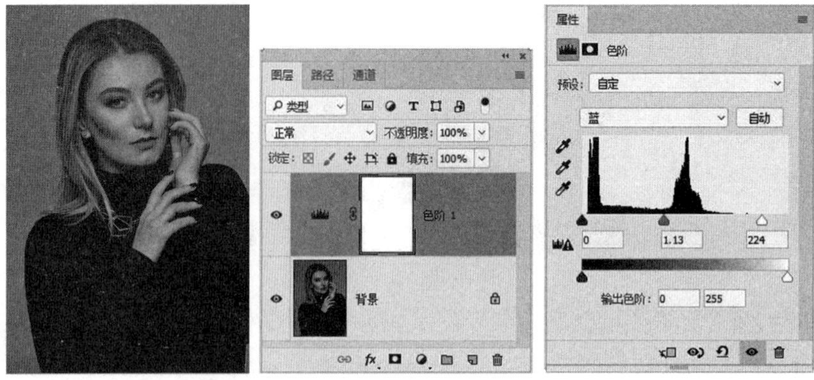

图4.64

步骤03　在色阶“属性”面板中再次展开通道选项下拉列表，选择“绿”通道，将白色滑块向左移动，灰色滑块也向左移动，增加绿色成分，如图4.65所示，人物皮肤的亮度会随之增加，皮肤的紫红色也会被绿色中和。

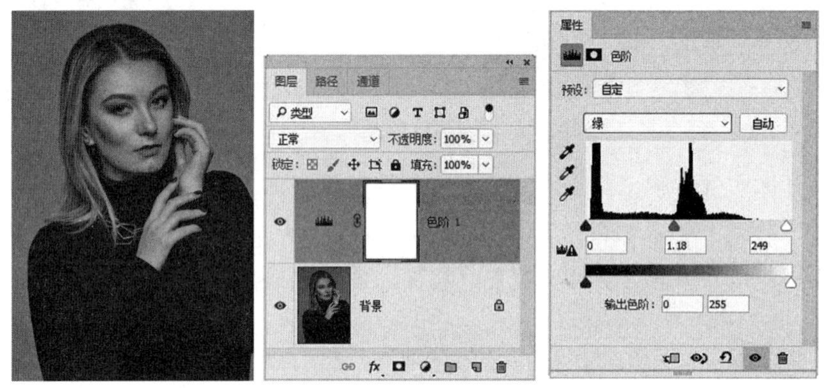

图4.65

步骤04　继续在色阶“属性”面板中展开通道选项下拉列表，选择“RGB”通道，将白色滑块向左移动，黑色滑块向右移动，灰色滑块适当向左移动，调整一下图像的对比度，如图4.66所示。

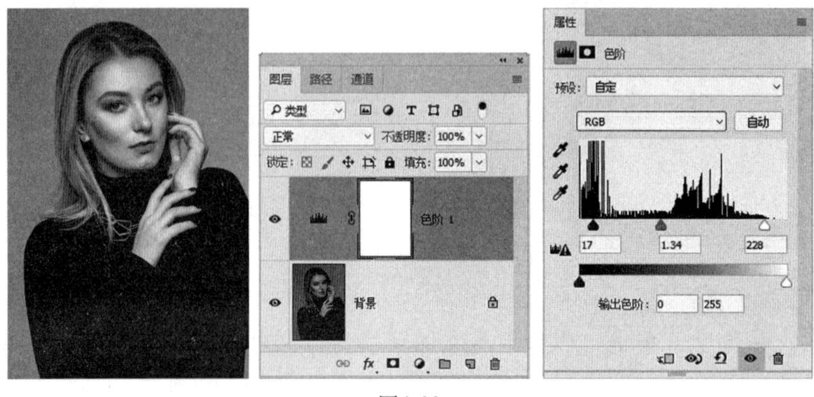

图4.66

4.3.3 曲线

曲线调整也是常用的调整方式，可以像色阶调整一样，调整图像的亮度或单色通道的颜色。

> **提示** “曲线”调整命令的快捷键是Ctrl＋M。

曲线“属性”面板也分为四部分，如图4.67所示。其中，与色阶“属性”面板参数相同的分别是：黑色方框1所示“预设”和通道选项下拉列表，黑色方框2所示“定义黑场”、“定义灰场”、“定义白场”吸管工具，这两部分不再赘述。黑色方框3所示为曲线调整区域，尤其要注意垂直和水平两个渐变的表现；黑色方框4所示为输入、输出参数。

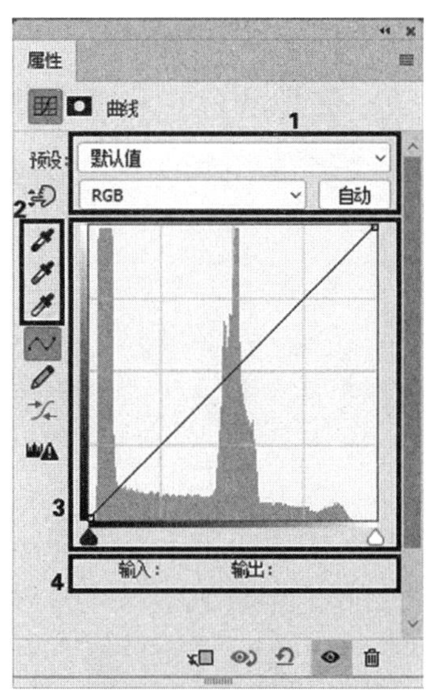

图4.67

如图4.68所示是进行曲线调整后的效果（调整前的效果可参见图4.63）。

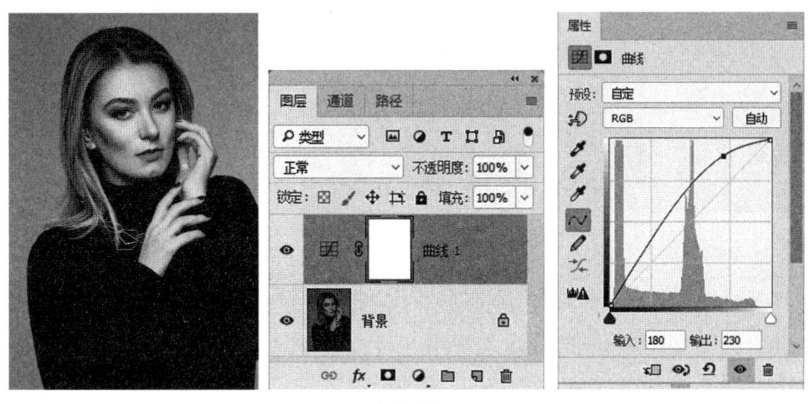

图4.68

1. 曲线调整

在曲线“属性”面板中展开通道选项下拉列表，选择“RGB”通道，此时拖动曲线，调整的是图像的明暗关系。图4.67中黑色方框3内水平渐变表现的是调整前的明暗关系，垂直渐变表现的是调整后的明暗关系。在斜线上方单击并向上方拖动，图像变亮；向下方拖动，图像变暗，如图4.69所示。观察水平渐变和垂直渐变的颜色比较，水平渐变表现的明暗关系如图4.69中右侧下方矩形所示，垂直渐变表现的明暗关系如图4.69中右侧上方矩形所示。比较这两者，会发现水平渐变的映射要比垂直渐变的映射暗，因此，图像变亮。

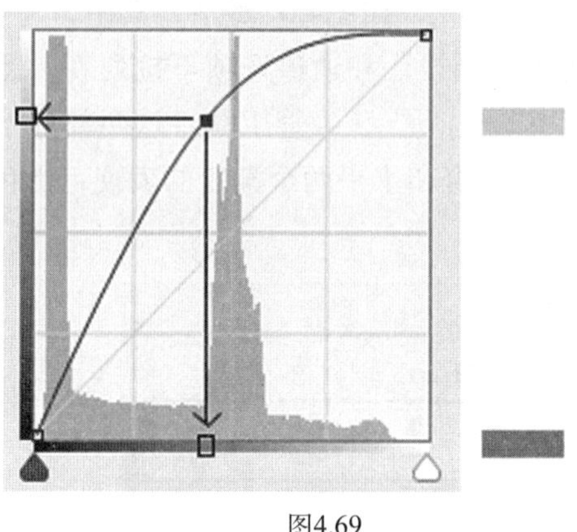

图4.69

提示　在调整曲线时，如果要删除所添加的锚点，单击选择该锚点后，将其拖出面板即可。

2. 输入和输出参数的参考意义

打开一幅素材图像，在“图层”面板中单击 ◑. 按钮，在弹出的菜单中选择“曲线”选项，在“图层”面板中添加“曲线”调整图层，如图4.70所示。

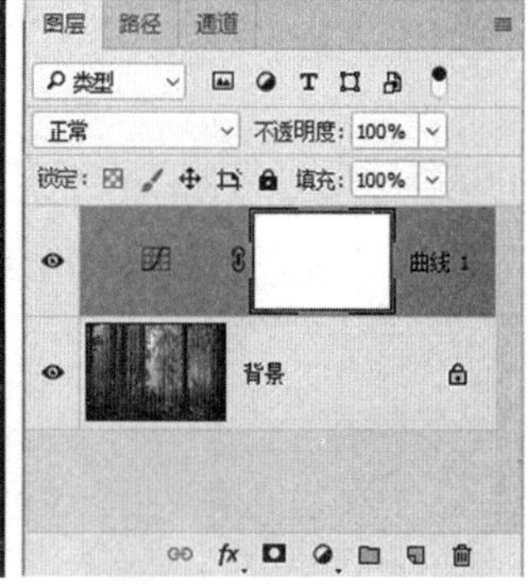

图4.70

在曲线“属性”面板中展开通道选项下拉列表，选择“RGB”通道，在斜线上方单击并向上方拖动，图像变亮，此时输入参数小于输出参数，如图4.71所示；向下方拖动，图像变暗，此时输入参数大于输出参数，如图4.72所示。

在曲线“属性”面板中展开通道选项下拉列表，选择单色通道，在此选择“蓝”通道，在斜线上方单击并向上方拖动，蓝色增加，此时输入参数小于输出参数，如图4.73所示；向下方拖动，蓝色减少，此时输入参数大于输出参数，如图4.74所示。

图4.71

图4.72

图4.73

图4.74

3. 综合分析调整思路

用曲线调整偏灰色的图像时，亮部和暗部各需要添加一个锚点，亮部向上拖动曲线，暗部向下拖动曲线，用以增加亮部、减少暗部。原图像效果如图4.75所示，调整效果如图4.76所示。

图4.75

图4.76

4.3.4 色相/饱和度

色相/饱和度调整（其中包括明度调整）是颜色三属性（色相、饱和度和明度）在Photoshop中的体现。色相/饱和度调整是一个可以加色（着色）或减色（降低饱和度）的调整方式。

提示

“色相/饱和度”调整命令的快捷键是Ctrl+U。

如图4.77中黑色方框内所示：黑色方框1内所示为Photoshop默认的预设效果和颜色选择下拉列表；黑色方框2内所示为三个滑块，通过左右拖动可以控制相应的效果；黑色方框3内所示为吸管工具及“着色”选项，在黑色方框1内的颜色选择下拉列表中选择单色选项后，吸管工具才能够正常使用（在该下拉列表中选择“全图”选项，吸管工具不可用），勾选“着色”复选框可以为图像添加单色。

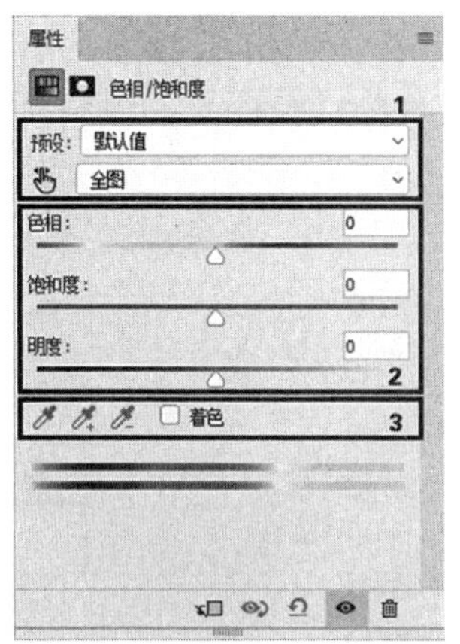

图4.77

在Photoshop中打开文件“北极熊调色.psd”，可以看到，北极熊的颜色偏黄，而雪山是白色的，整体颜色不太协调，如图4.78所示。添加“色相/饱和度”调整图层，单击色相/饱和度“属性”面板中的按钮（也可以按Ctrl＋Alt＋G组合键），将“色相/饱和度”调整图层创建为“北极熊”图层的剪贴蒙版（此时调整只针对北极熊）。在色相/饱和度“属性”面板中展开颜色选择下拉列表，选择“黄色”选项，如图4.79所示。

图4.78

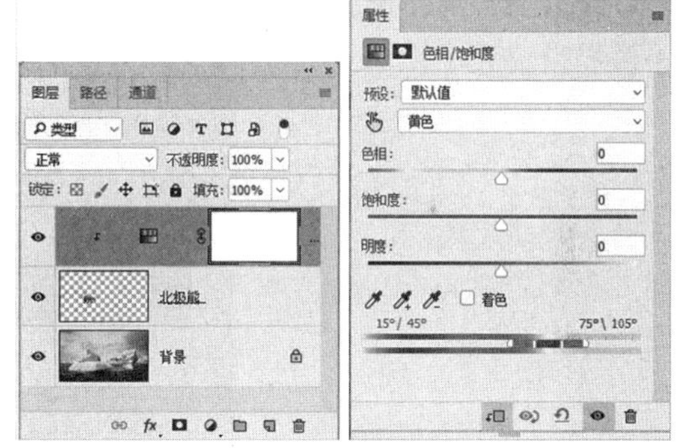

图4.79

如图4.80所示，黑色方框内显示出两条渐变条，上方渐变条所示为原始颜色，下方渐变条所示为调整后的颜色。可以拖动渐变条中间的滑块，控制颜色的调整范围。三个吸管工具可以用来创建颜色的调整范围（两个横向渐变条中间的深灰色区域是调整范围，两侧的浅灰色区域是模糊选择范围）。

图4.80

前面在颜色选择下拉列表中已经选择了“黄色”选项，此时适当降低“饱和度”数值，可以看到，北极熊颜色中的黄色已经褪去，但调整后的颜色显得较暗，画面的整体感觉依然不太协调，如图4.81所示。

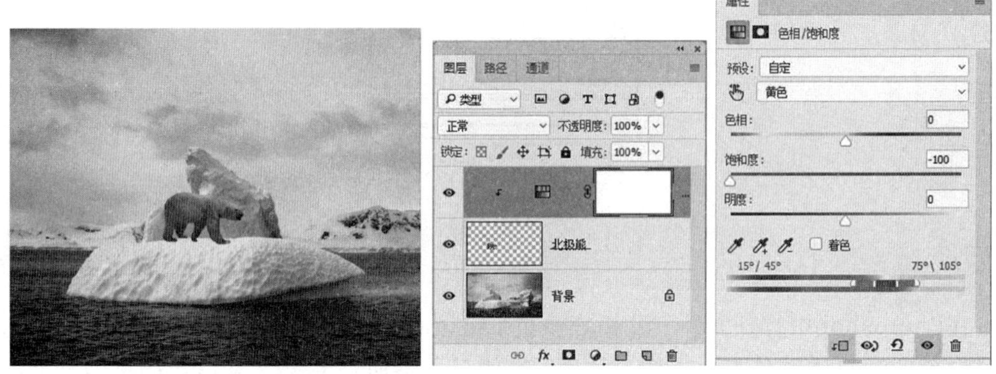

图4.81

添加“曲线”调整图层，同样单击曲线“属性”面板中的按钮，使“曲线”调整图层也作为“北极熊”图层的剪贴蒙版，如图4.82所示。适当调整曲线“属性”面板中的曲线，使“北极熊”图层中图像的亮度增加，如图4.83所示。此时可以看到，北极熊的颜色不再显得突兀了。

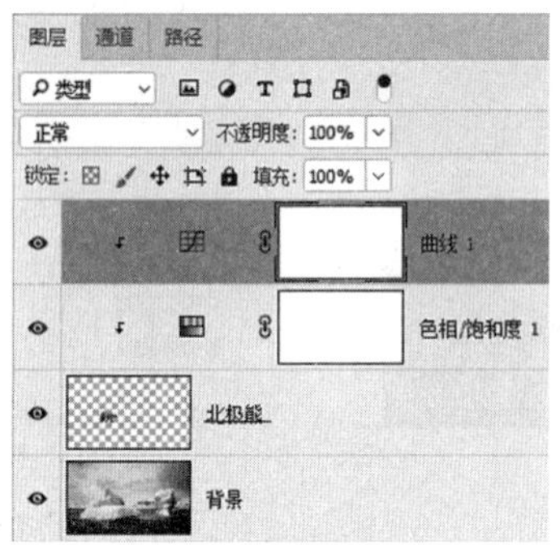

图4.82

图4.83

4.3.5 色彩平衡

利用色彩平衡调整，可以通过改变阴影、中间调、高光的色调，使图像的颜色发生变化。

> **提示**
> “色彩平衡”调整命令的快捷键是Ctrl+B。

色彩平衡“属性”面板如图4.84所示：黑色方框1内所示为“色调”下拉列表框，包括“阴影”“中间调”“高光”三个选项；黑色方框2内所示为颜色滑块，可以用来调整颜色的趋向。

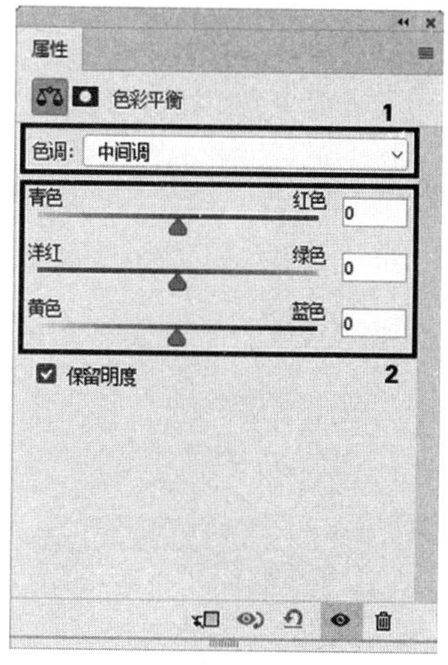

图4.84

在Photoshop中打开一幅素材图像，单击“图层”面板中的按钮，添加“色彩平衡”调整图层，如图4.85所示，进行色彩平衡的初步调整。

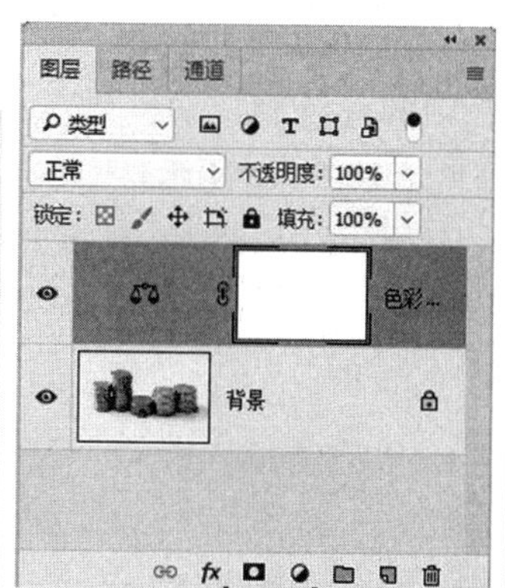

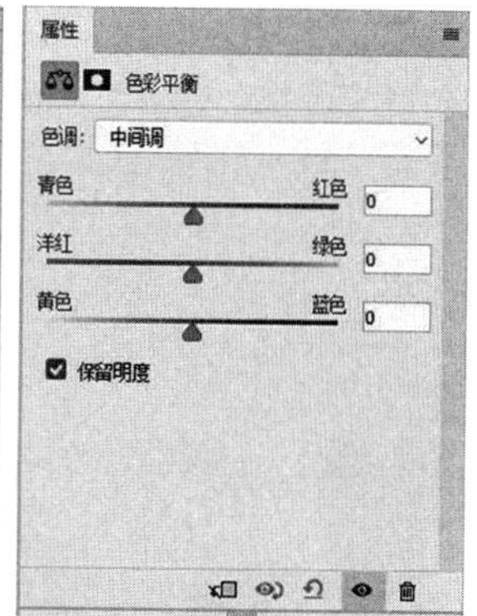

图4.85

观察调整后的图像，金黄色的效果不太好，如图4.86中黑色方框内所示，暗部色调偏绿。这是因为黄色在色相中与绿色相邻，视觉效果上一般会泛淡淡的绿色，此时需要在黄色中添加一些红色成分，使色调更加好看，如图4.87所示。

图4.86

图4.87

提示　为什么适当添加红色，会去除图像中金黄色的绿色成分呢？在RGB颜色模式中，黄色是由红色和绿色混合得到的，当图像偏绿色时，适当添加红色成分，会使多余的绿色成分和红色成分相结合，进而产生黄色。在调整时适当多一些暖色调的黄色，效果会更好。比较图4.85和图4.87，就能够清楚地看到两幅图像的区别。

在色彩平衡“属性”面板中的“色调”下拉列表中选择“阴影”选项，然后拖动颜色滑块，适当增加黄色和红色，如图4.88所示。

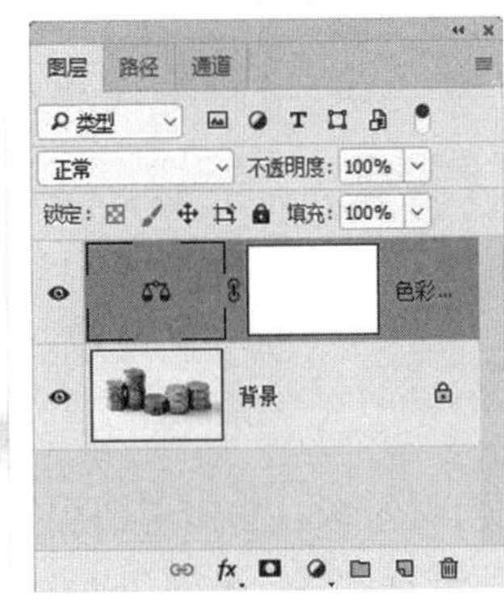

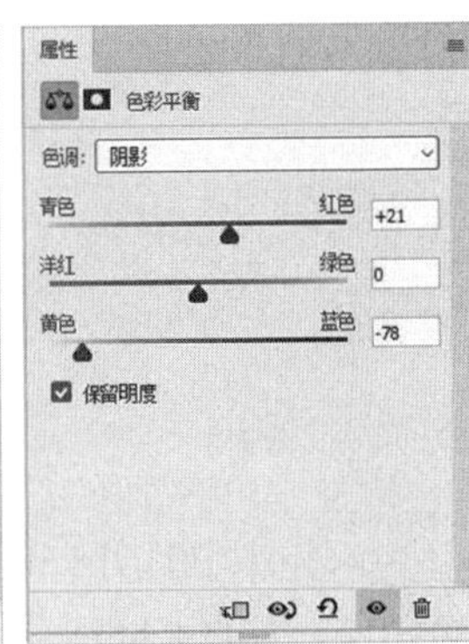

图4.88

在色彩平衡“属性”面板中的“色调”下拉列表中选择“中间调”选项，然后拖动颜色滑块，适当增加黄色和红色，如图4.89所示。

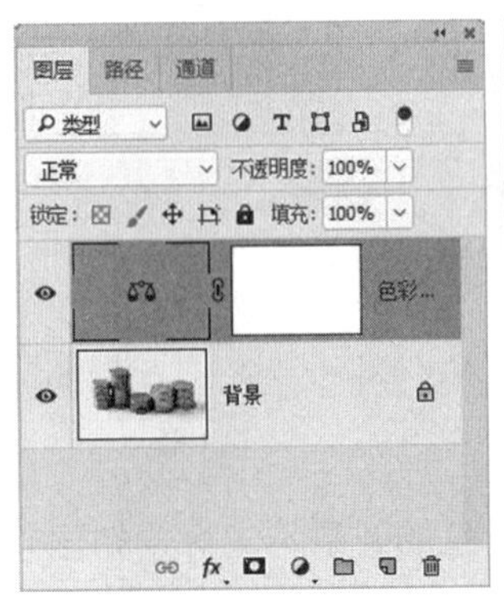

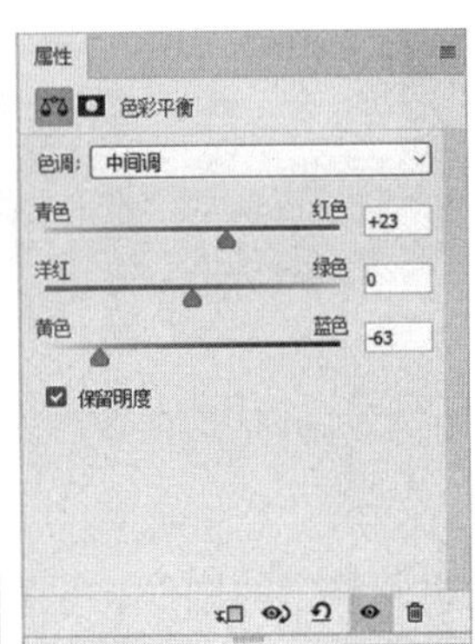

图4.89

在色彩平衡“属性”面板中的“色调”下拉列表中选择“高光”选项，然后拖动颜色滑块，适当增加黄色和红色，如图4.90所示。此时观察调整后的图像，可以看到所呈现的颜色就是金融素材图像中常用的金色效果。一些金色的塑像及企业文化中常用的鼎也是这种金色效果，可以通过色彩平衡调整来得到。

图4.90

也可以利用色彩平衡调整处理户外绿色植被的图像，得到植物的蓝绿色效果。在色彩平衡“属性”面板的“色调”下拉列表中选择“阴影”选项，然后拖动滑块，适当增加青色、绿色和蓝色，如图4.91所示。植物的黄绿色调被调整为蓝绿色，调整前后的对比效果如图4.92所示。

图4.91

图4.92

4.3.6 颜色取样器工具与通道混合器

颜色取样器工具是用来查看颜色信息的。但是如果不了解RGB颜色的构成，查看颜色信息没有任何意义，在此需要再次强调RGB颜色的构成在Photoshop中的重要性。

通道混合器调整是通过将颜色存储位置通道的明暗关系进行混合，使图像的颜色发生变化。

1. 颜色取样器工具

使用颜色取样器工具在图像中单击，弹出“信息”面板，在该面板中可以观察当前单击点的颜色值，如图4.93所示，一幅图像可以有4个取样点。一般在使用颜色取样器工具时，会选择在图像中的灰色区域单击。如果在“信息”面板中R＝G＝B或者是R≈G≈B，可以大致判断出图像不偏色。

图4.93

颜色取样器工具不仅可以用来观察当前颜色信息，还可以观察调整后颜色信息的对比，如图4.94所示。

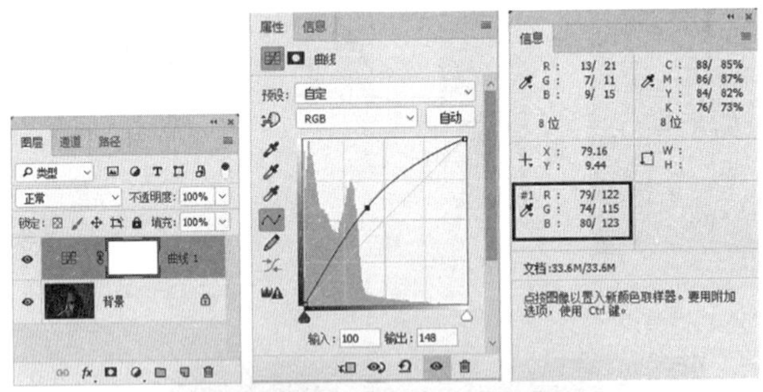

图4.94

提示 “信息”面板和颜色取样器工具只是用来作为图像颜色调整的参考，并不能对图像颜色产生影响，使用时一定要以图像的最终效果为准。

2. 通道混合器

通道混合器“属性”面板如图4.95所示：黑色方框1内所示为预设选项及输出通道；黑色方框2内所示为颜色滑块，可以用来补偿所选择的通道。

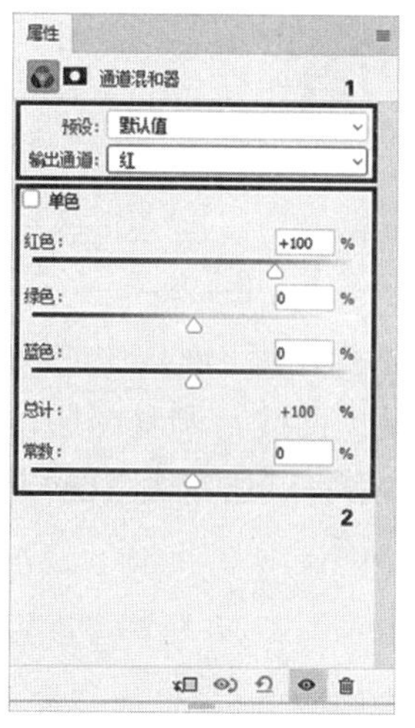

图4.95

提示 通道混合器调整主要用于图像颜色的处理，原理是用较好通道的明暗关系（原色通道中的颜色由黑、白、灰明暗关系表示，在后面项目中将具体讲解）来补偿较差通道的颜色（颜色存储位置的通道）。

打开一幅图像，如图4.96所示，图中人物的面部肤色偏橙色、偏暗，需要进行颜色的调整。选择颜色取样器工具，在图像中的背景处单击（背景色趋近于灰色，所以在此作为样本），在弹出的“信息”面板中观察颜色信息，可以看出图像中缺失蓝色，如图4.97所示。

图4.96

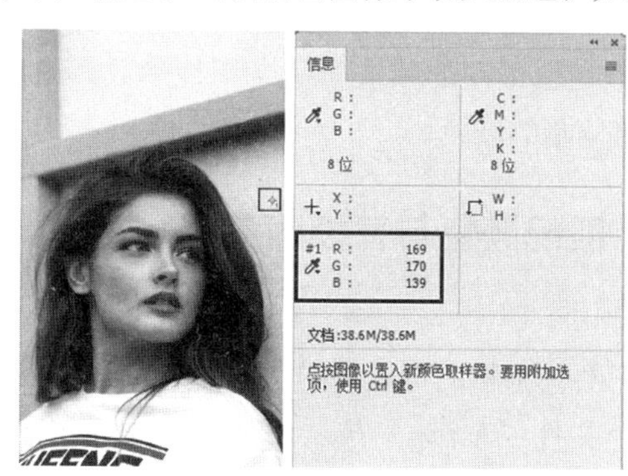

图4.97

单击“图层”面板中的按钮，添加“通道混合器”调整图层，在通道混合器“属性”面板的“输出通道”下拉列表中选择“蓝”通道，然后选择“红色”或“绿色”滑块，在此选择的是“绿色”滑块，适当向右拖动，以增加该颜色值。可以看到，此时图像中的黄色成分褪去，人物肤色偏紫红色，如图4.98所示。在“信息”面板中，“/”符号左侧是调整前的颜色，“/”右侧是调整后的颜色，“B”（蓝）颜色值从139增加到170，图像中的蓝色补偿完成。

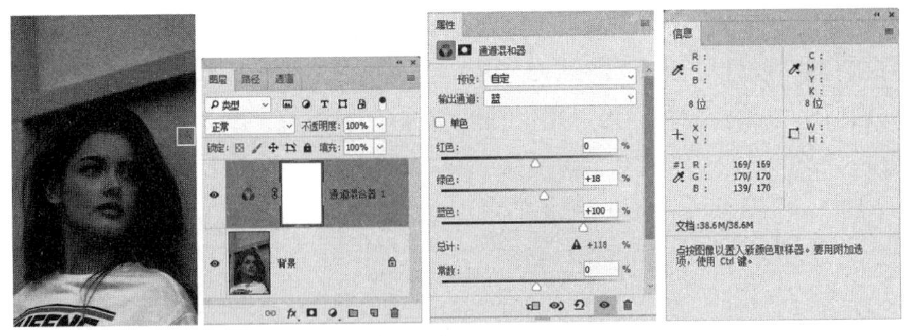

图4.98

图像中的颜色仍然偏暗，单击“图层”面板中的 按钮，添加“色阶”调整图层或“曲线”调整图层，在此添加的是“曲线”调整图层，在曲线“属性”面板的通道选项下拉列表中选择“RGB”通道，然后将白色方块（图4.99中曲线“属性”面板中黑色方框内所示）适当向上拖动，如图4.99所示。

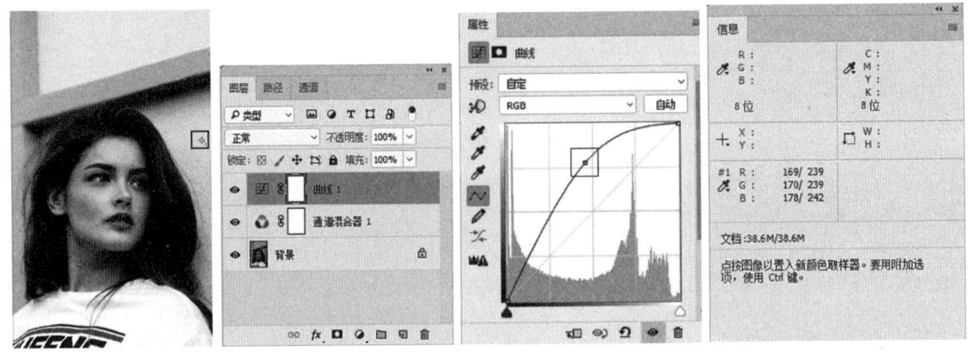

图4.99

在通道混合器“属性”面板中，“输出通道”是选择在“信息”面板中RGB三原色颜色值（图像中灰色取样点的颜色值）最低的通道；补偿颜色是根据在“信息”面板中RGB三原色颜色值最高的数值，适当调整参数。通道混合器调整是一种加色调整方式，一般用来调整偏暗的肤色。

4.3.7 匹配颜色与替换颜色

1. 匹配颜色

利用匹配颜色调整，可以将图像A的颜色风格加载到图像B上。

打开两个文件“A.jpg”与“B.jpg”，如图4.100所示，选择文件“B.jpg”。选择“图像”→“调整”→“匹配颜色”命令，如图4.101所示。

图4.100

在弹出的“匹配颜色”对话框中，展开“图像统计”下方的“源”下拉列表，选择“A.jpg”选项，如图4.102所示。文件“B.jpg”立刻匹配了文件“A.jpg”的色调，如图4.103所示。

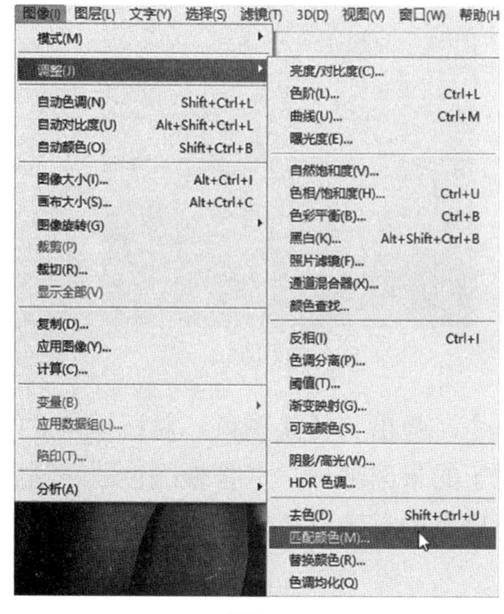

图4.101

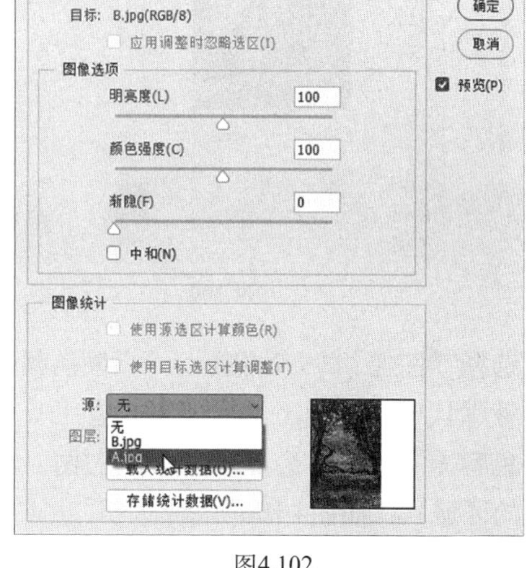

图4.102

提示　在“图像选项”选项区中，可以适当调整“明亮度”“颜色强度”“渐隐”等相关参数。

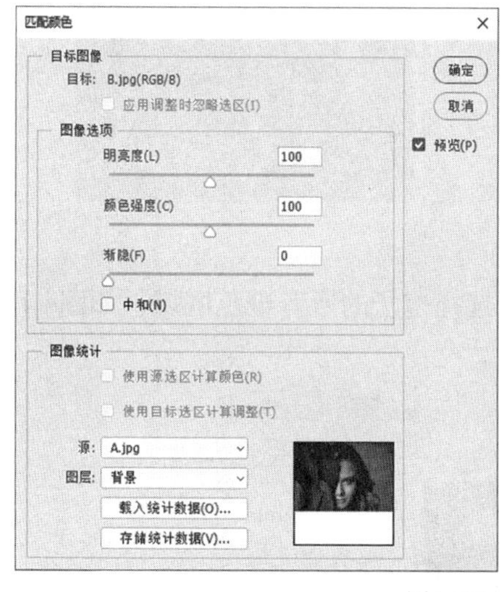

图4.103

2. 替换颜色

可以将替换颜色调整看作“色彩范围”（“选择”菜单中的命令）和“色相/饱和度”两个命令的集合。首先选择颜色替换的范围，然后更改颜色。“替换颜色”对话框如图4.104所示。

打开文件“替换颜色.jpg”，如图4.105所示。

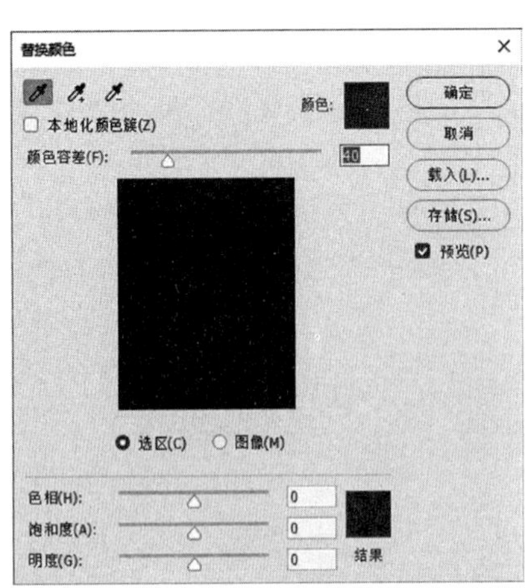

图4.104

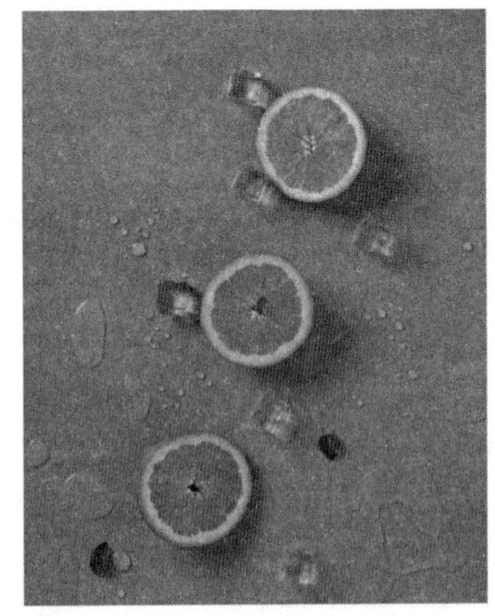

图4.105

选择“图像”→“调整”→“替换颜色”命令，弹出“替换颜色”对话框，此时鼠标指针默认成为吸管工具。使用吸管工具单击橙子的果肉部分，“替换颜色”对话框中“颜色容差”的下方会显示一幅黑白图（黑白图显示的是选择范围，白色部分显示的是选取的区域），如图4.106所示。

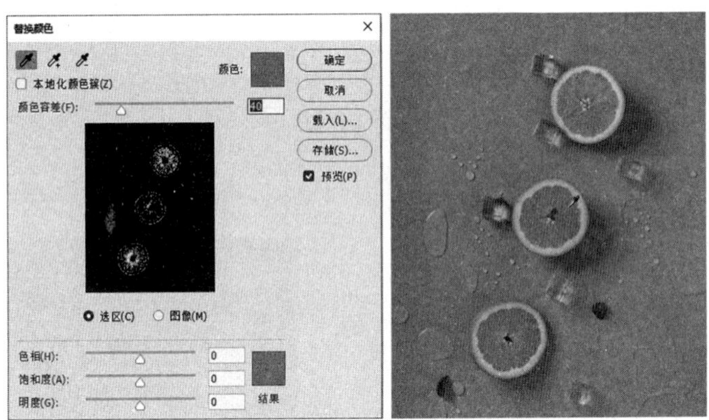

图4.106

可以通过调整“颜色容差”的数值来选择橙子的所有橙色区域，如图4.107所示。

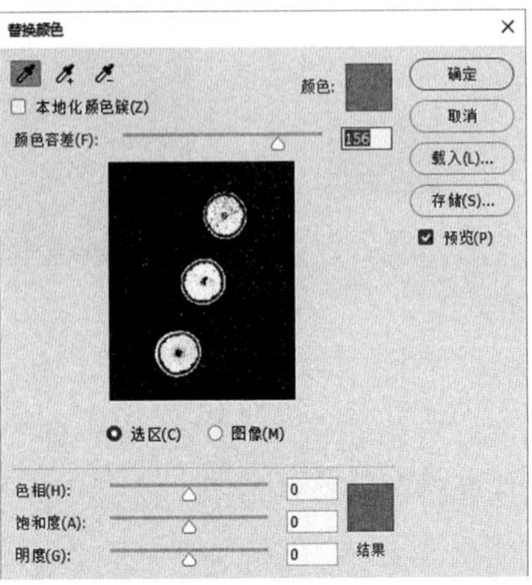

图4.107

调整“色相”“饱和度”“明度”数值，图像中橙子的颜色随之改变，如图4.108所示。

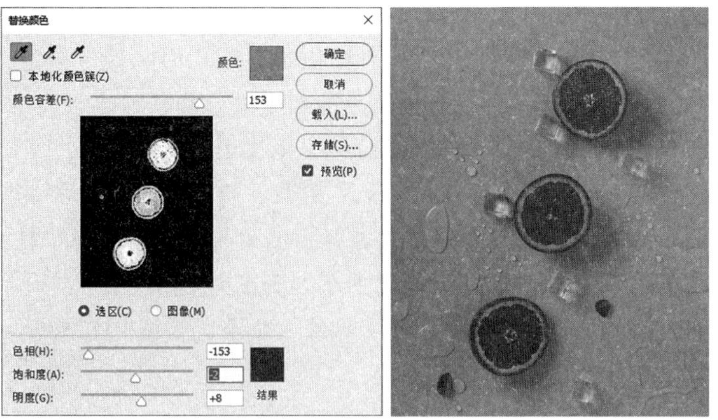

图4.108

4.3.8 Camera Raw滤镜

Camera Raw滤镜在前面项目处理图像时曾经用来调整人物皮肤的质感，其实该滤镜的颜色调整功能也很强大，常用的四个颜色调整面板包括“基本”面板、“色调曲线”面板、“HSL/灰度”面板、“相机校准”面板，如图4.109所示。

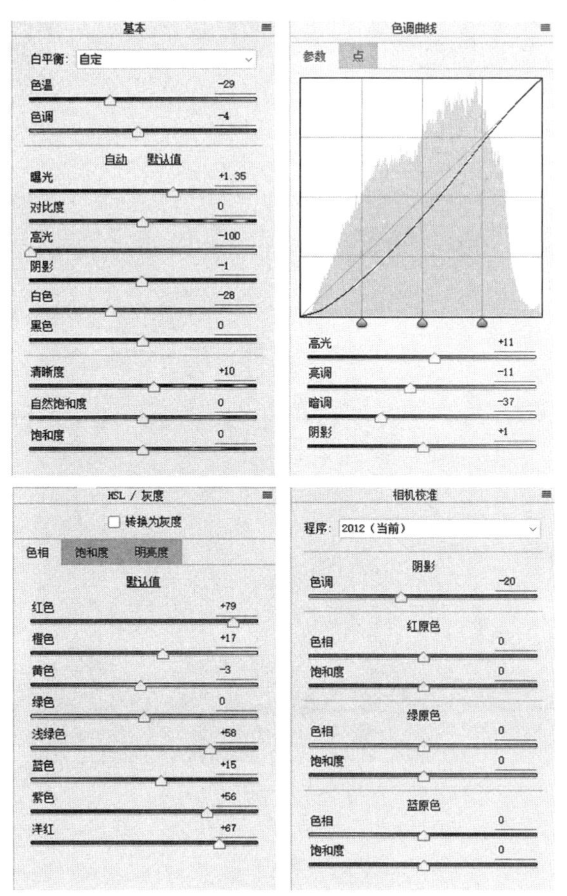

图4.109

其中，“基本”面板用来调整图像整体的色调、曝光和饱和度等；“色调曲线”面板用来精细化表现“高光—亮调—暗调—阴影”的明暗；“HSL/灰度”面板用来通过具体分色来调整图像颜色三要素（色相、饱和度和明亮度）中的颜色含量；“相机校准”面板用来对原图像红、绿、蓝三原色的色相及饱和度进行调整。

步骤01　打开文件“Camera Raw滤镜.jpg”，如图4.110所示。

步骤02　按Ctrl＋J组合键，复制“背景”图层，得到新图层，将其命名为“调整人物”，单击“图层”面板右上角的≡按钮，在弹出的面板菜单中选择“转换为智能对象”命令，将“调整人物”图层转换为智能对象图层，如图4.111所示。

步骤03　选择“滤镜”→“Camera Raw滤镜”命令，如图4.112所示，弹出“Camera Raw滤镜”对话框，如图4.113所示。

提示　在对话框中单击视图显示框下方的☒按钮，可以看到调整前后的对比效果，如图4.114所示。

图4.110

图4.111

图4.112

图4.113

图4.114

步骤04　观察人物肤色，偏暗、偏黄，不通透。在对话框右侧的“基本”面板中，向左拖动“色温”滑块，增加图像中的冷色调，去除人物肤色中的黄色成分，调整前后的对比效果如图4.115所示。

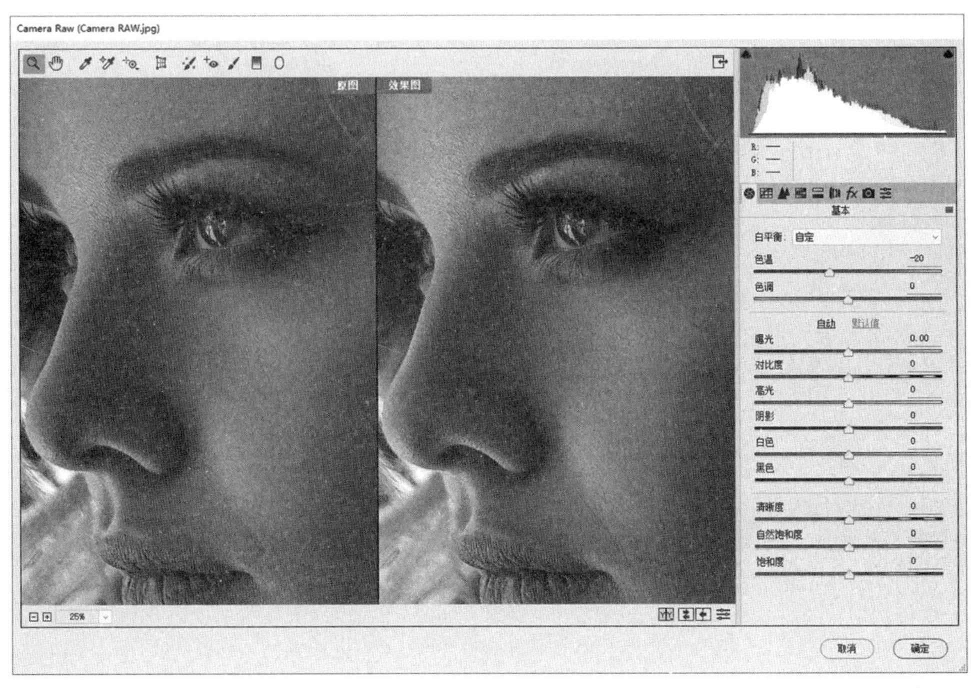

图4.115

步骤05　调整图像的整体亮度。在“基本”面板中，“曝光”参数控制颜色的亮度，可以通过提高“曝光”数值，使整体图像变亮，如图4.116所示。

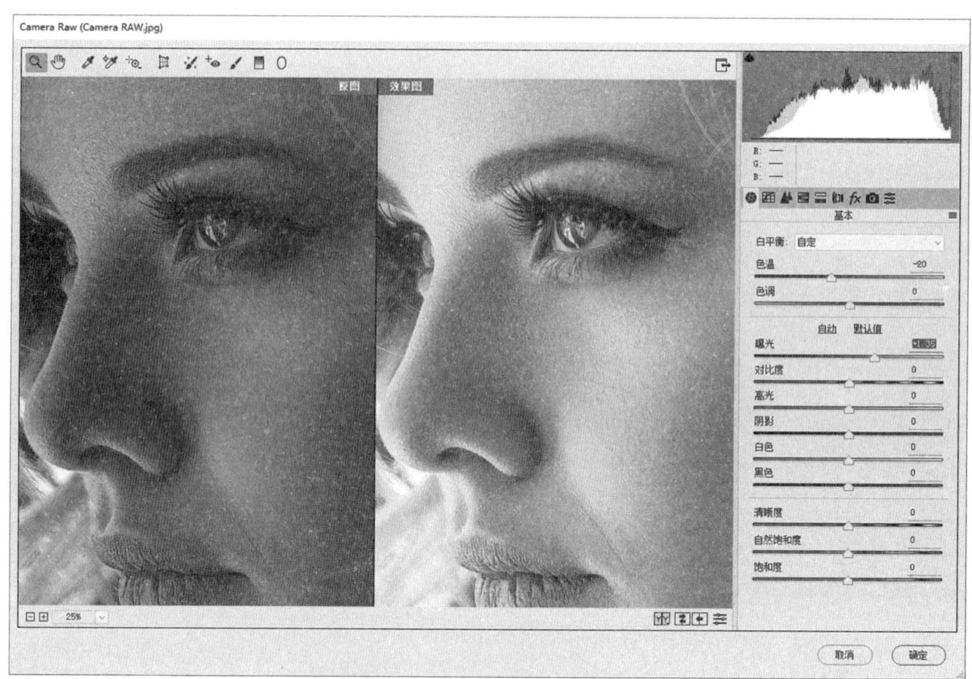

图4.116

步骤06　提亮图像后，人物面部有过曝的现象（亮度太高，颜色接近白色），此时将“高光”数值降低，略微压暗人物面部，如图4.117所示。

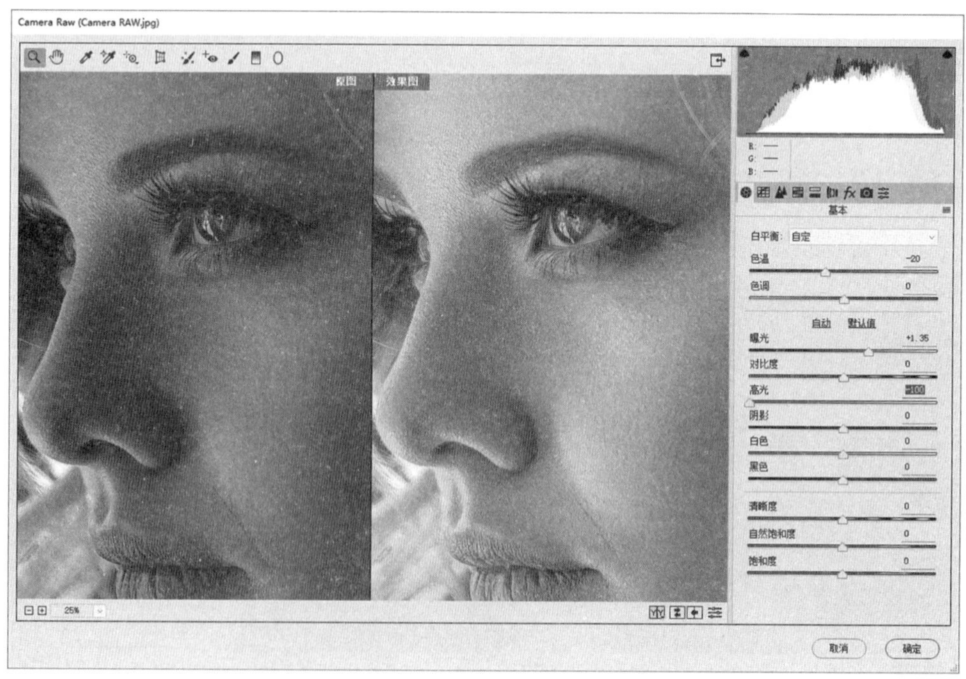

图4.117

提示　对比图4.116与图4.117，人物面部左侧的头发、额头、颧骨、下颌等部位的亮度明显降低，但高光区域还是过于偏白，这时就需要适当调整“白色”参数。

步骤07　在“基本”面板中降低“白色”数值，将高光区域的亮度降低，如图4.118所示。

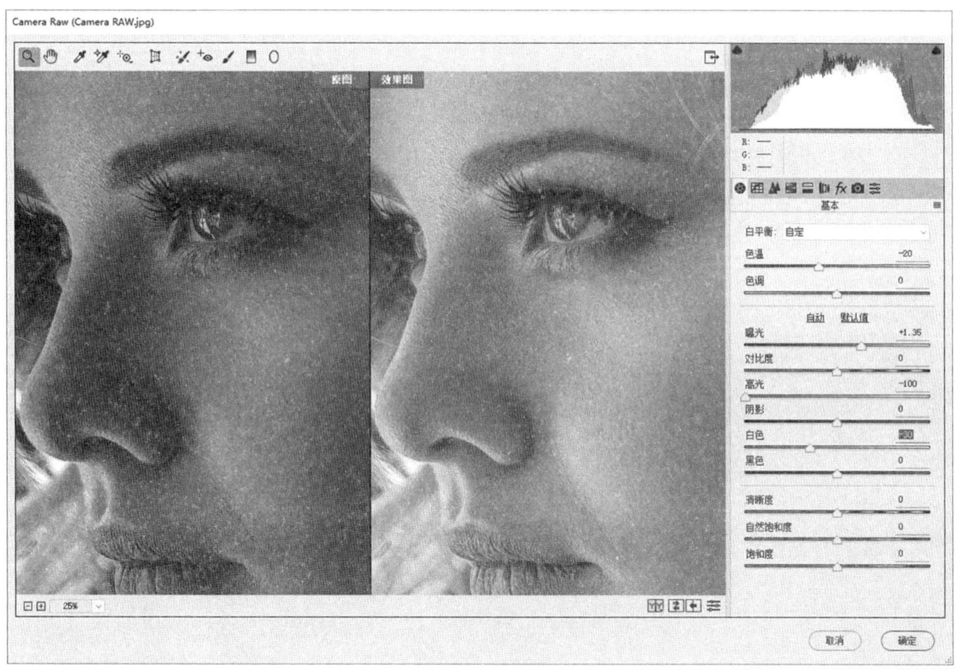

图4.118

步骤08　适当提高“清晰度”数值，使人物轮廓的清晰程度略微增加，以提升人物面部的立体感，如图4.119所示。

“基本”面板中的调整暂时结束。

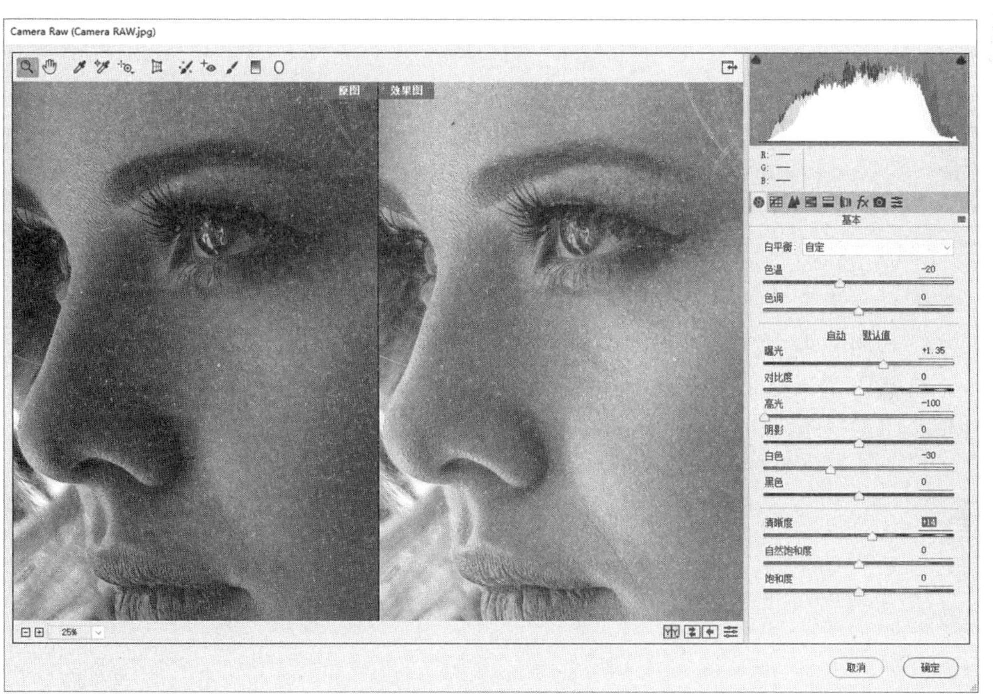

图4.119

步骤09　单击“基本”按钮右侧的“色调曲线”按钮，切换到“色调曲线”面板，进一步调整图像整体的明暗关系。分别调整“高光”“亮调”“暗调”参数，如图4.120所示。

> **提示**　对比图4.119和图4.120，二者的区别在于图4.120中人物面部的暗部区域明显压暗，轮廓感增强。

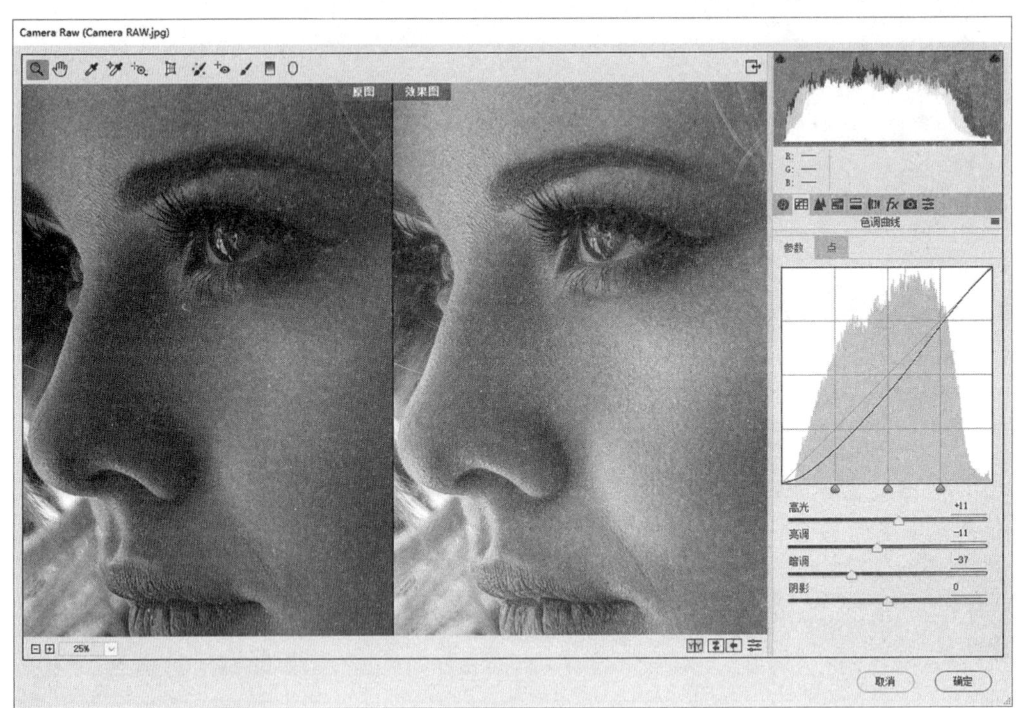

图4.120

> **提示**　下面处理人物皮肤，方法与前面项目中使用Camera Raw滤镜处理人物皮肤的方法相同，在此不再赘述，只展示参数设置。

步骤10　单击“色调曲线”按钮右侧的“细节”按钮，参数设置如图4.121所示。

步骤11　单击“细节”按钮右侧的“HSL/灰度”按钮，分色调整人物肤色。默认打开“色相”选项卡，此时调整的是肤色的变化，其中包括“红色”“橙色”“黄色”“绿色”“浅绿色”“蓝色”“紫色”“洋红”八种颜色，适当提高“红色”数值，如图4.122所示。

> **提示**　在此是将当前颜色调整为渐变条两端的颜色。例如，提高“红色”数值，是将“红色”向右侧变化，趋近于橙色（最右端是橙色），因此，人物偏紫色的皮肤中会增加黄色成分（对比图4.121和图4.122中的效果），肤色会显得趋于正常色调。

图4.121

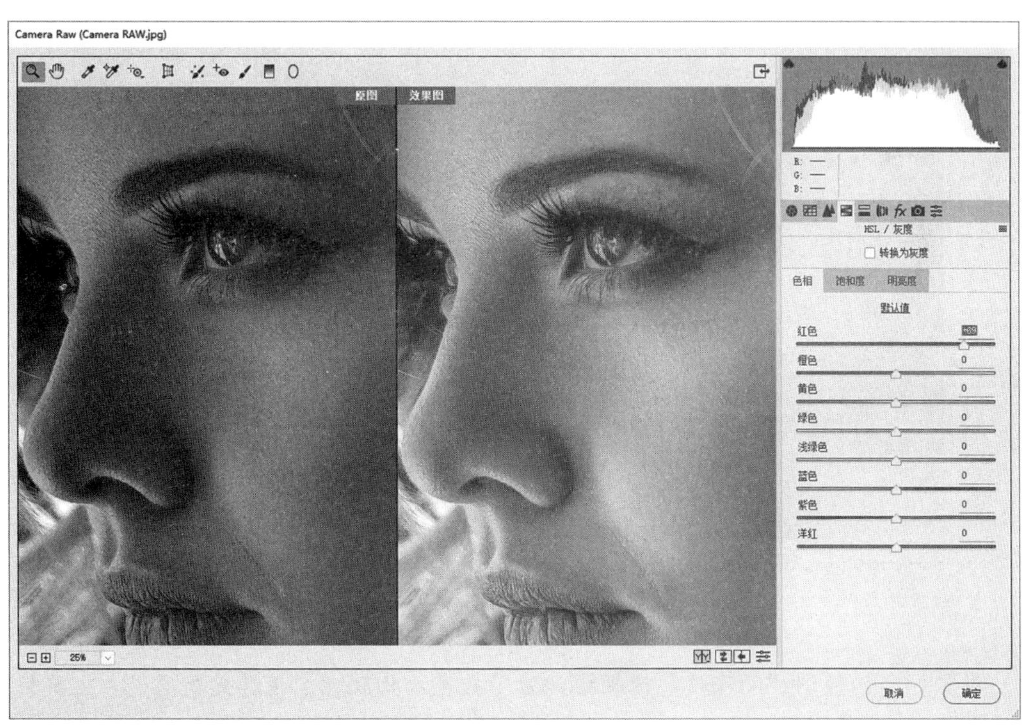

图4.122

步骤12　适当提高“橙色”数值，是为了补充人物皮肤的色调；适当提高“浅绿色”数值，是为了调整背景中绿植的色调；适当提高“蓝色”数值，是为了将人物瞳孔调整为蓝色，如图4.123所示。

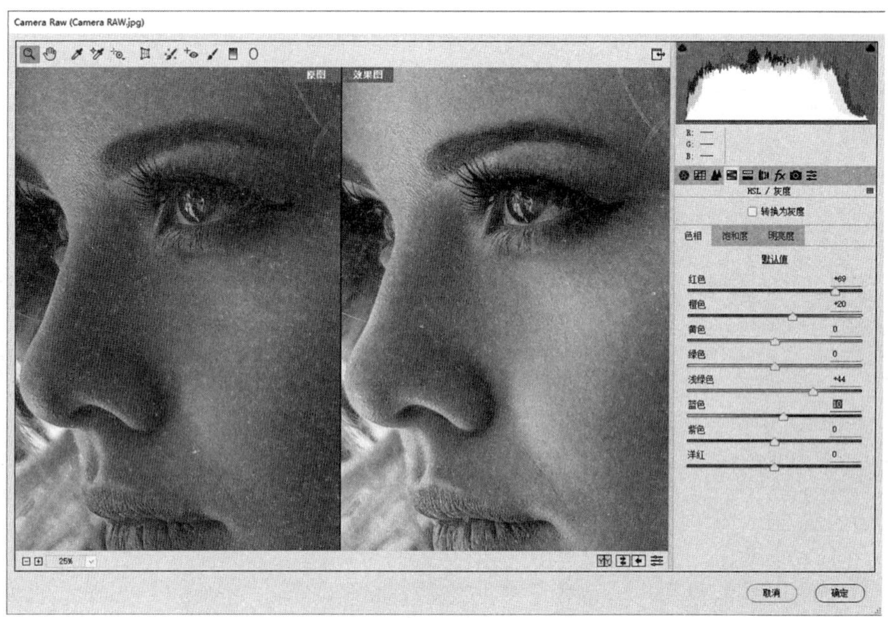

图4.123

步骤13　切换到“饱和度”选项卡，为了减淡图像中因为色调调整而显得过于鲜艳的颜色，适当降低部分颜色的饱和度，如图4.124所示。

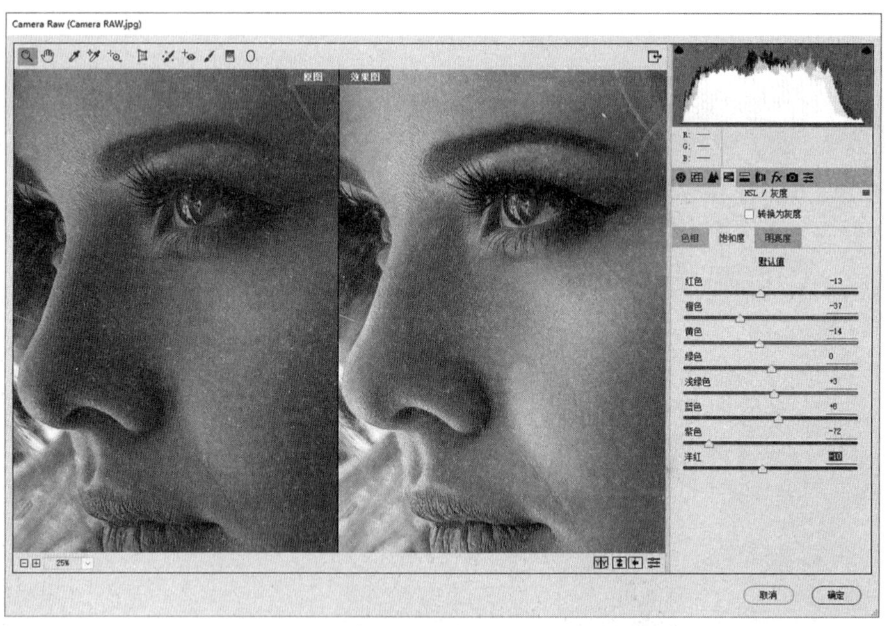

图4.124

步骤14　切换到“明亮度”选项卡，为了提亮人物肤色，使其更加通透，主要提高“红色”“橙色”“黄色”数值，如图4.125所示。

步骤15　单击“HSL/灰度”按钮右侧的“相机校准”按钮，适当调整原图像三原色的饱和度。适当降低原图像中红色和绿色的饱和度，使人物面部的皮肤更加白皙；适当提高蓝色的饱和度，使人物面部的白皙皮肤中透出些许血色，如图4.126所示。调整前后的对比效果如图4.127所示。

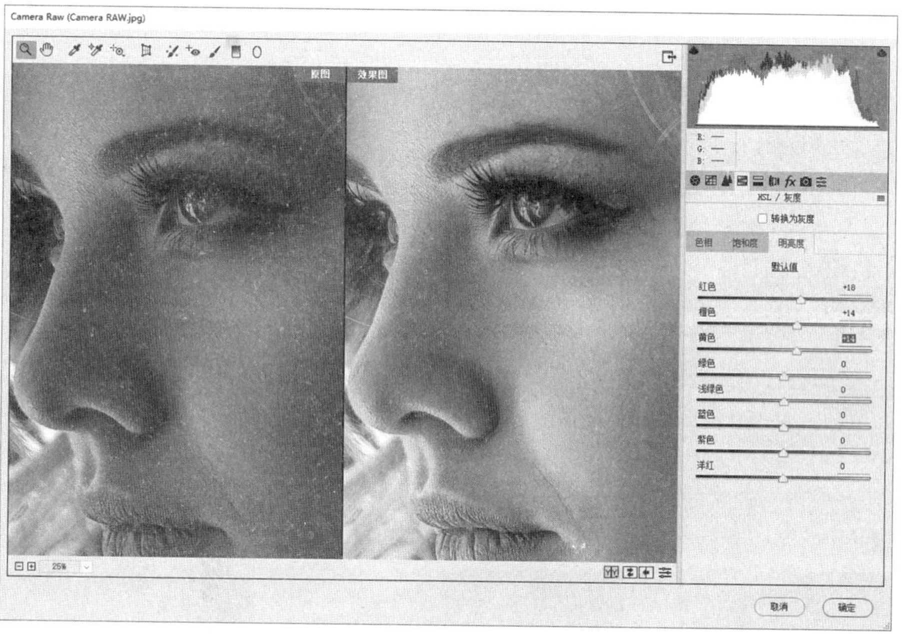

图4.125

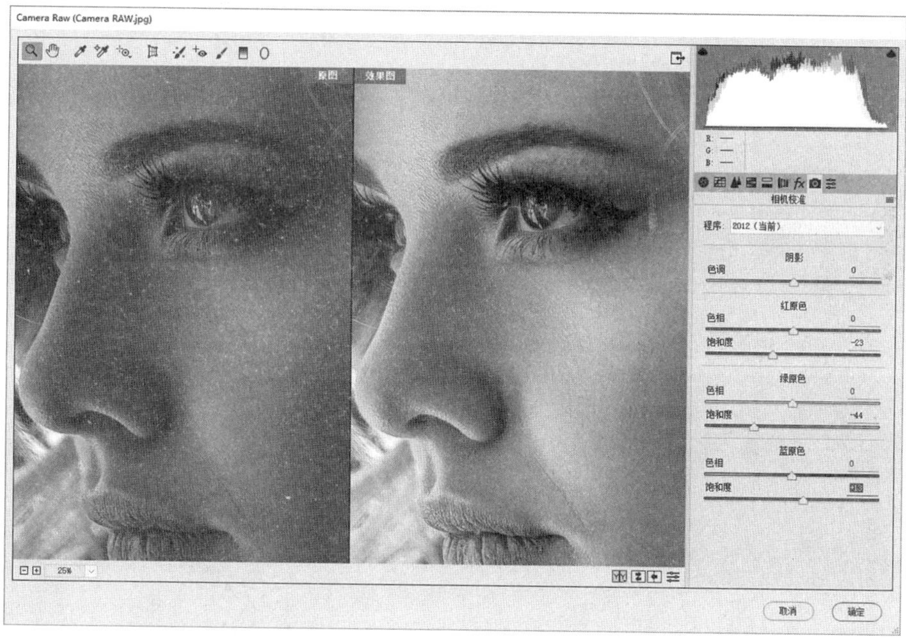

图4.126

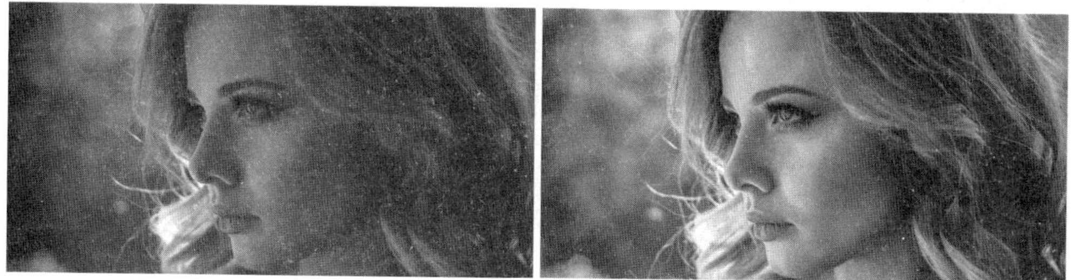

图4.127

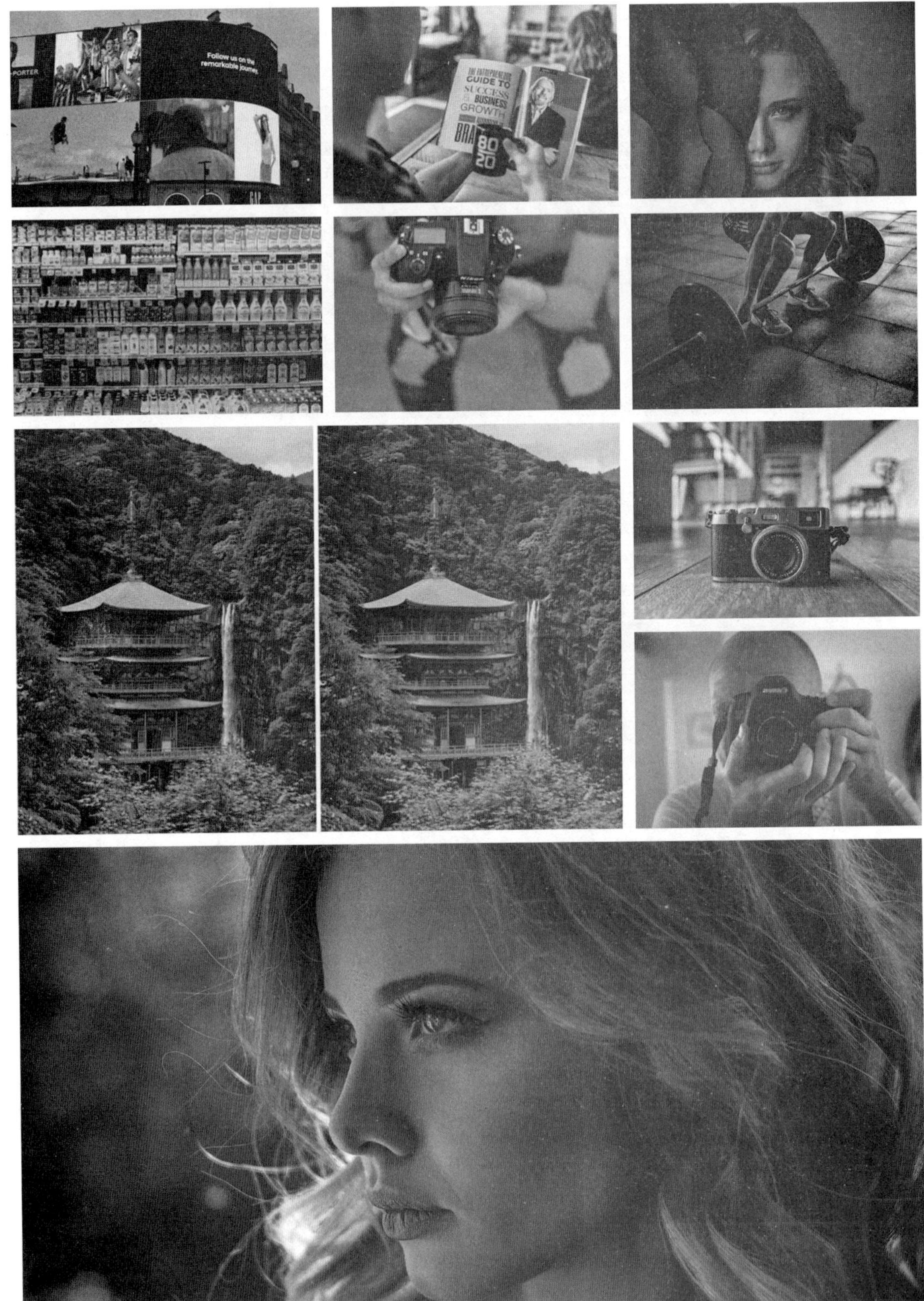
PORTER
Follow us on the
remarkable journey.
GUIDE TO
SUCCESS
BUSINESS
GROWTH
80
20

项目 5

通道、蒙版与滤镜

- 通道的类型
- 通道抠图
- 蒙版
- 常用滤镜

5.1 通道的类型

学习目标

- 学习通道的不同类型及其用途。
- 学会理论分析颜色在Photoshop中的构成。

技能要点

- 掌握通道类型及其用途。
- 掌握如何理论分析颜色在Photoshop中的构成。

在Photoshop中，通道是十分重要的概念，一般分为以下三类形式：原色通道（用于保存颜色信息）、Alpha通道（用于保存选区）、专色通道（用于专色印刷）。

5.1.1 原色通道

颜色模式不同，原色通道的数量和名称也不同。RGB颜色模式的图像在“通道”面板中有四个通道显示：“RGB”是混合通道，显示的是彩色信息；“R”“G”“B”三个单色通道保存的是颜色信息，如图5.1所示。

CMYK颜色模式的图像在“通道”面板中有五个通道显示：“CMYK”是混合通道，显示的是彩色信息；“C”“M”“Y”“K”是四个单色通道，保存的是颜色信息，如图5.2所示。

原色通道默认以黑、白、灰显示分色通道，此时的黑、白、灰表示的是颜色的分布。因为RGB 颜色模式是加色模式，CMYK 颜色模式是减色模式，导致两种颜色模式下黑、白、灰的概念是不同的。

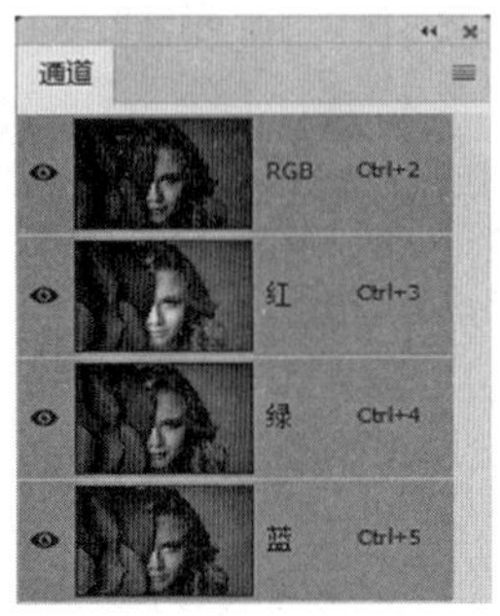

图5.1

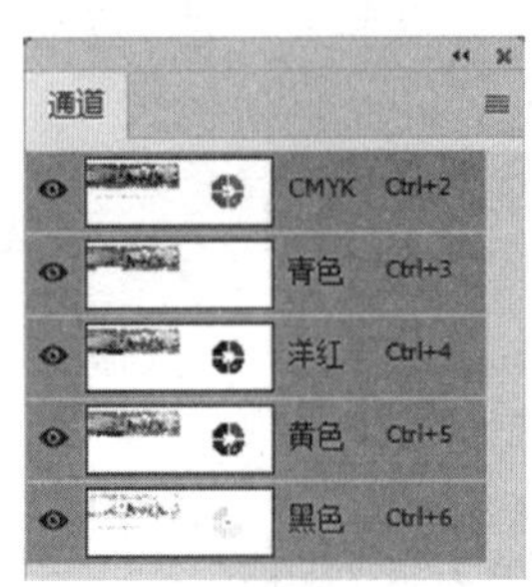

图5.2

RGB颜色模式下，“通道”面板中的单色通道越亮，表示该单色通道显示的颜色含量越多。如图5.3所示，图中只有一个纯红色（R＝255，G＝B＝0）的矩形，而背景色是R＝G＝B＝0的黑色，在“通道”面板中可以看到，图中红色矩形的相应位置只有“红”通道中显示一个白色矩形，其余两个通道都是黑色。这是因为R（红）、G（绿）、B（蓝）是光的三原色，而黑色表示没有光，所谓红色，就好像是在黑夜中点亮红色的灯光，因此，只有“红”通道有白色显示，其余两个通道没有颜色。

在图5.4中可以看到，黑色背景上有不同明暗度的红色，从上至下越来越暗（图中有相应颜色的参数，供参考），在“通道”面板中观察“红”通道，相对应的颜色条也越来越暗，因此得出结论：颜色值越高，该颜色在“通道”面板中越亮。

图5.5所示为RGB颜色模式的位图。图中的向日葵是黄色的，天空是蓝色的，黄色系是由红色和绿色两种原色构成的。在该图的“通道”面板中，“红”“绿”两个通道中向日葵位置的颜色较亮，“蓝”通道中的颜色较暗；“绿”“蓝”两个通道中天空位置的颜色较亮，“红”通道中的颜色较暗。这表示在Photoshop中颜色是存储在原色通道中的，而通道中的黑、白、灰色表示的是颜色的含量，其混合方式与颜色模式中的颜色组合方式相同。

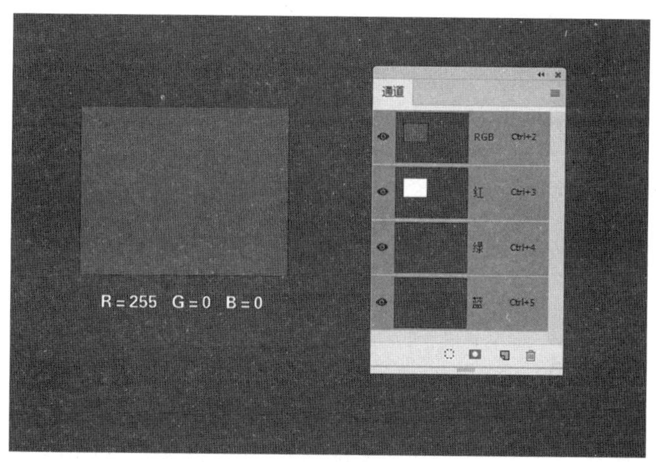

图5.3

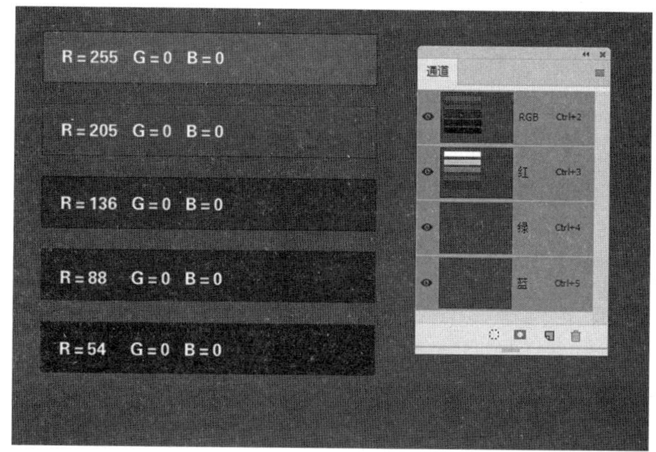

图5.4

图5.5

CMYK颜色模式是印刷用的标准颜色模式。在此颜色模式下，通道内颜色越亮，颜色含量就越少；通道内颜色越暗，颜色含量就越多。图5.6中标注了单色青色的颜色值，与“通道”面板中“青色”通道内的黑、白、灰色相比较，可以得出结论：在CMYK颜色模式的原色通道内颜色越亮，颜色的含量越少；在原色通道内的颜色越暗，颜色含量越多。

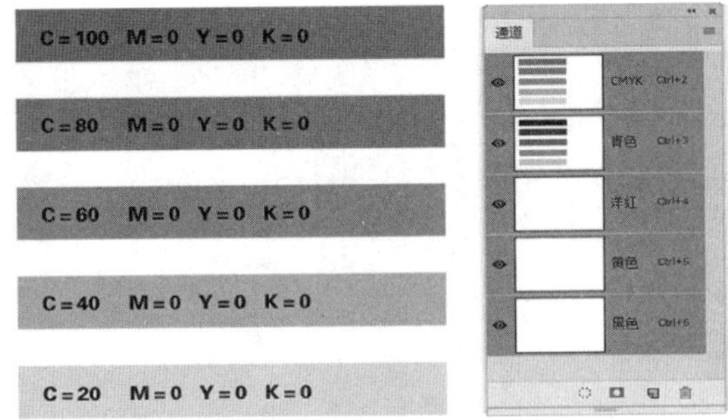

图5.6

图5.7所示为CMYK颜色模式的位图。图中是设计完成的手提袋展开图的一部分，其中，黑色的书法字只有在单色“黑色”通道中偏黑色，蓝色的位图在“青色”和“洋红”两个通道中偏黑色。因此，在CMYK颜色模式下的设计作品中，单色通道中颜色越黑，表示颜色越多；单色通道中颜色越白，表示颜色越少。

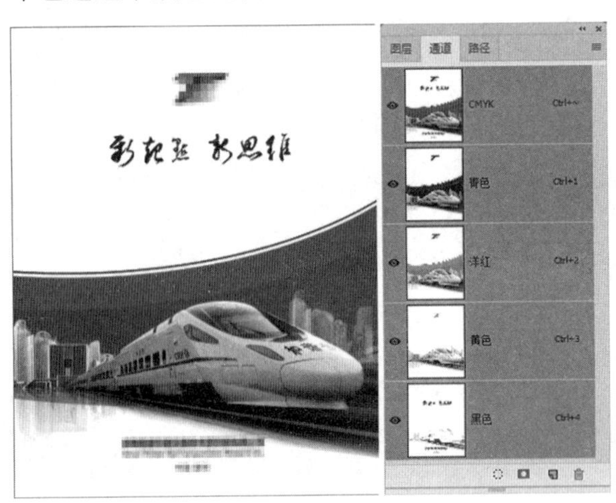

图5.7

RGB通道及CMYK通道的黑、白、灰颜色的直观表现如表5.1所示。

表5.1 原色通道黑、白、灰颜色的直观表现

原色通道	颜色的直观表现		
	黑 色	灰 色	白 色
R、G、B	表示颜色含量少	近黑颜色含量少，近白颜色含量多	表示颜色含量多
C、M、Y、K	表示颜色含量多	近黑颜色含量多，近白颜色含量少	表示颜色含量少

5.1.2 Alpha通道

在Photoshop中，Alpha通道可以用来保存选区。在文件中绘制一个椭圆形选区，选择“选择”→“存储选区”命令，弹出“存储选区”对话框，如图5.8所示。注意在“操作”选项区中选择的是“新建通道”单选按钮，此时“通道”面板中除了原色通道还多了一个通道，也是以黑、白、灰颜色显示，这个新通道就是Alpha通道，如图5.9所示。

Alpha通道保存的是选区信息，按住Ctrl键单击Alpha通道缩览图，可以载入选区。如图5.10所示，在Alpha通道中分布的颜色条从上至下依次变暗，载入选区后，回到“图层”面板，按Ctrl+J组合键，通过复制、粘贴操作，得到新图层，隐藏 “背景”图层，观察新图层中的图像，从上至下依次变透明，结合Alpha通道中的颜色条，得出结论：Alpha通道用于保存选区，黑色为非选区，白色为选区，灰色为半透明选区。

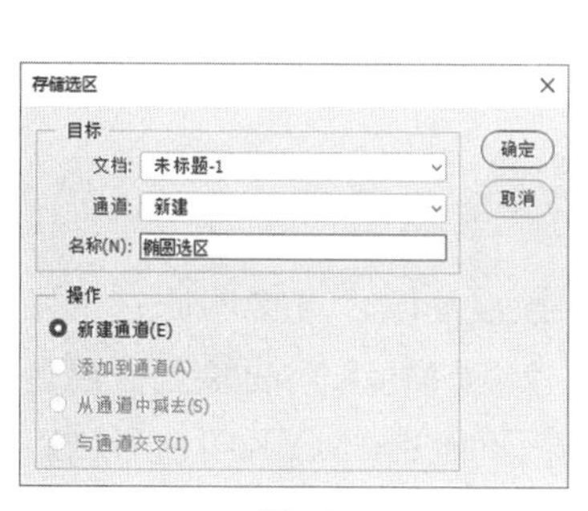

图5.8

图5.9

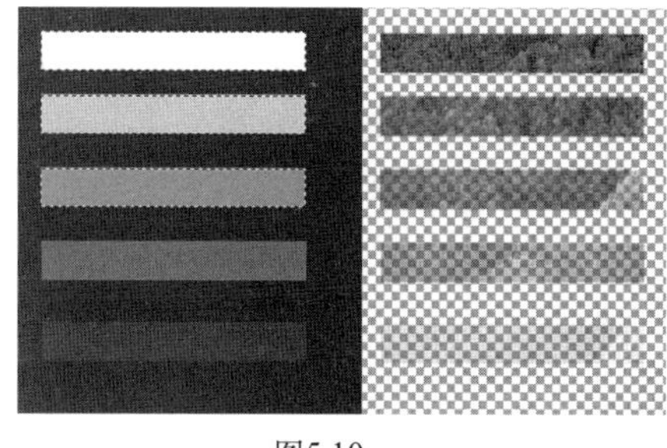

图5.10

创建Alpha通道的方法如下：

（1）在“通道”面板中单击“新建”按钮，可以创建一个黑色的Alpha通道，如图5.11所示。

（2）选择“选择”→“存储选区”命令，创建Alpha通道。

（3）在“通道”面板中拖动原色通道到“新建”按钮上，可以复制得到Alpha通

道，如图5.12、图5.13所示。

（4）当存在选区时，单击“通道”面板中的 按钮，可以创建选区内部显示为白色的Alpha通道，此时选区内部会以白色显示在Alpha通道中，选区外部则显示为黑色，如图5.14所示。

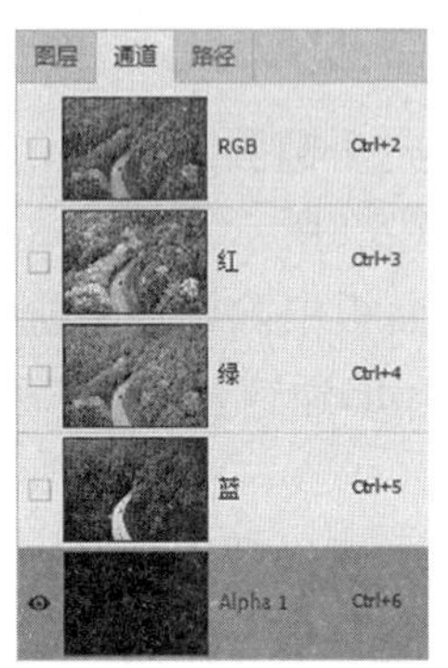

图5.11

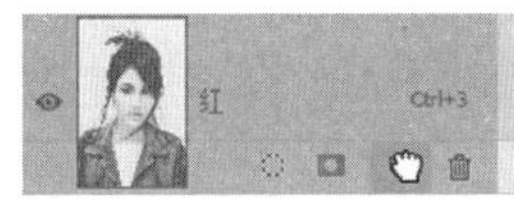

图5.12

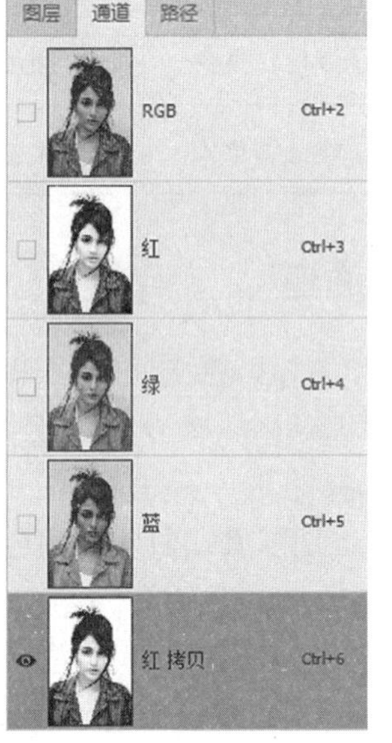

图5.13

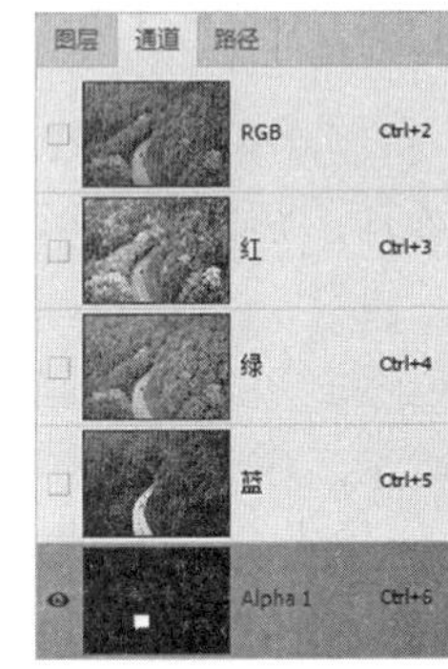

图5.14

Alpha通道中黑、白、灰色的直观表现，如表5.2所示。

表5.2 Alpha通道中黑、白、灰色的直观表现

通道类型	颜色的直观表现		
	黑　色	灰　色	白　色
Alpha通道	载入选区后为非选区	近黑色载入选区后，选区的透明度高； 近白色载入选区后，选区的透明度低	载入后为选区

5.1.3 专色通道

在此首先要了解“专色”的概念。专色是印刷时的一种预混油墨，直接印刷在纸张上，不需要分色，这样可以避免产生颜色的重影。当通过四色（CMYK）油墨无法混合出某种颜色时也采用专色印刷，例如常见的金、银两种颜色，不能用CMYK四色印刷，需要用专色，在Photoshop中用专色通道来表现。

如图5.15所示，文字是绿色的，在印刷时用CMYK表现，青色通道有颜色，黄色通道也要有颜色，这样才能够混合出绿色。如图5.16所示，在印刷时如果颜色存在偏差，会产生重影现象。如图5.17所示，此时如果用专色通道来表现，只需要一个通道，颜色以预混油墨直接印刷，就不会产生重影现象，同时在印刷时节约了印工费用，相对节约了成本。

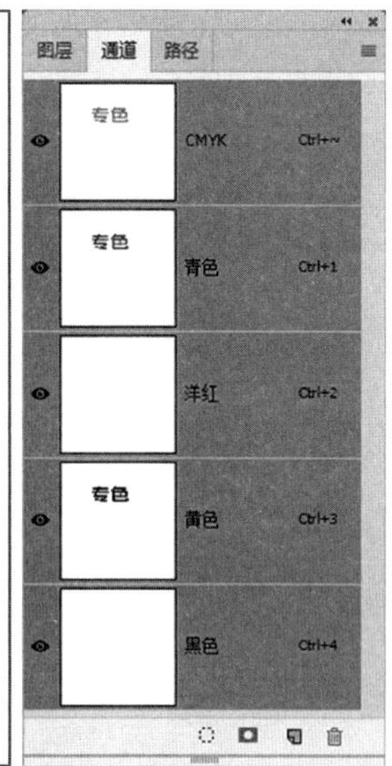

图5.15

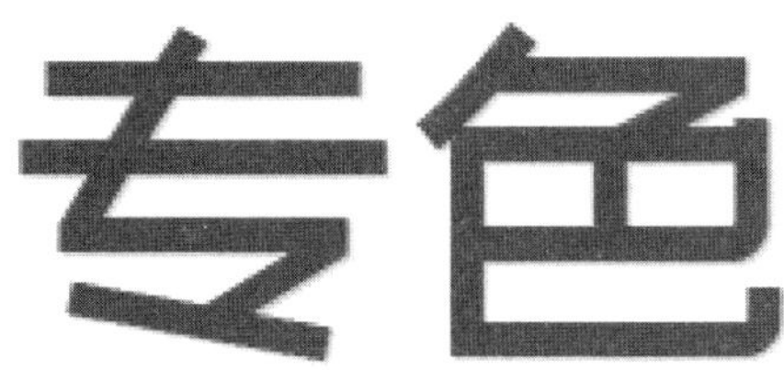

图5.16

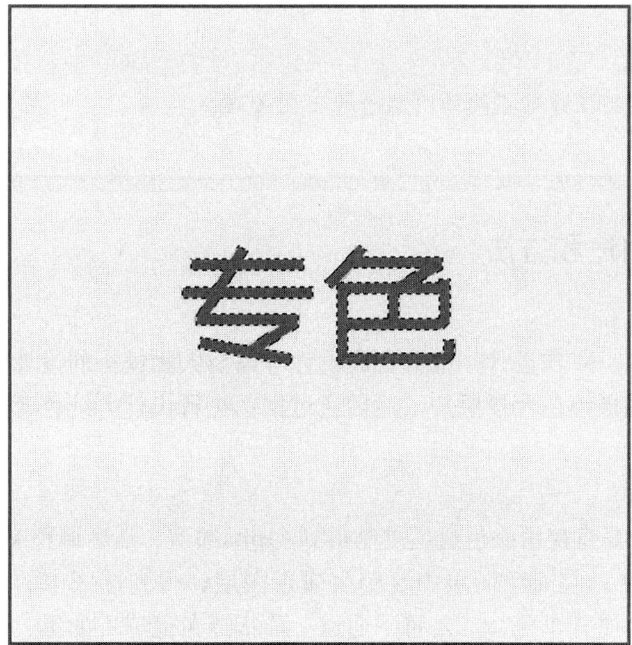

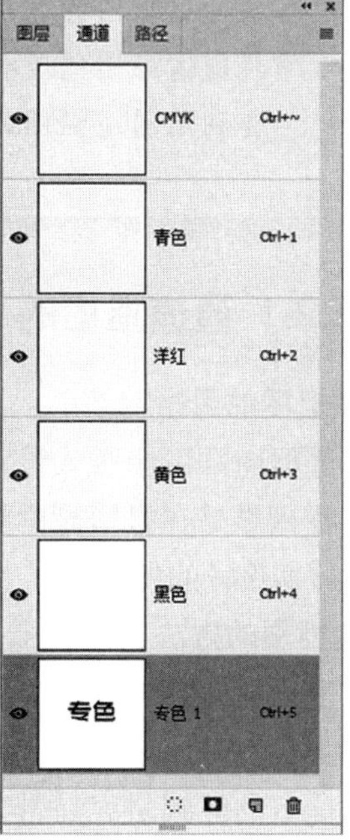

图5.17

专色通道的特点如表5.3所示。

表5.3 专色通道的特点

通道类型	特　　点
专色通道	预混油墨代替分色印刷，节约成本
	专色金、银印刷，做标注
	取代分色印刷，不产生重影

5.2 通道抠图

学习目标

- 学习通道抠图的不同方法。
- 体会不同抠图方法的效果，找到最好的效果。
- 熟练掌握通道抠图的流程。

技能要点

- 掌握通道抠图的方法。
- 掌握通道抠图的流程。
- 学会利用通道抠图的流程针对不同的图像进行抠图处理。

5.2.1 通道抠图的用途和方法

1. 通道抠图的用途

通道抠图常用于版式设计、广告设计、电脑合成设计等需要人物模特的设计作品。一般模特摄影是在摄影棚中拍摄纯色背景照片，然后通过抠图进行设计。纯色背景纯粹是为了后期设计的便利。

2. 通道抠图的方法

通道抠图有两种方法：一是直接用颜色通道复制得到Alpha通道，然后调整Alpha通道处理黑白关系，再载入选区，在对象图层中复制生成新图层，得到选区中的图像内容，这样做的弊端是容易带有原背景色；二是将“通道”面板原色通道中的黑、白、灰色复制、粘贴到“图层”面板中，然后通过混合模式得到透明对象，再用钢笔工具等抠图工具抠选人物的主体部分，这样做的效果比第一种方法好，但是过程会麻烦一些。

5.2.2 通道抠图的流程

一般在抠图时选取反差较大的对象比较方便。例如，将一把绿豆撒在桌子上，拾取时要比将同样的绿豆撒在同样面积的草坪上简单许多。这就不难理解为什么常常会有纯色背景的摄影作品，其目的是让设计师进行后期处理。

1. 利用颜色通道复制得到 Alpha 通道

步骤01 打开一幅素材图像，切换到“通道”面板，观察“红”（R）、“绿”（G）、“蓝”（B）原色通道中哪一个通道中的人物头发与背景色的差距最大。

提示 如图5.18所示，可以明显看出，“红”通道中人物头发与背景色的差距最大。再观察RGB混合通道，人物头发的颜色很深，接近于黑色，而背景色偏粉色系。通过分析RGB颜色的构成，可知背景色中的红色成分要大于其他两种颜色成分。又因为RGB颜色是光学三原色，颜色值越高，通道中的颜色越亮，在对应的“红”通道中背景色是最亮的，而头发颜色是最暗的，因此，选择“红”通道，推论如表5.4所示。

表5.4 通道抠图的推论

位 置	颜 色	RGB颜色的构成	RGB各通道的亮度	推 论
背景	浅粉色	R>G>B	R>G，R>B	选择“红”（R）通道进行抠图，比较符合通道抠图原则
人物头发	偏黑色	R≈G≈B	RGB各通道的亮度几乎一致	

步骤02 选择“红”通道并将其拖动到“通道”面板下方的“新建”按钮 上，如图5.19所示，复制“红”通道，得到“红 拷贝”Alpha通道，如图5.20所示。

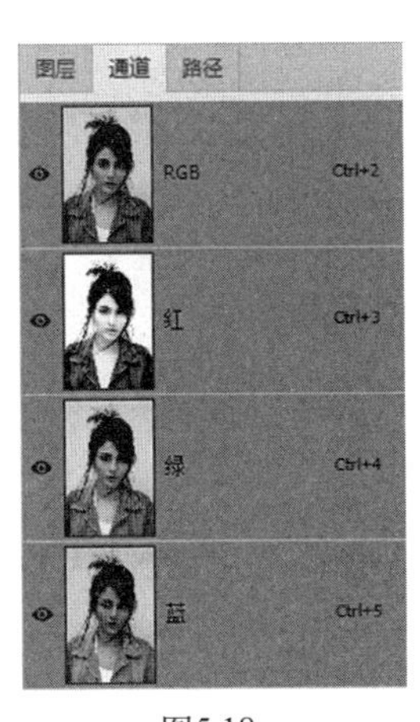

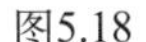

图5.18

图5.19

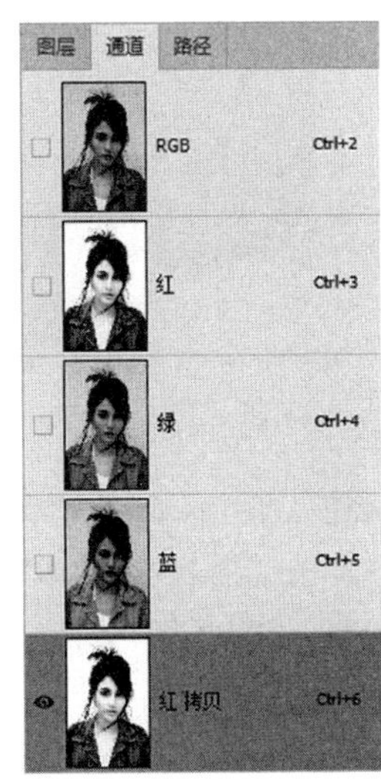

图5.20

提示 已知Alpha通道保存的是选区，其中，白色部分为选区，灰色部分为半透明选区，黑色部分为非选区。为方便后面操作，在此需要反相“红 拷贝”通道。

步骤03　按Ctrl+I组合键，“红 拷贝”通道中的人物头发变为白色，而背景变为深色，如图5.21所示。

提示　放大显示图像，然后在背景处使用选区工具框选任意深色区域。设置前景色为黑色（R=G=B=0），按Alt+Delete组合键，在选区中填充前景色，按Ctrl+D组合键，取消选区。观察填充的颜色与背景色是否不同，如图5.22所示，可以看到一个黑色方块，也就是背景色不完全是纯黑色，但颜色差别不大，此时需要将背景色处理为纯黑色。

图5.21

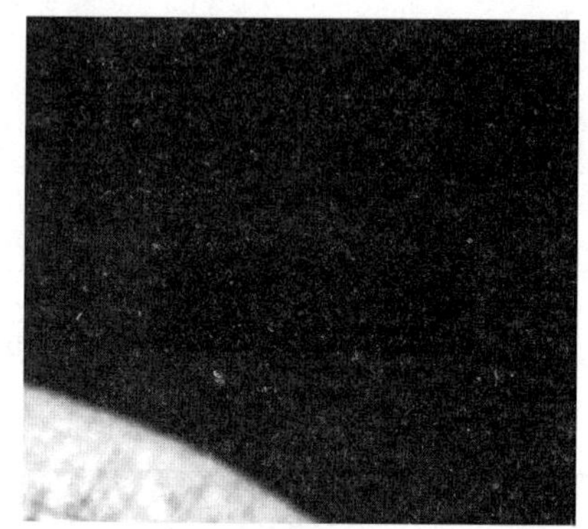

图5.22

步骤04　按Ctrl+L组合键执行“色阶”命令，弹出“色阶”对话框，将黑色滑块向右拖动，直到图5.22中的背景色变为纯黑色，如图5.23所示。

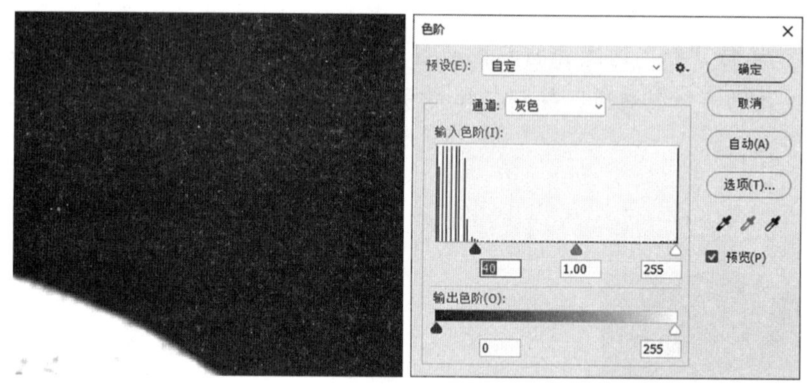

图5.23

步骤05　按住Ctrl键单击“红 拷贝”通道（如图5.24所示），载入人物头发的选区，如图5.25所示，选择“RGB”混合通道。

步骤06　切换到“图层”面板，按Ctrl+J组合键，复制选区内部的人物头发，得到新图层，将其命名为“头发”，隐藏“背景”图层，效果如图5.26所示，可以看到，此时人物是半透明的。

步骤07　显示并选择“背景”图层，按Ctrl+J组合键，复制得到新图层，将其命名为“人物主体”，并将该图层放在“图层”面板的最上方。

步骤08　单击“图层”面板中的◐按钮，添加纯色图层，设置颜色为蓝色，将该纯色图层放在“头发”图层的下方，如图5.27所示。

图5.24

图5.25

图5.26

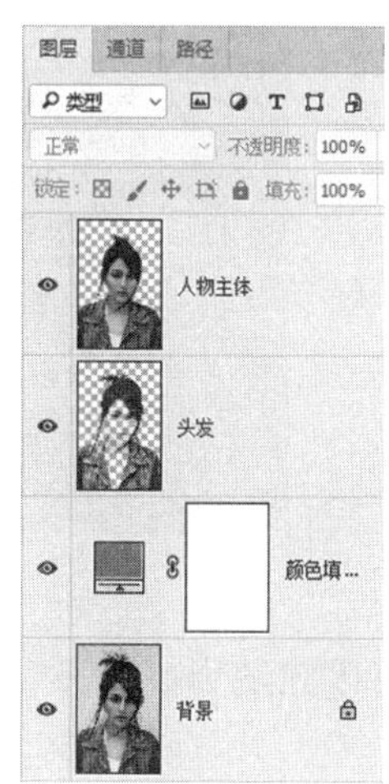

图5.27

步骤09　选择“人物主体”图层，使用橡皮擦工具在不需要的背景处进行擦除，人物衣服部分可以使用钢笔工具绘制选区，然后再进行删除，效果如图5.28所示。

步骤10　放大显示图5.28中的人物头发，观察细节发现，人物头发的边缘处仍然保留着部分原背景色，如图5.29所示。

提示　人物头发的边缘处还保留着原背景色，是因为在Alpha通道中头发边缘的颜色是灰色的，表示半透明（Alpha通道保存选区），此时从人物图层中复制出来，会使头发边缘或多或少带有部分背景的颜色。

图5.28

图5.29

步骤11　选择“头发”图层，将图层混合模式更改为“正片叠底”，如图5.30所示。此时人物头发边缘处的浅色被过滤，只保留了深色，如图5.31所示，整体效果如图5.32所示。

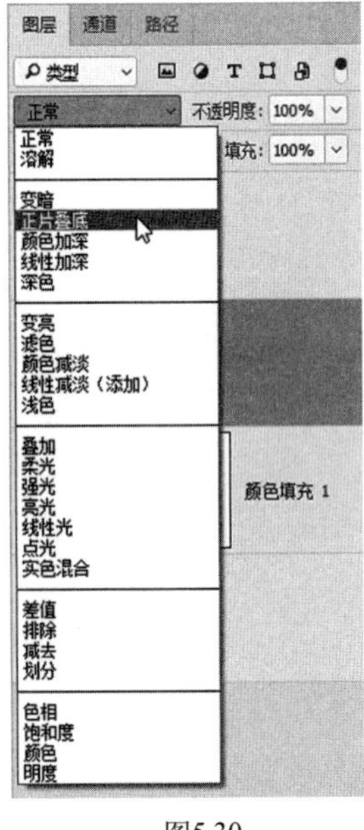

图5.30

图5.31

图5.32

通道抠图的流程可以归纳为：选择→复制→处理→载入→提取→处理，详解如表5.5所示。

表5.5　通道抠图的流程

流程	含　义
选择	在“通道”面板中选择待抠图对象与背景差别较大的通道
复制	选择该通道，将其拖动到“通道”面板中的“新建”按钮上，复制该通道
处理	进一步处理人物头发和背景的不同之处，可以使用调整命令或者减淡工具、加深工具
载入	按住Ctrl键载入选区，选择RGB混合通道
提取	返回“图层”面板，按Ctrl＋J组合键，复制得到新图层
处理	复制人物主体部分，将人物主体部分的副本放在“图层”面板的最上方，使用橡皮擦工具，配合钢笔工具创建选区，去除原背景部分

使用上例中的操作可以将人物头发抠选出来，但效果不一定好，而且仅限于黑色头发，因为可以使用“正片叠底”混合模式。如果人物头发是浅色的，如图5.33所示，使用“正片叠底”混合模式就会产生黑色的头发，如图5.34所示，不能够准确表现出原人物头发的黄色。

图5.33

图5.34

2. 利用通道复制、粘贴到图层

步骤01 打开一幅素材图像，切换到“通道”面板，对比“红”“绿”“蓝”原色通道，从中找到人物头发与背景差别最大的通道，在此选择的是“蓝”通道，如图5.35所示。

步骤02 按Ctrl+A组合键，全选当前通道，按Ctrl+C组合键，复制当前选区中的内容，如图5.36所示。

步骤03 选择“RGB”混合通道，切换到“图层”面板，单击“新建”按钮，新建一个空白图层，将其命名为“头发”，如图5.37所示。

步骤04 按Ctrl+V组合键，将刚才复制的“蓝”通道选区中的内容粘贴到当前图层中，如图5.38所示。

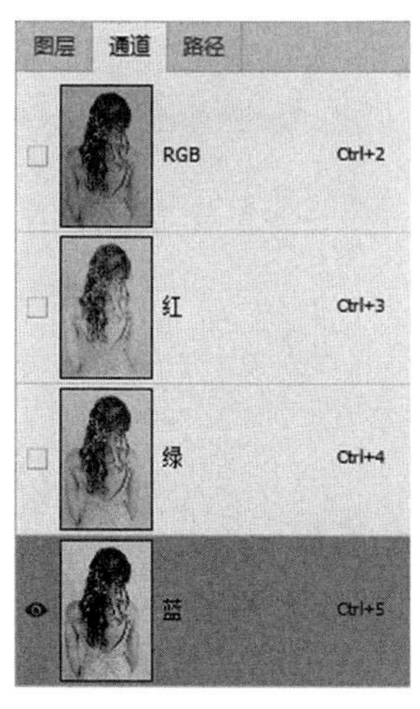

图5.35

图5.36

图5.37

提示

可以看出背景不是纯白色的，按Ctrl+“+”组合键放大视图，观察人物左侧的细碎头发。

步骤05 按Ctrl+L组合键执行“色阶”命令，弹出“色阶”对话框，将白色滑块向左拖动，使细碎头发附近的背景色尽可能接近纯白色，且头发的损失最少，如图5.39所示。

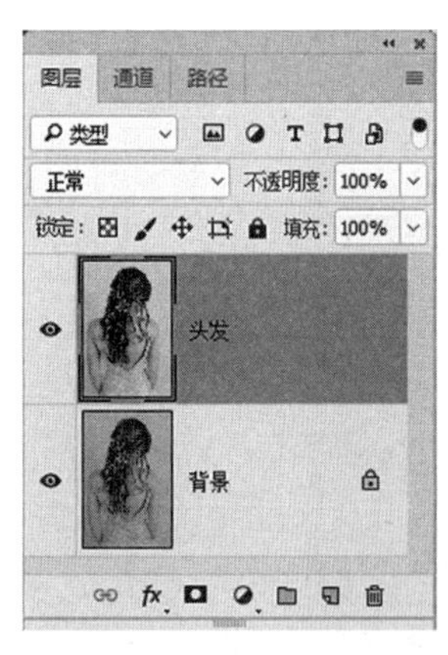

图5.38

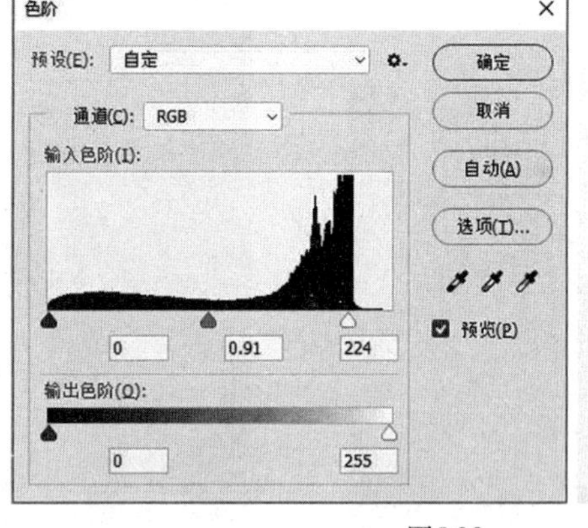

图5.39

提示　此时人物头发附近的背景色比调整前更接近纯白色，但是其他位置的颜色还不是纯白色，如图5.40中黑色方框内所示。在此需要使用减淡工具进行涂抹，使背景色成为纯白色。

步骤06　在减淡工具的属性栏中设置“范围”为“高光”（最强烈，变化最明显），“曝光度”为100%，如图5.41所示，在人物身体除头发以外的其他位置进行涂抹。

图5.40

图5.41

步骤07　将人物手臂、衣服与背景相接的区域擦除，这样在使用“正片叠底”图层混合模式时手臂和衣服的边缘不会露出黑边，如图5.42所示。

步骤08　选择“背景”图层，单击“图层”面板中的按钮，添加纯色图层，在弹出的“拾色器”对话框中选择粉色作为背景色，如图5.43所示，添加的纯色图层如图5.44所示。

步骤09　再次选择“头发”图层，按Ctrl+A组合键全选图层中的内容，按Ctrl+C组合键，复制“头发”图层中选取的内容，如图5.45所示。

步骤10　再次单击“图层”面板中的按钮，添加纯色图层，在弹出的“拾色器”对话框中设置橙色作为头发颜色，将纯色图层命名为“头发颜色”，如图5.46所示。

步骤11　按住Alt键单击“头发颜色”图层缩览图右侧的图层蒙版，画布中显示出图层蒙版中的内容，在此为白色，如图5.47所示。

图5.42

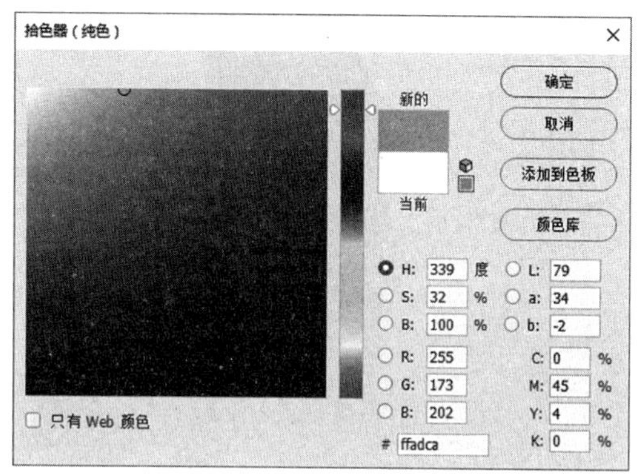

图5.43

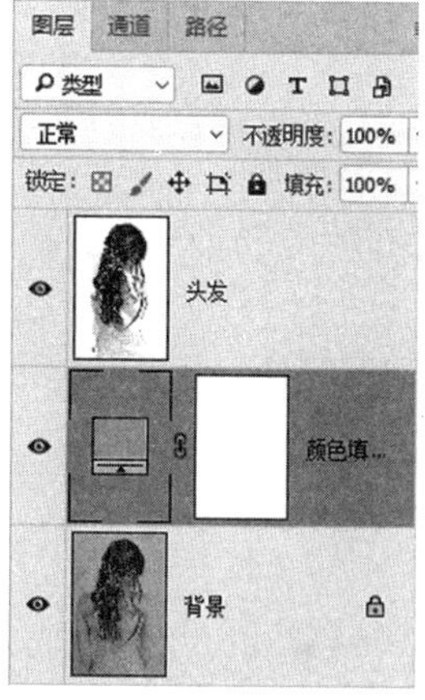

图5.44

图5.45

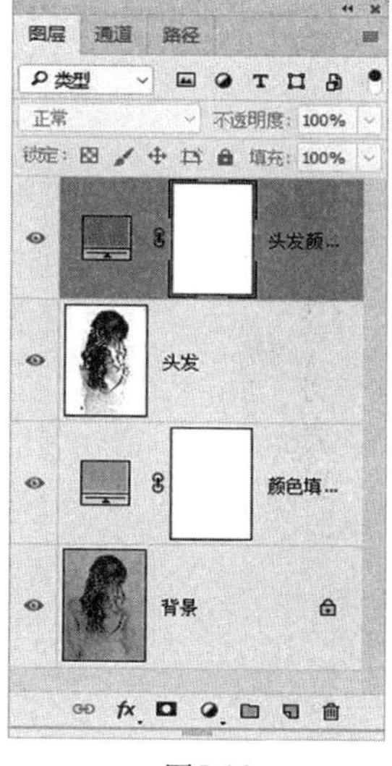

图5.46

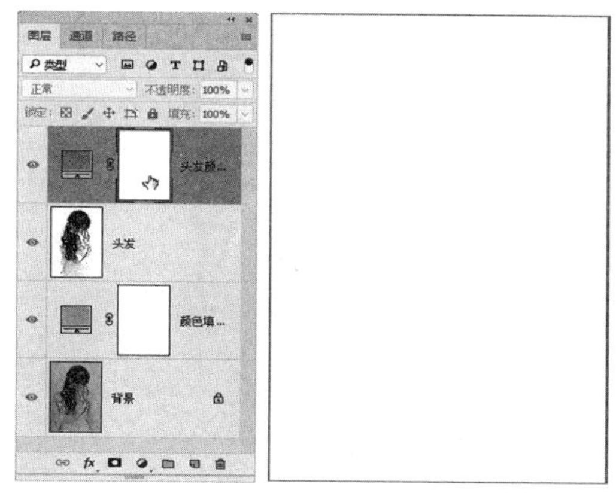

图5.47

步骤12　按Ctrl＋V组合键，将复制的“头发”图层中的内容粘贴到“头发颜色”图层的图层蒙版中，如图5.48所示。

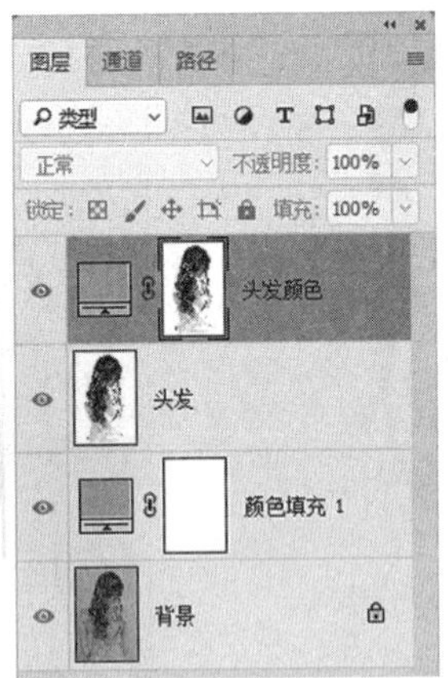

图5.48

步骤13　按Ctrl+I组合键，反相图层蒙版内的图像，可以看到图层蒙版中的人物头发变为白色，而背景变为黑色（图层蒙版的讲解详见后面内容），如图5.49所示。

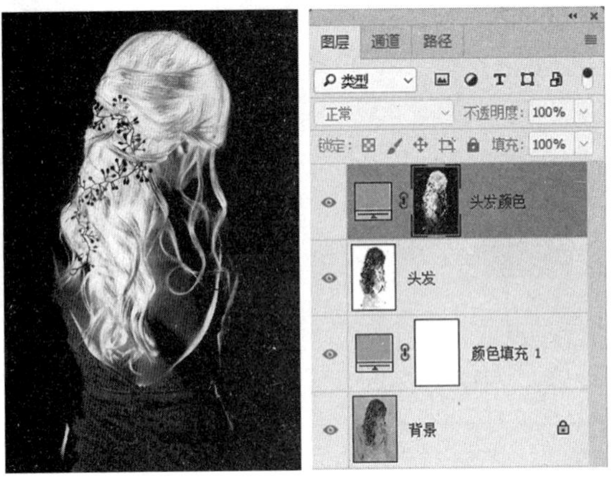

图5.49

步骤14　单击“头发颜色”图层的缩览图，如图5.50所示，可以看到人物头发显示为黄色。

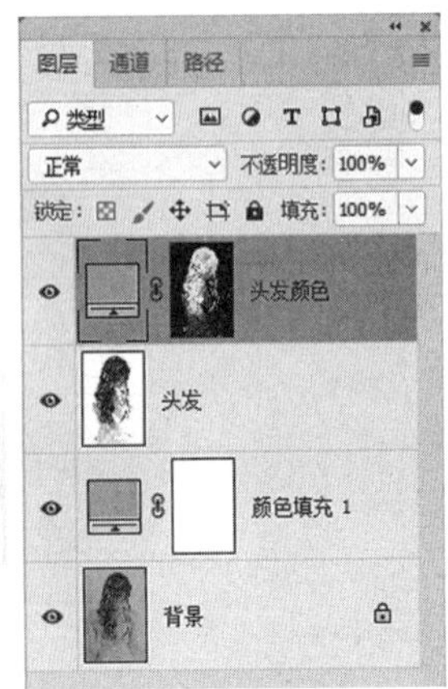

图5.50

步骤15　选择“头发”图层，设置图层混合模式为“正片叠底”，可以看到背景中的粉色，如图5.51所示。

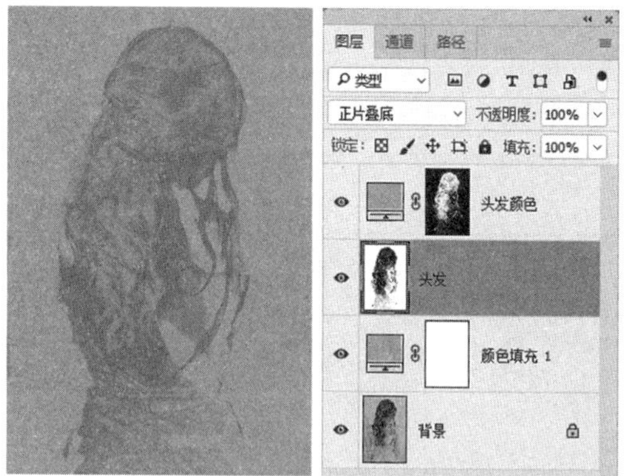

图5.51

步骤16　选择“头发颜色”图层，设置图层混合模式为“柔光”，此时人物头发颜色的显示更为自然（原理同前面项目中为黑白照片上色时设置的“柔光”混合模式），如图5.52所示。

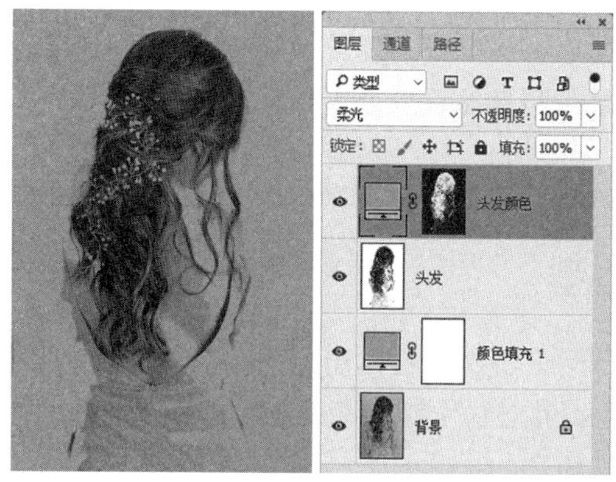

图5.52

步骤17　人物主体还没有显示，选择“背景”图层，按Ctrl+J组合键，复制“背景”图层，按Ctrl+Shift+]组合键，将复制得到的图层放在“图层”面板的最上方。

步骤18　使用橡皮擦工具将原图中的背景擦除，如图5.53所示。

步骤19　对比图5.34和图5.53，可以看出人物头发颜色的变化很明显。如果对人物头发的颜色不满意，可以双击“头发颜色”图层的图层缩览图，重新设置颜色，整体效果如图5.54所示。

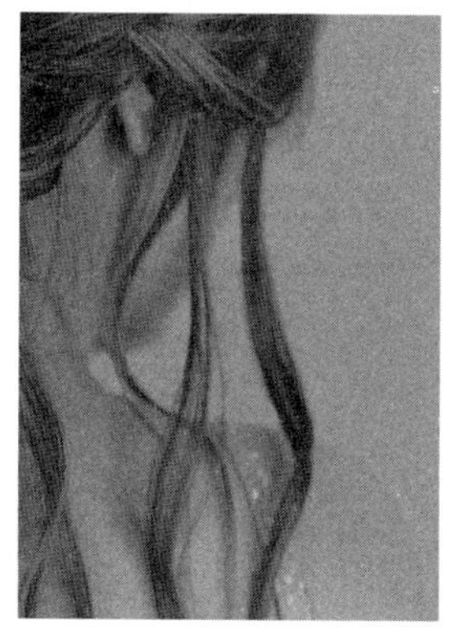

图5.53

图5.54

5.3 蒙版

学习目标

- 学习蒙版的类型，以及不同类型蒙版的用途。
- 着重学习图层蒙版和剪贴蒙版的使用方法。

技能要点

- 掌握蒙版的类型以及相应的用途。
- 熟练使用图层蒙版和剪贴蒙版合成图像。

5.3.1 蒙版的类型

蒙版在一般意义上分为三种类型：图层蒙版、矢量蒙版和剪贴蒙版。

（1）图层蒙版：可以用来制作颜色渐隐和半透明效果，如图5.55所示，使用灵活，是合成图像设计的主要手段。

（2）矢量蒙版：添加矢量蒙版的图层会产生显示、隐藏两种结果，在矢量蒙版中的路径内显示图像，路径外隐藏图像，如图5.56 所示。使用矢量蒙版的情况不是很多，在Photoshop CS6 以前版本中使用形状工具绘制图形时会生成矢量蒙版。

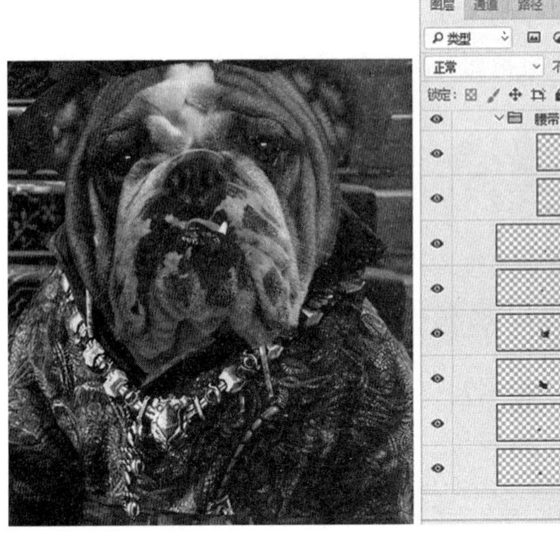

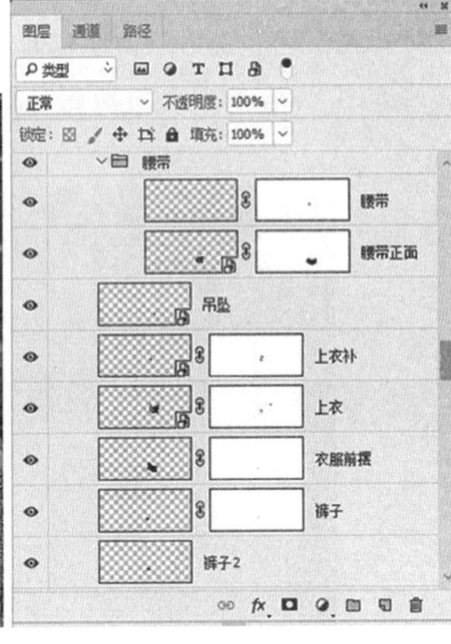

图5.55

图5.56

（3）剪贴蒙版：利用剪贴蒙版将位图贴入形状内部，产生贴图效果。如图5.57所示为利用Photoshop的形状创建的结构；如图5.58所示为利用剪贴蒙版将木纹材质贴入图5.57中创建好的形状内部；再次添加光影效果，最终效果如图5.59所示。

图5.57

图5.58

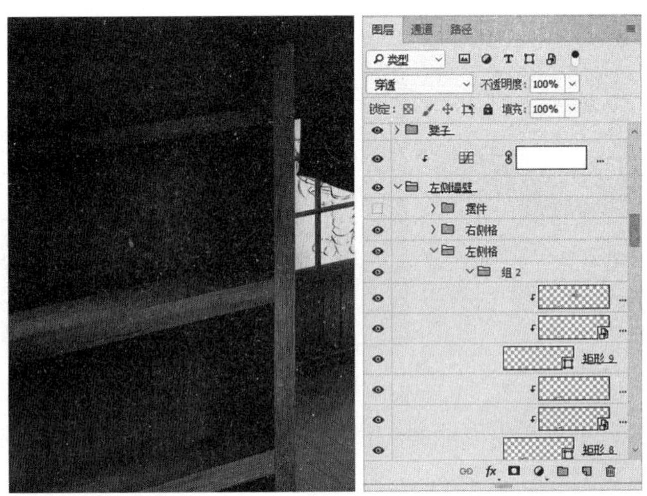

图5.59

5.3.2 添加和释放蒙版

1. 添加图层蒙版

选择除“背景”图层以外的任意图层，然后直接单击“图层”面板中的□按钮，可以添加一个白色的图层蒙版，此时图层中没有任何变化，如图5.60所示。

图5.60

当图层中存在选区时，单击“图层”面板中的□按钮，添加的图层蒙版中选区内部是白色的，选区外部是黑色的，文件中只显示选区内部的内容，如图5.61所示。

图5.61

当图层中存在选区时，按住Alt键单击“图层”面板中的□按钮，添加的图层蒙版中选区内部是黑色的，选区外部是白色的，文件中隐藏选区内部的内容，如图5.62所示。

图5.62

选择除“背景”图层以外的任意图层，按住Alt键单击“图层”面板中的按钮，可以添加一个黑色的图层蒙版，此时图层中不显示内容，如图5.63所示。

图5.63

使用“图层”菜单也可以添加图层蒙版。选择除“背景”图层以外的任意图层，选择“图层”→“图层蒙版”命令，在其子菜单中可以选择不同的蒙版添加方式，如图5.64所示。“显示全部”用来添加一个白色的图层蒙版；“隐藏全部”用来添加一个黑色的图层蒙版；“显示选区”和“隐藏选区”是针对有选区时添加图层蒙版的（选择“显示选区”命令，该图层添加图层蒙版后只能够看见选区内部的图像；选择“隐藏选区”命令，该图层添加图层蒙版后看不到选区内部的图像）。

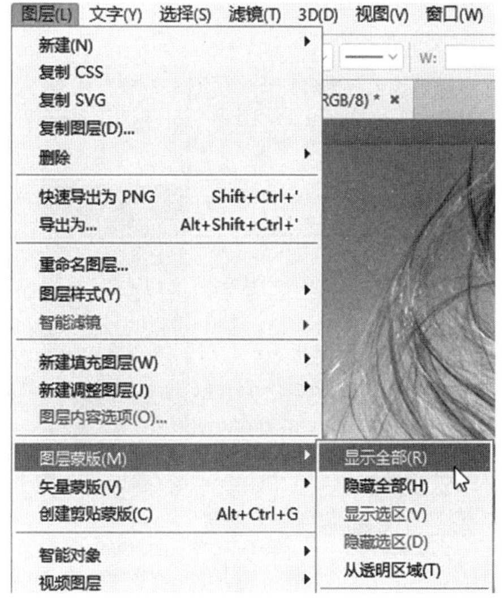

图5.64

2. 添加矢量蒙版

选择除“背景”图层以外的任意图层，然后在“图层”面板中连续两次单击◘按钮，可以直接添加一个空白的矢量蒙版，如图5.65黑色方框内所示（第一次单击添加的蒙版为图层蒙版，第二次单击添加的蒙版为矢量蒙版）。

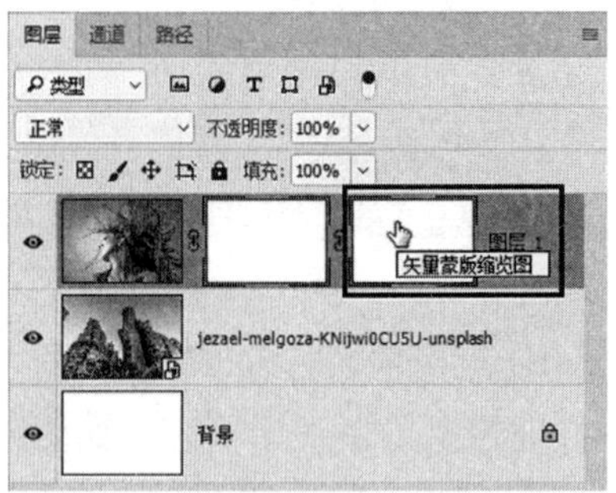

图5.65

当存在路径时，选择除“背景”图层以外的任意图层，在“图层”面板中连续两次单击◘按钮，在当前图层中会添加一个显示路径内部图像的矢量蒙版，如图5.66所示。

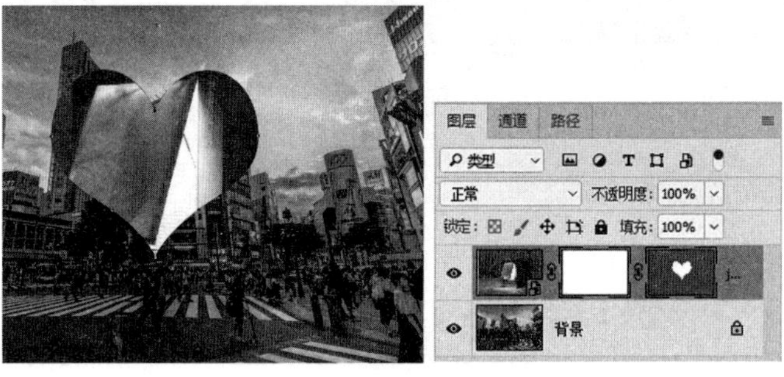

图5.66

使用“图层”菜单也可以添加图层蒙版。选择除“背景”图层以外的任意图层，选择“图层”→“矢量蒙版”命令，在其子菜单中可以选择不同的矢量蒙版添加方式，如图5.67所示。“显示全部”用来添加一个白色的矢量蒙版，图层中显示无变化；“隐藏全部”用来添加一个灰色的矢量蒙版，图层中不显示；“当前路径”用来添加一个可以看见路径内部图像的矢量蒙版。

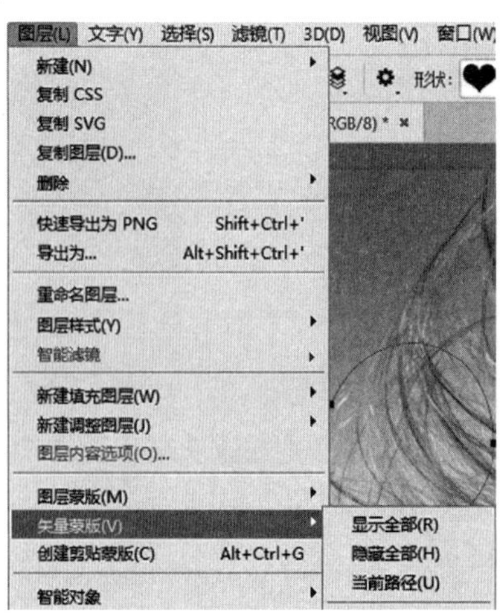

图5.67

3. 添加与释放剪贴蒙版

剪贴蒙版具有顺序性，也就是容器在下方，要在容器内显示的对象在上方，这样才能够使图像在容器的内部显示出来，如图5.68 所示。

调整好容器形状和要在容器内显示的对象的位置，如图5.69 所示；按住 Alt 键，将鼠标指针放在两个图层之间，此时鼠标指针变为![]样式，单击即可使“图层1”只在文字图层剪贴蒙版的内部显示，如图5.70 所示；此时可以使用移动工具![]移动在容器内显示的对象的位置，使用“变换”命令进行更改图像大小等操作。

图5.68

图5.69

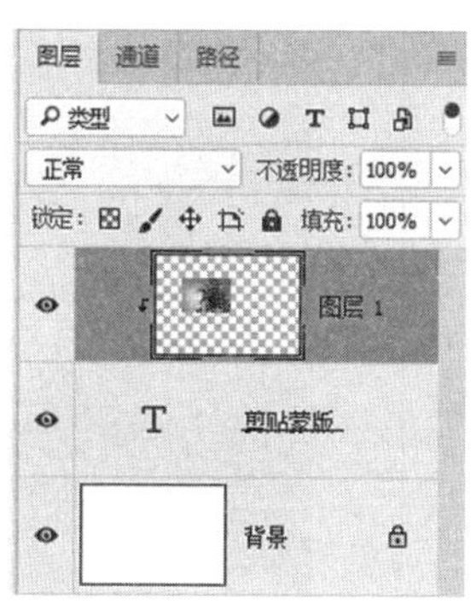

图5.70

此时（图5.70所示状态下）再次按住Alt键，将鼠标指针放在“图层1”和剪贴蒙版两个图层之间，鼠标指针变为![]样式，单击即可释放剪贴蒙版，还原为原始状态（图5.69所示状态）。

提示

也可以使用快捷键添加和释放剪贴蒙版。调整好容器形状和要在容器内显示的对象（如图 5.69所示），选择“图层 1”，按 Ctrl+Alt+G 组合键，“图层 1”直接在文字图层剪贴蒙版的内部显示（如图 5.70 所示）；此时再次按 Ctrl+Alt+G 组合键，将释放剪贴蒙版，还原为原始状态（如图 5.69 所示）。

5.3.3 编辑图层蒙版

在编辑图层蒙版时必须选择该图层蒙版，选中状态的图层蒙版外部显示有断开的黑色方框，如图5.71所示。此时可以填充图层蒙版的内部，例如，使用画笔工具涂抹颜色，使用选区工具绘制选区后填充颜色，使用渐变工具填充渐变，此时图层蒙版的内部只有黑、灰、白色显示，没有任何彩色，如图5.72所示，相应的彩色会转换为不同程度的灰色填充到图层蒙版中。

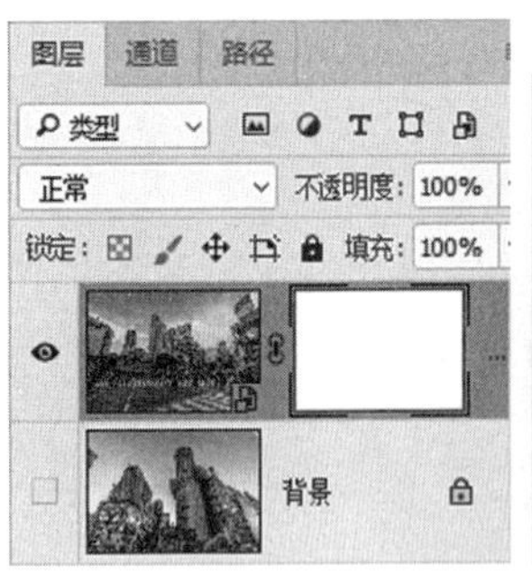

图5.71

图5.72

在图层蒙版中，黑、灰、白色表示的含义如表5.6所示。

表5.6　图层蒙版中黑、白、灰色表示的含义

颜色	含　义	图层中的表现
白色	图层中的相应区域不透明显示	

续表

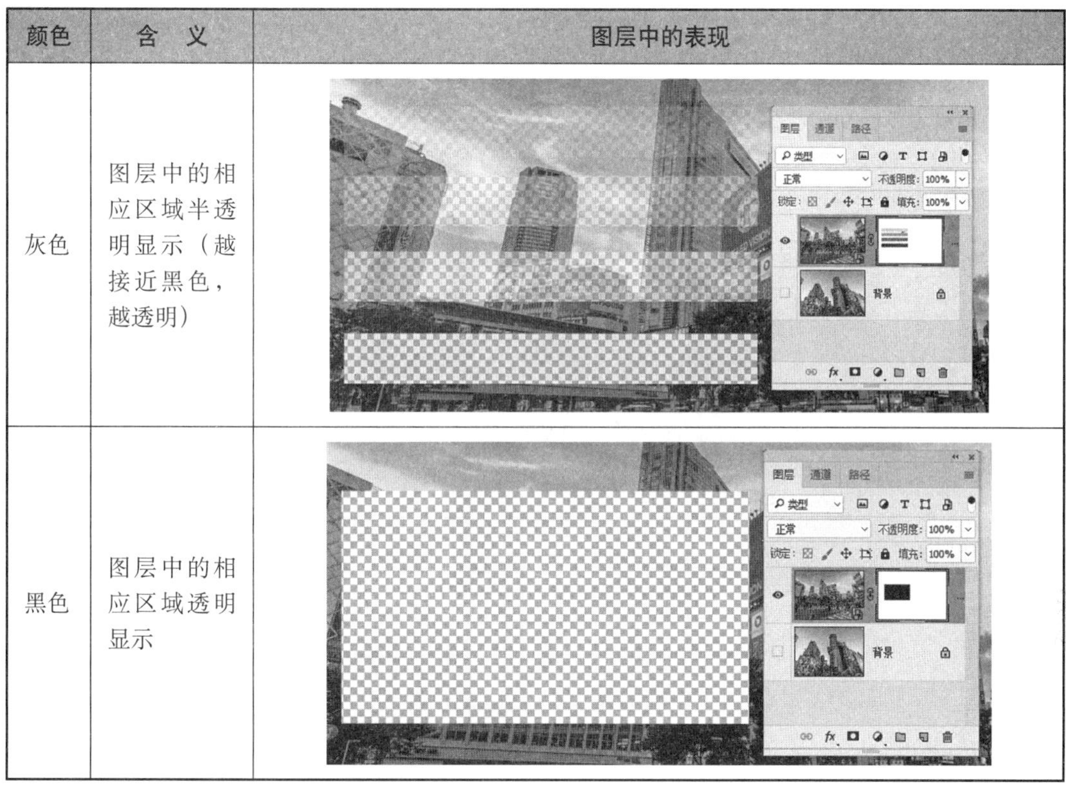

颜色	含 义	图层中的表现
灰色	图层中的相应区域半透明显示（越接近黑色，越透明）	
黑色	图层中的相应区域透明显示	

在编辑图层蒙版时最常使用的工具是画笔工具。默认的前景色和背景色为黑色和白色，按X键可以切换前景色和背景色进行反复涂抹，直到得到满意的效果。

5.3.4 利用蒙版合成简单的效果

利用蒙版和前面讲解的抠图方法，配合钢笔工具、画笔工具和颜色调整命令，制作人物与场景的合成效果。素材图像如图5.73所示。

图5.73

步骤01　打开文件“背景.jpg”，将文件“人物.psd”中的图像直接拖动到文件“背景.jpg”中，如图5.74所示，此时人物图像显示有八个控制点。按住Shift键拖动四角处的控制点，适当调整人物图像的大小及比例，“人物”图层以智能对象形式显示在“背景”图层的上方，如图5.75所示。

步骤02　双击“人物”图层右下角的智能对象缩览图图标（如图5.76所示），“人物”图层会在新文件中打开，如图5.77所示，下面进行抠图。

图5.74

图5.75

图5.76

图5.77

步骤03　在刚才打开的人物图像文件中，切换到“通道”面板，在三个原色通道中比较人物头发与背景的差别，选择人物头发与背景反差最大的原色通道——“红”通道，如图5.78所示。

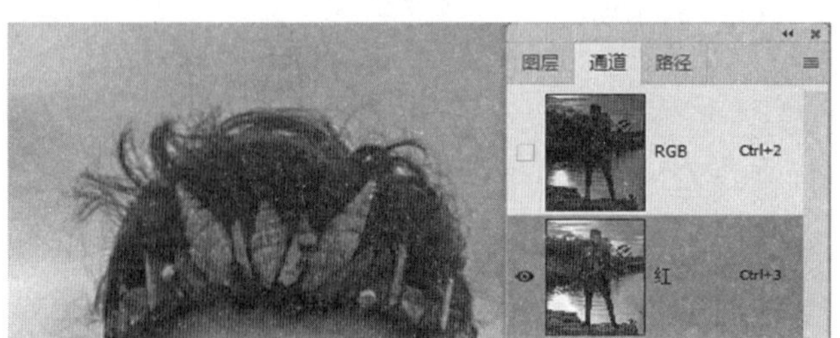

图5.78

步骤04　使用套索工具在“红”通道中选择人物头发部分，如图5.79所示。

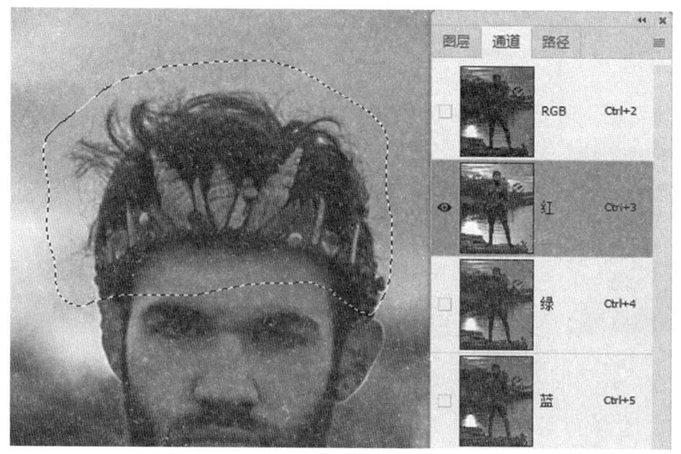

图5.79

步骤05　按Ctrl+C组合键，复制当前选区中的内容，切换到“图层”面板，单击按钮，新建空白图层，将其命名为“头发”，如图5.80所示。

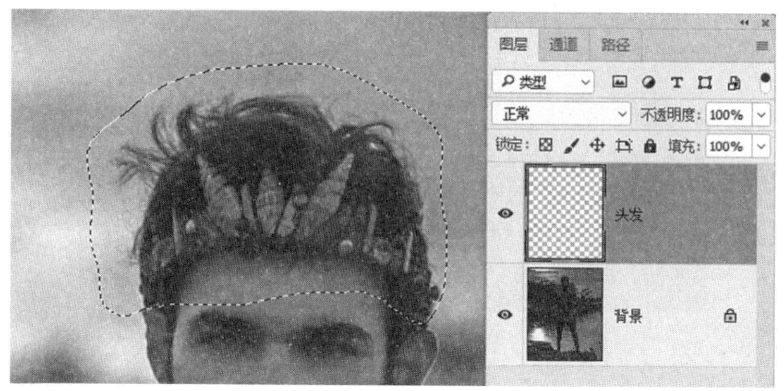

图5.80

步骤06　按Ctrl+V组合键，粘贴从“红”通道中复制的内容，如图5.81所示。

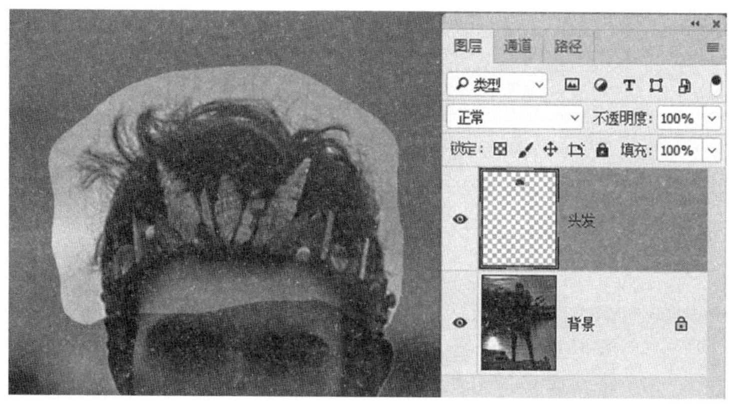

图5.81

步骤07　按Ctrl+L组合键，在弹出的“色阶”对话框中适当调整黑色、白色和灰色滑块，使人物头发与背景的颜色反差更大，如图5.82所示。

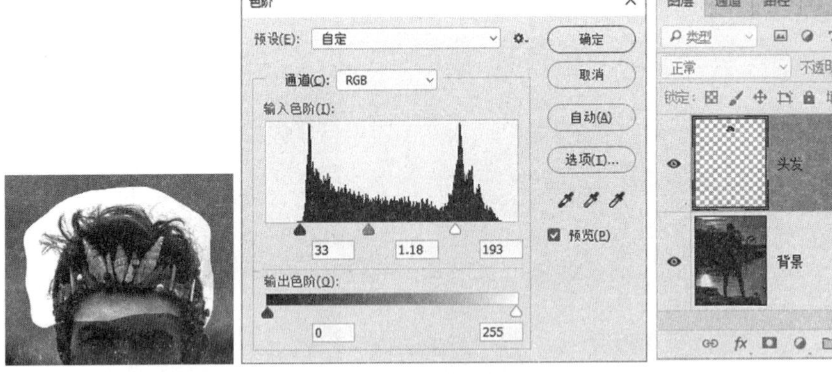

图5.82

步骤08 再次选择“背景”图层，抠选人物胡子部分，切换到“通道”面板，从中找到胡子与背景反差最大的通道——“红”通道，如图5.83所示。

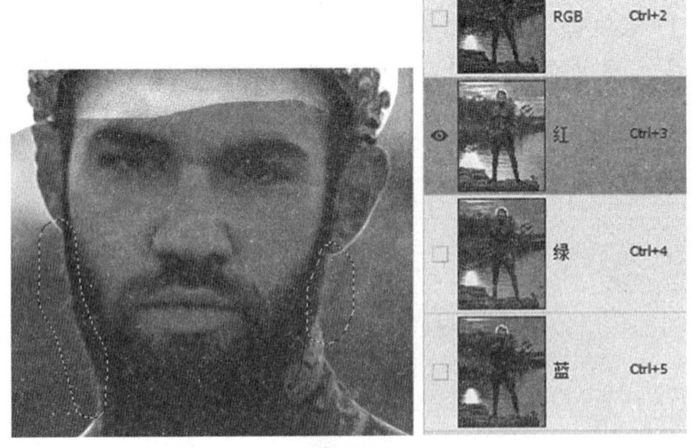

图5.83

步骤09 使用与处理人物头发相同的方法，将人物胡子复制、粘贴到“图层”面板中，胡子是亮色，背景是暗色，使用“色阶”命令尽量将背景调整为黑色，如图5.84所示。

> **提示** 如果实在无法调整到理想状态，可以选择加深工具，在属性栏中设置“曝光度”为100%（最强烈），然后涂抹胡子边缘的深灰色，使其变为黑色，如图5.85所示。

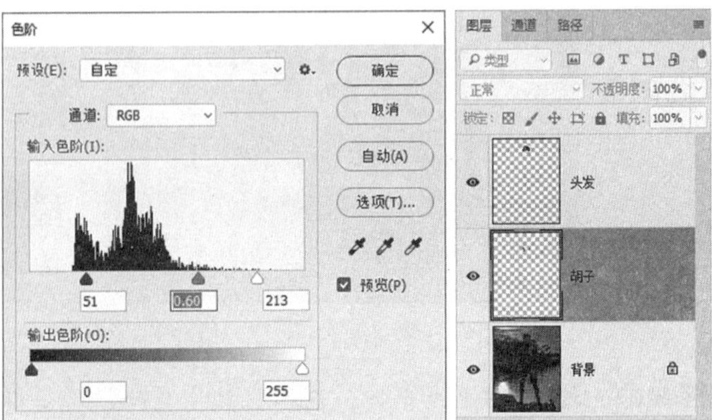

图5.84

图5.85

步骤10　隐藏“头发”和“胡子”图层，选择“背景”图层，按Ctrl+J组合键，复制“背景”图层，得到新图层，将其命名为“人物”。

步骤11　使用钢笔工具沿人物主体部分绘制路径，如图5.86所示。

步骤12　按Ctrl+Enter组合键，将路径转化为选区，如图5.87所示。

步骤13　单击“图层”面板中的按钮，添加图层蒙版，如图5.88所示。

图5.86

图5.87

图5.88

提示

此时人物看上去比较奇怪，头发部分还带有原来的背景。下面进行处理。

步骤14　将“头发”和“胡子”图层放在“人物”图层的下方，如图5.89所示。

步骤15　选择“人物”图层的图层蒙版，设置前景色为黑色，使用画笔工具在头发位置进行涂抹，如图5.90所示。可以看到，人物头发是有颜色的，利用通道抠图的第二种方法进行处理。

步骤16　选择“头发”图层，按Ctrl+A组合键全选图层中的内容，按Ctrl+C组合键复制选区中的内容，单击“图层”面板中的按钮，添加纯色图层，将其命名为“头发颜色”，如图5.91所示。

步骤17　按住Alt键单击纯色图层的图层蒙版，按Ctrl+V键，将复制的内容粘贴到图层蒙版中，按Ctrl+I组合键反相颜色，使头发部分的颜色呈白色，如图5.92所示。

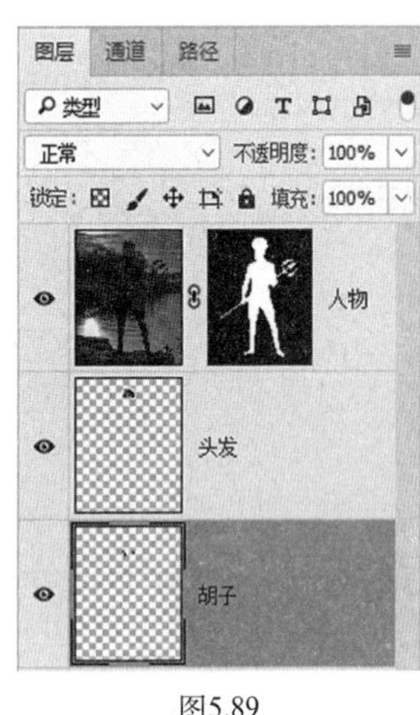

图5.89

图5.90

图5.91

步骤18　使用移动工具将“头发颜色”图层拖动到头发位置，如图5.93所示。

提示　因为复制的头发区域比较小，默认会将内容粘贴到蒙版的正中心，所以需要对齐到头发的部位，才能够正常显示头发的颜色。

提示　此时人物头发的颜色太亮了，图像下方出现大面积的头发颜色。下面进行处理。

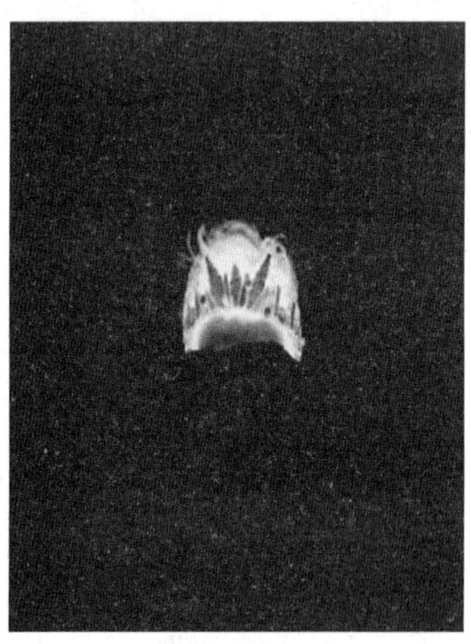
图5.92

图5.93

步骤19　双击“头发颜色”图层的图层缩览图，在弹出的“拾色器”对话框中设置一种较暗的黄色，如图5.94所示。

步骤20　使用矩形选框工具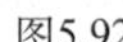选择图像下方和右侧的大面积色块，如图5.95所示。

步骤21　在“头发颜色”图层的图层蒙版中填充黑色（如图5.96所示），使其不显示大面积的暗黄色色块，如图5.97所示。

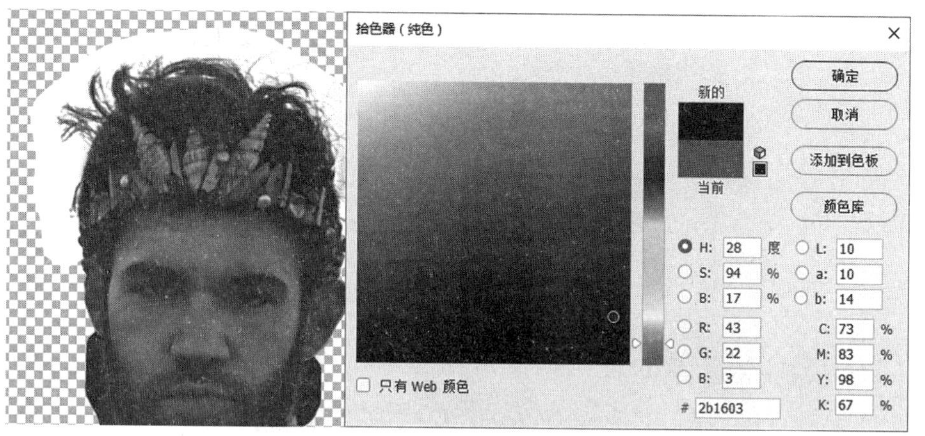

图5.94

图5.95

图5.96

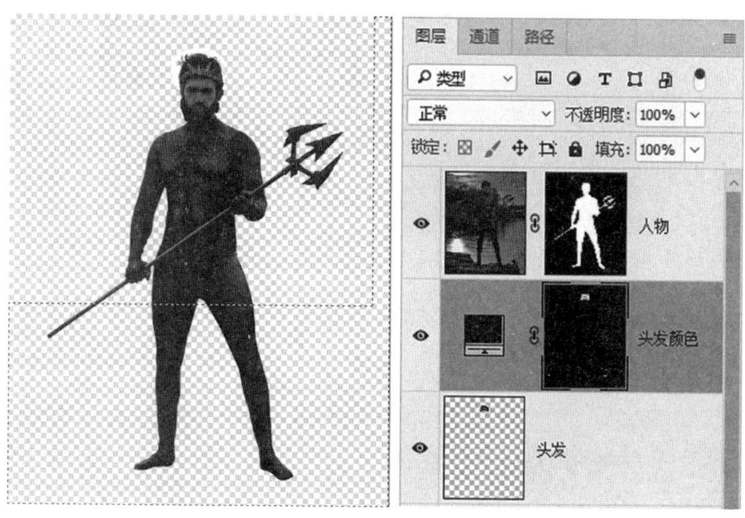

图5.97

步骤22　删除“头发”图层，此时“头发颜色”图层中的图像内容为半透明显示，如图5.98所示。

图5.98

步骤23　复制“头发颜色”图层，这样人物头发的边缘就显得不那么透明了，与“人物”图层中图像的结合更加合理，如图5.99所示。

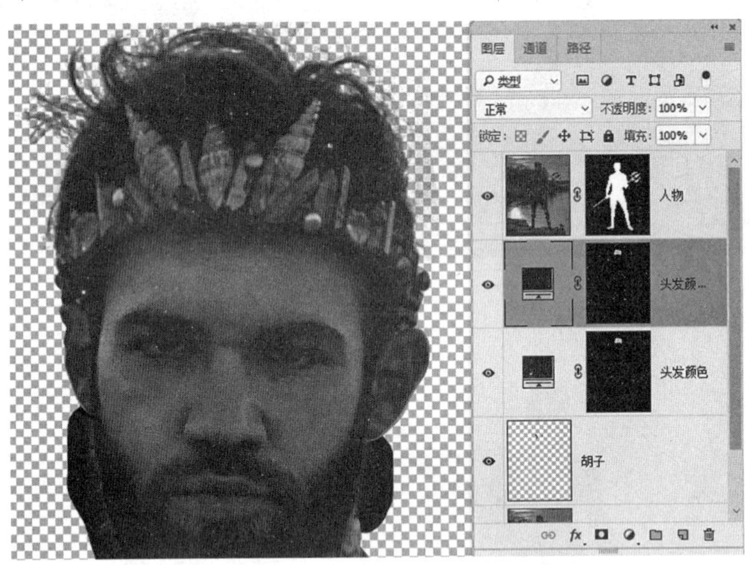

图5.99

步骤24　使用同样的方法，制作人物脸颊两侧的胡子，将得到的图层命名为“胡子颜色”，如图5.100所示。

人物的毛发在逆光时会变亮、变浅色，因此，胡子的颜色可以使用浅黄色。

步骤25　删除多余的图层，只保留“人物”图层、两个“头发颜色”图层和“胡子颜色”图层，如图5.101所示。

图5.100

图5.101

步骤26　按Ctrl＋S组合键保存文件，此时“背景.jpg”中置入的人物图像也随之更改为完成抠图的效果，如图5.102所示。

图5.102

提示

下面分析夜景颜色调整，如图5.103所示。光源在人物背后，光源的颜色是蓝色和紫红色，蓝色的亮度值强于紫红色的亮度值。人物逆光，胸口、腿部等部位的亮度要稍微暗些（对比人物和右侧的黄色手机壳，黄色手机壳正面的亮度明显比人物腿部的亮度要暗，而人物和手机壳几乎是平行的关系，如图5.103中白色方框内所示）。人物突出的部位可以适当提高亮度，例如，人物面部的颧骨和鼻尖等。人物的色调要和环境相协调，也就是，人物受到周围蓝色主色调及紫红色调的影响，尤其是人物左侧的蓝色调对人物的影响最大，右侧紫红色调的影响略小。

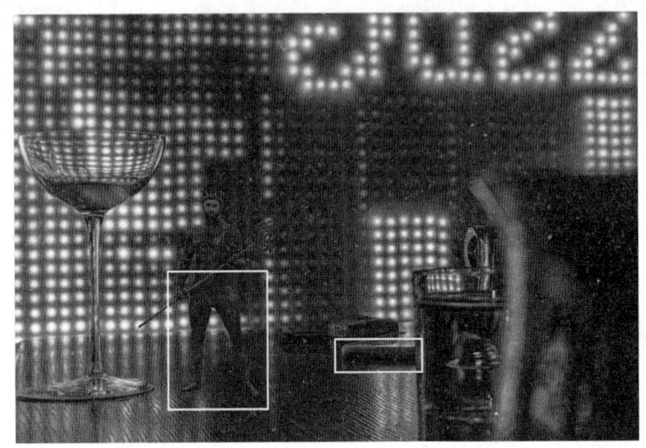

图5.103

步骤27　按Ctrl+“+”组合键放大视图，选择“人物”图层，单击“图层”面板中的按钮，添加“曲线”调整图层，按Ctrl+Alt+G组合键，将调整图层作为“人物”图层的剪贴蒙版，在弹出的曲线“属性”面板中适当压低人物的亮度，如图5.104所示。

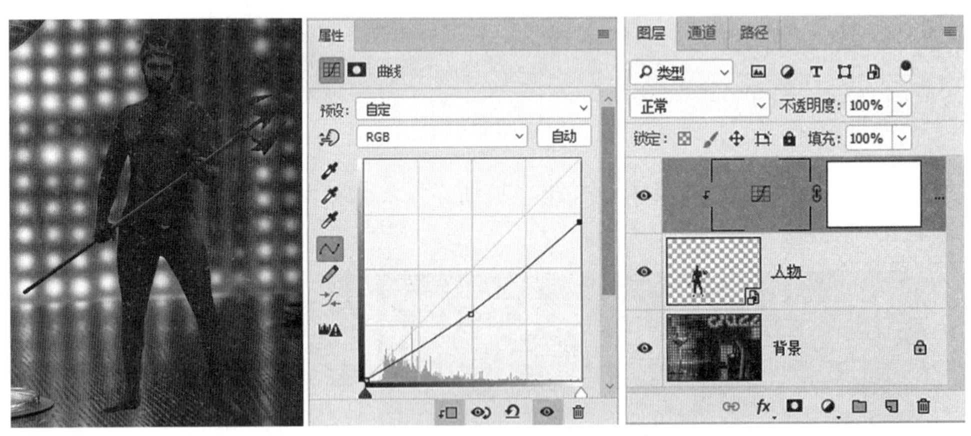

图5.104

步骤28　设置前景色为黑色，选择画笔工具，在属性栏中设置“不透明度”为20%左右，在“曲线”调整图层的图层蒙版中涂抹黑色，使人物的高光显示出来，如图5.105所示（图中仅显示人物手套部位的效果，可以明显看出，左侧涂抹出高光后的效果明显比右侧没有涂抹出高光的效果立体感更强）。“曲线”调整图层的图层蒙版效果如图5.106所示，整体效果如图5.107所示。

提示

此时人物的红色偏重。下面减弱偏红的色调。

步骤29　单击“图层”面板中的◐.按钮，添加“色相/饱和度”调整图层，按Ctrl+Alt+G组合键，将“色相/饱和度”调整图层作为“人物”图层的剪贴蒙版；在弹出的色相/饱和度“属性”面板中，展开颜色选择下拉列表，分别选择“红色”和“黄色”，适当降低这两个颜色的“饱和度”数值，如图5.108所示，人物效果如图5.109所示。

提示

对比图5.107和图5.109，可以看出，人物的红色减弱了一些。

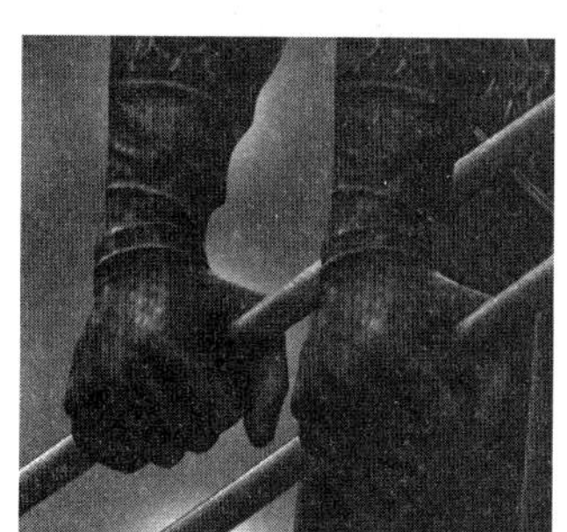
图5.105

图5.106

图5.107

图5.108

图5.109

步骤30　添加颜色，单击“图层”面板中的 ◘ 按钮，创建空白图层，将其命名为“蓝光”，设置图层混合模式为“柔光”。按Ctrl+Alt+G组合键，将“蓝光”图层作为“人物”图层的剪贴蒙版。

提示

人物的左侧是偏蓝色的光，因此，人物的左侧边缘会受到蓝色光的影响。

步骤31　按F6键，弹出“颜色”面板，单击面板右上角的▤按钮，在弹出的面板菜单中选择“HSB模式”选项，并设置颜色为亮蓝色，如图5.110所示。

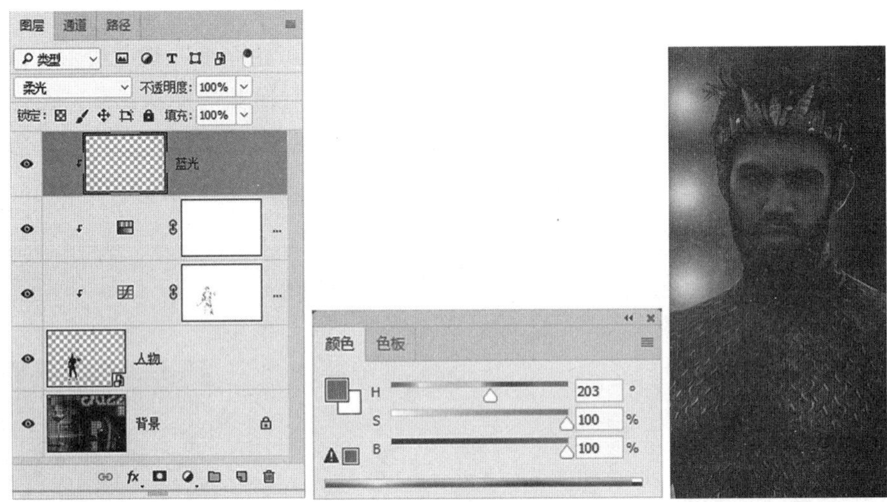

图5.110

步骤32　选择画笔工具，适当调整画笔笔尖的大小，在“蓝光”图层中进行涂抹，如图5.111所示。

图5.111

> **提示**　人物边缘受周围蓝光影响的效果出来了，但是蓝光最亮的部分应该是偏亮蓝色。

步骤33　设置前景色为亮蓝色，创建一个新图层，将其命名为“高光蓝”。按Ctrl+Alt+G组合键，将“高光蓝”图层作为“人物”图层的剪贴蒙版。在“高光蓝”图层中涂抹人物边缘的高亮色调，如图5.112所示。

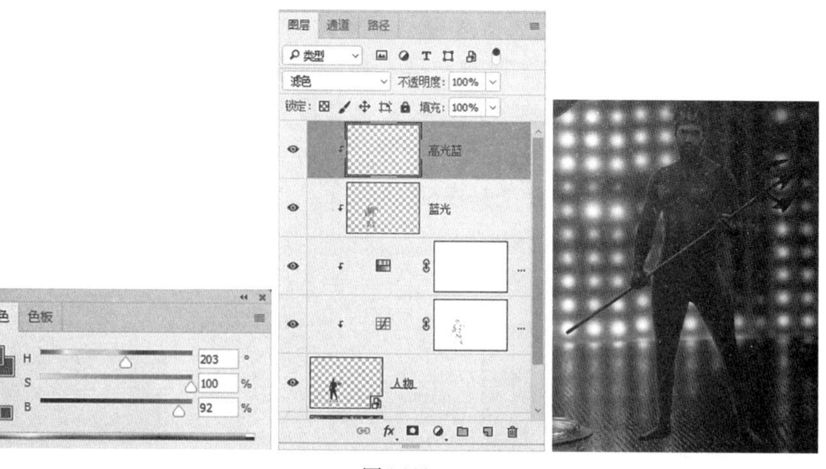

图5.112

人物左侧的蓝色调已经调整完毕。下面调整人物右侧的紫红色调。

步骤34　再次创建一个新图层，将其命名为“紫红色”。按Ctrl+Alt+G组合键，将“紫红色”图层作为“人物”图层的剪贴蒙版。

步骤35　在“颜色”面板中设置颜色为紫红色，该颜色的亮度不能高于左侧的蓝色。使用画笔工具在人物的右侧适当涂抹，如图5.113所示。

此时人物色调与背景色调较为协调，但是人物没有阴影。下面制作人物的阴影。

步骤36　选择“人物”图层，按Ctrl+J组合键，复制得到新图层，新图层默认以“人物 拷贝”命名，并且位于“人物”图层的上方。

步骤37　选择原“人物”图层（用来制作人物的倒影效果），按Ctrl+T组合键变换对象，右击，在弹出的菜单中选择“垂直翻转”命令，按Enter键确认变换操作，适当调整人物的位置，使人物的脚部与副本人物图像的脚部相接，如图5.114所示，此时只有右侧脚尖相接。

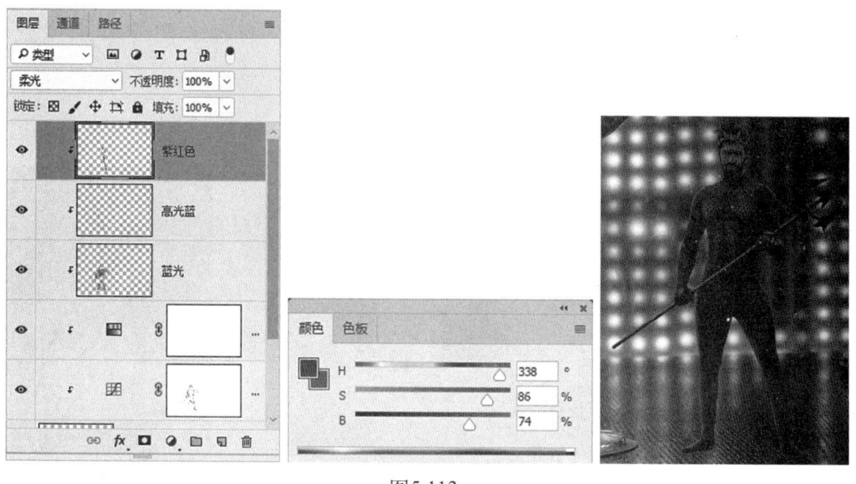

图5.113

步骤38 选择“编辑”→“操控变形”命令，如图5.115所示。仍然在原“人物”图层中，在人物左侧腿部布置一个图钉，在人物右侧腿部也布置一个图钉，在人物下方同样布置一个图钉，用来固定其他部位；向上拖动图钉，使左侧脚尖相接，如图5.116所示；然后在左侧脚踝和脚尖位置各布置一个图钉并向上拖动，使脚底相接，如图5.117所示；使用相同的方法处理右侧，效果如图5.118所示。

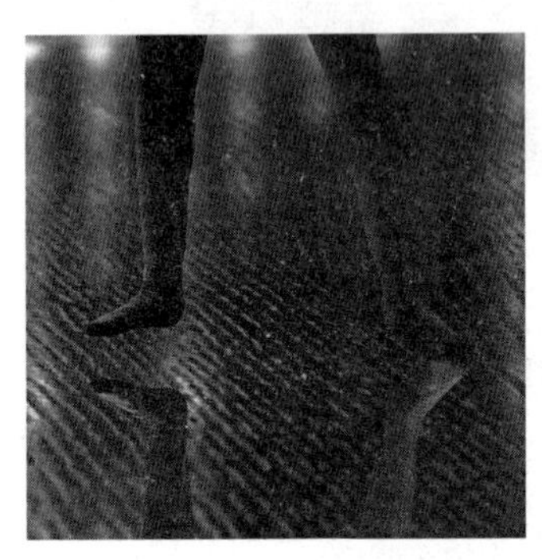

图5.114

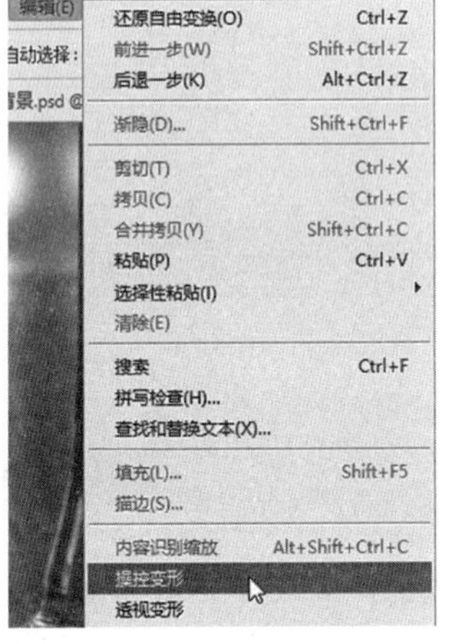

图5.115

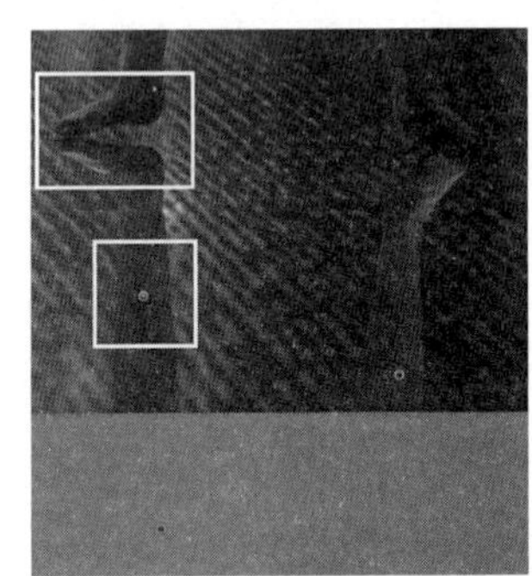

图5.116

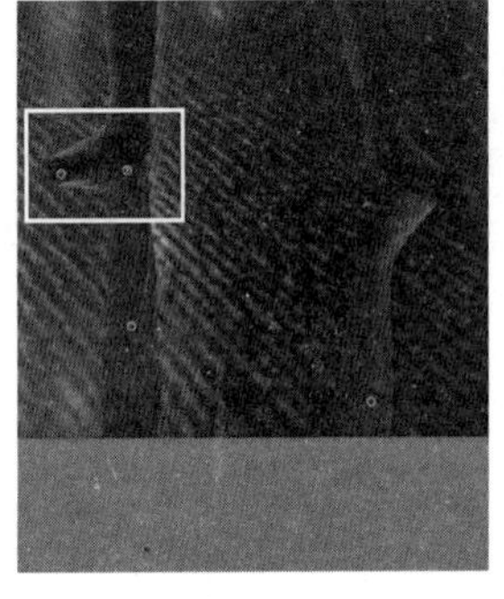

图5.117

图5.118

步骤39 此时人物双脚均相接，按Enter键确认操作。设置作为倒影的“人物”图层的混合模式为“正片叠底”，效果如图5.119所示。

步骤40 选择“滤镜”→“扭曲”→“波纹”命令，为人物阴影添加波纹效果，参数设置如图5.120所示，效果如图5.121所示。

图5.119

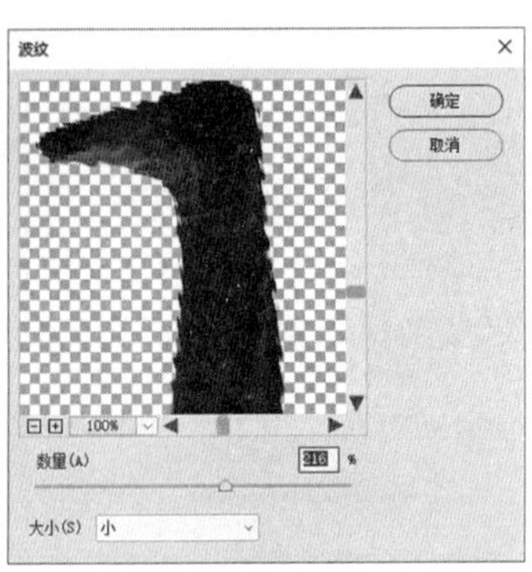

图5.120

图5.121

步骤41　选择“滤镜”→“模糊”→“高斯模糊”命令，使人物阴影变得模糊一些，参数设置如图5.122所示，效果如图5.123所示。

提示

人物阴影还需要有渐隐的效果。

步骤42　在“图层”面板中单击按钮，添加图层蒙版，设置前景色为黑色，选择画笔工具，在属性栏中设置“不透明度”为30%左右，将距离人物较远处的阴影涂抹得淡一些，如图5.124所示。最终效果如图5.125所示。

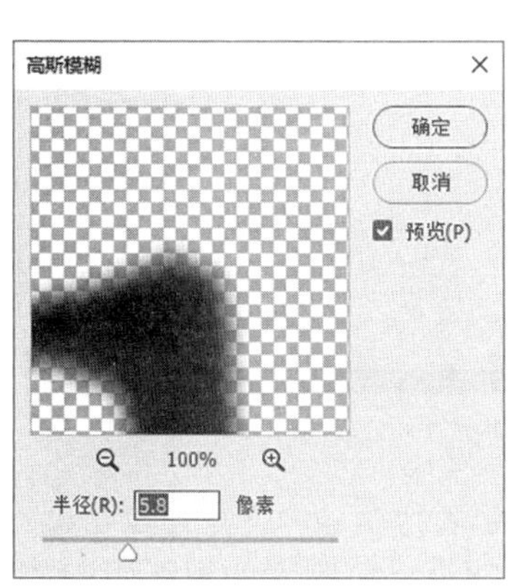

图5.122

图5.123

图5.124

图5.125

5.4 常用滤镜

学习目标

- 学习常见滤镜的效果和特点。
- 能够自行扩展滤镜的用途。

技能要点

- 掌握常见滤镜的效果和特点。
- 学会使用滤镜制作想要的效果。

5.4.1 点状放射效果

放射效果是一种向四周扩散的效果，可以人为建立视觉焦点，将观者的视线引向放射中心，以达到视觉引导的目的。其中，点状放射效果可用于模拟飞散的光粒子。

步骤01　新建一个空白文件（尺寸为192×320像素，分辨率为72像素/英寸，RGB颜色模式），在文件中填充深红色，如图5.126所示。

图5.126

步骤02　新建一个空白图层，设置前景色为黄色，使用画笔工具在画布中心附近绘制一些不规则的点，如图5.127所示。

步骤03　选择“滤镜”→“模糊”→“径向模糊”命令，在弹出的“径向模糊”对话框中设置“模糊方法”为“缩放”，并适当调整“数量”数值，如图5.128所示，单击“确定”按钮。

图5.127

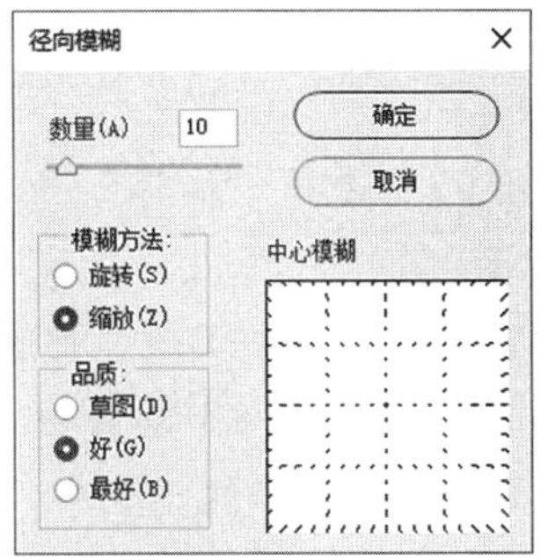

图5.128

步骤04　可以看出，不规则的点以放射状向四周扩散，如图5.129所示。按Ctrl＋Alt＋F组合键重复上次滤镜操作，点状放射效果更加强烈，如图5.130所示。

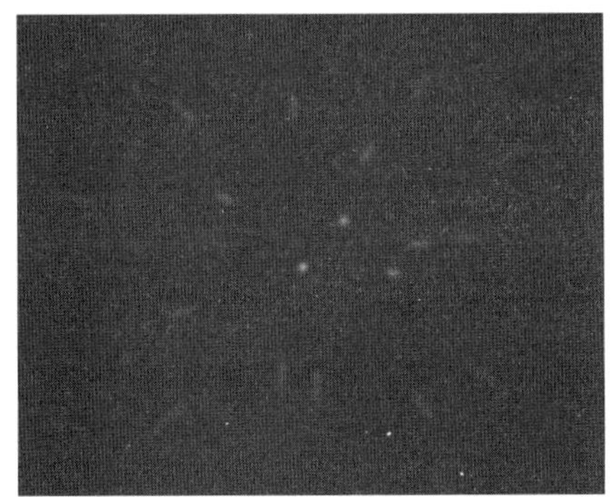

图5.129

图5.130

5.4.2 条状放射效果

条状放射效果在banner中的应用较为广泛，也可以产生视觉焦点的汇聚效果，达到视觉引导的目的。

步骤01　新建一个空白文件（尺寸为750×750像素，分辨率为72像素/英寸，灰度颜色模式），该文件为正方形的文件，放射效果也是1∶1的结构，如图5.131所示。

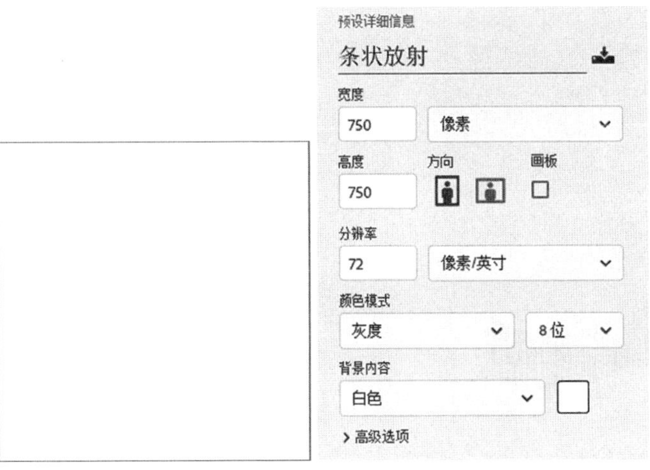

图5.131

步骤02　使用矩形选框工具绘制一个矩形选区，在选区中填充黑色，如图5.132所示。

步骤03　选择“编辑”→“定义画笔预设”命令，将黑色矩形定义为画笔，如图5.133所示。

步骤04　按Ctrl＋D组合键取消选区，在“背景”图层中填充白色。

步骤05　新建一个空白图层，选择画笔工具，按F5键，弹出“画笔”面板。在“画笔笔尖形状”参数设置中，提高“间距”数值，如图5.134所示；在“形状动态”参数设置中，提高“大小抖动”数值，如图5.135所示；在“散布”参数设置中，提高“散布”数值，如图5.136所示；在“传递”参数设置中，提高“不透明度抖动”数值，如图5.137所示。

步骤06　使用画笔工具在新建文件中进行绘制，随机产生的画笔效果如图5.138所示。

步骤07　选择“滤镜”→“扭曲”→“极坐标”命令，在“极坐标”对话框中的默认设置为“平面坐标到极坐标”（可以产生中心向四周放射的效果），如图5.139所示，单击“确定”按钮，效果如图5.140所示。

图5.132

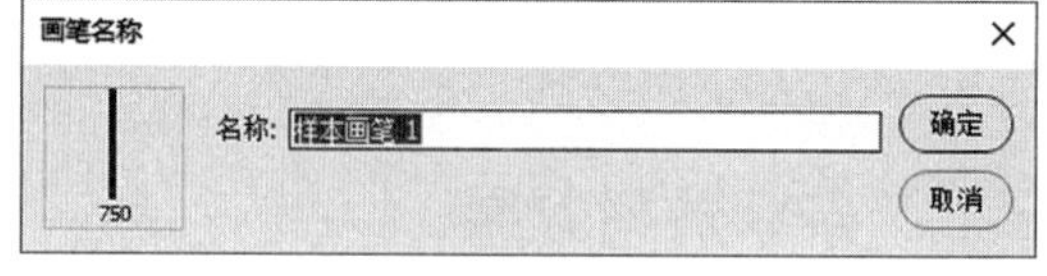

图5.133

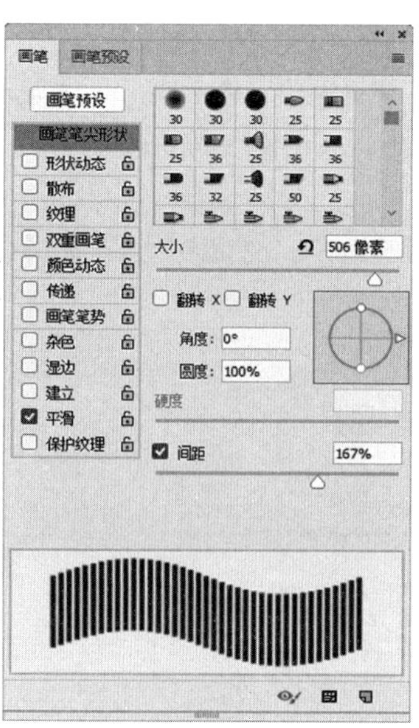

图5.134

图5.135

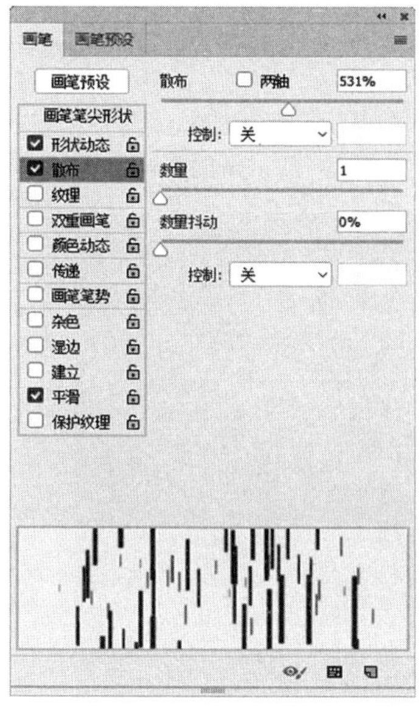

图5.136

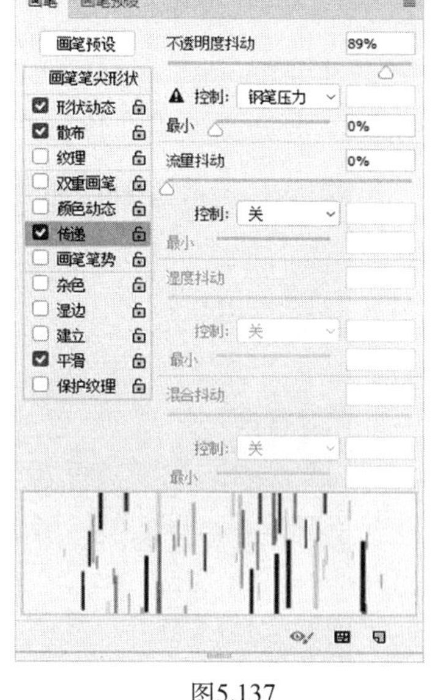

图5.137

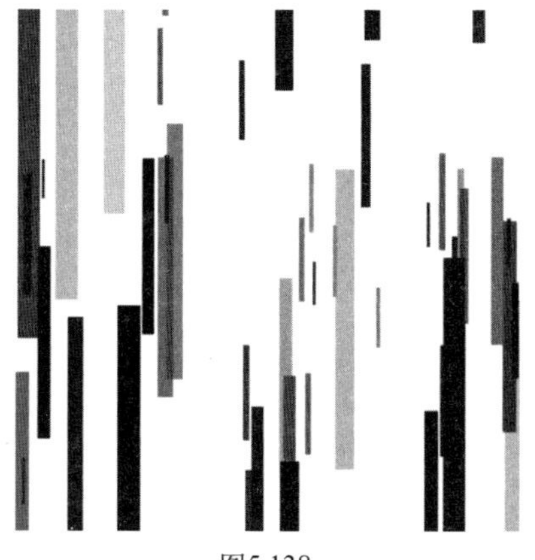

图5.138

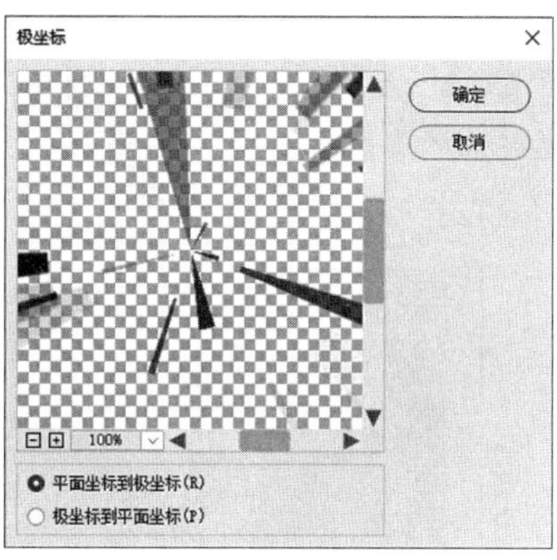

图5.139

步骤08　如果将图5.138中的垂直矩形旋转90°变为水平矩形，应用“极坐标”滤镜后，水平矩形变为旋转的环状结构，效果如图5.141所示。

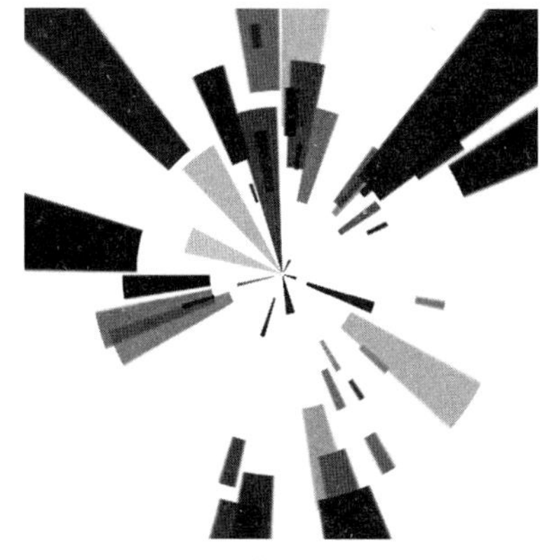

图5.140

图5.141

5.4.3 火焰效果

火焰效果是Photoshop CC 2017新增的，可以添加简单的火焰效果。

步骤01　打开文件“人物.psd”，使用钢笔工具绘制路径，如图5.142所示。

图5.142

步骤02　选择“滤镜”→“渲染”→“火焰”命令，在弹出的“火焰”对话框中可以设置火焰的参数，如图5.143所示。

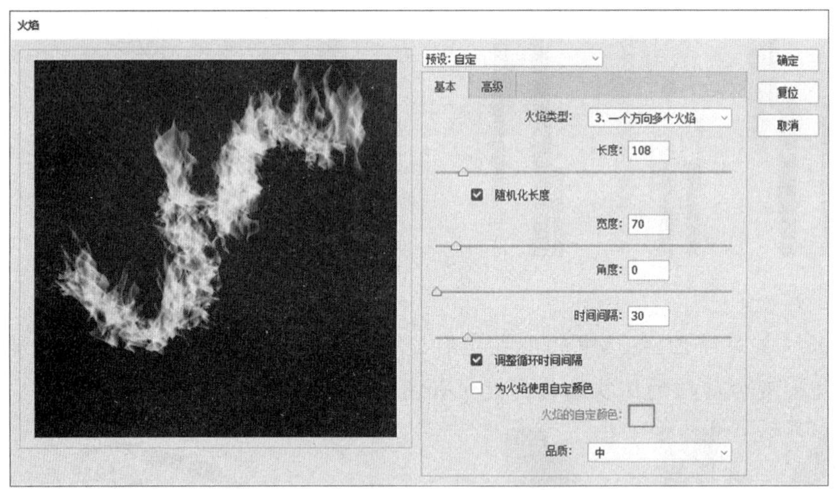

图5.143

步骤03　在“基本”选项卡的“火焰类型”下拉列表中，可以选择火焰的类型，如图5.144所示，其他参数设置如图5.145、图5.146所示。

提示　“长度”，是指火焰升腾的高度；“宽度”，是指火焰的横向宽度；“角度”，是指火焰的角度方向；“时间间隔”，是指火焰的循环方式；“为火焰使用自定颜色”用于设置火焰的颜色，一般情况下可以不设置这个参数。

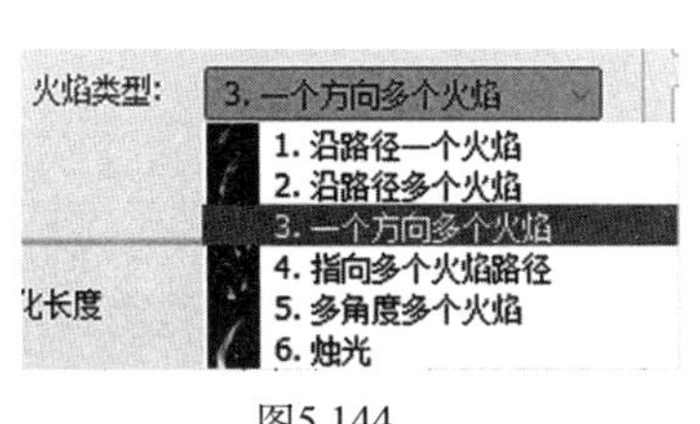

图5.144

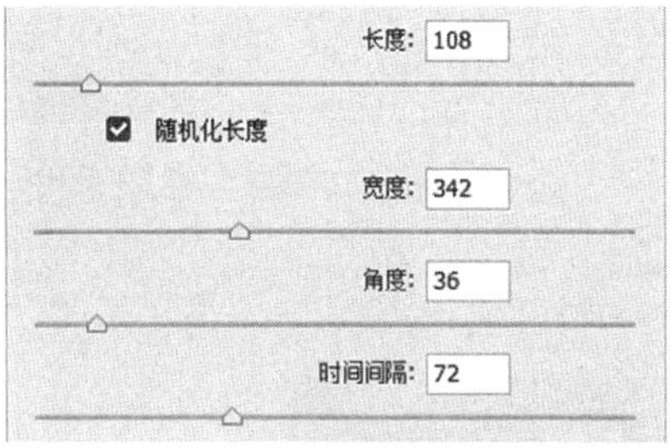

长度: 108
随机化长度
宽度: 342
角度: 36
时间间隔: 72

图5.145

步骤04　单击“确定”按钮，可以看到沿路径表现的火焰效果，如图5.147所示。

为火焰使用自定颜色
火焰的自定颜色:

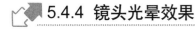

图5.146

图5.147

5.4.4 镜头光晕效果

光晕在汽车海报设计中很常用，可以表现车漆反射阳光的效果。

步骤01　打开一幅汽车图像，如图5.148所示。

提示　可以看到，远处的阳光照射到汽车上，车身表面需要添加一个高亮的反光效果。

步骤02　新建一个空白图层，并填充黑色，如图5.149所示。

图5.148

图5.149

步骤03　选择“滤镜”→“渲染”→“镜头光晕”命令，在弹出的“镜头光晕”对话框中拖动光晕中心，使其位于图像中心，如图5.150所示，单击“确定”按钮。

步骤04　选择涂抹工具，在图像中从中心向四周随机涂抹，如图5.151所示。

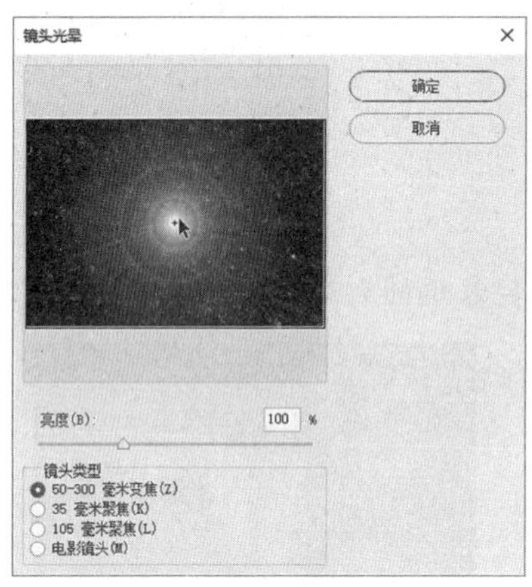

图5.150

图5.151

步骤05　选择“滤镜”→“模糊”→“径向模糊”命令，在弹出的“径向模糊”对话框中设置“模糊方法”为“缩放”，适当调整“数量”数值，单击“确定”按钮。

步骤06　重复执行几次“径向模糊”操作，光晕效果如图5.152所示。

步骤07　设置光晕所在图层的图层混合模式为“滤色”，将黑色部分直接过滤，形成的光晕效果如图5.153所示。

图5.152

图5.153

步骤08　按Ctrl+T组合键变换对象，缩小光晕效果，并将其拉长及旋转，然后将其放至车头引擎盖的顶部，如图5.154所示。最终效果如图5.155所示。

图5.154

图5.155

5.4.5 树木效果

在合成图像时有时需要添加树木素材，但找到的素材图像不一定是透明背景。Photoshop CC 2017自带“树木”滤镜，可以直接添加透明背景的树木素材，如图5.156所示。

图5.156

步骤01　新建一个空白文件（750×750像素，分辨率为72像素/英寸，RGB颜色模式）。

步骤02　新建空白图层，选择“滤镜”→“渲染”→“树”命令，弹出“树”对话框，如图5.157所示，在其中可以设置滤镜参数。

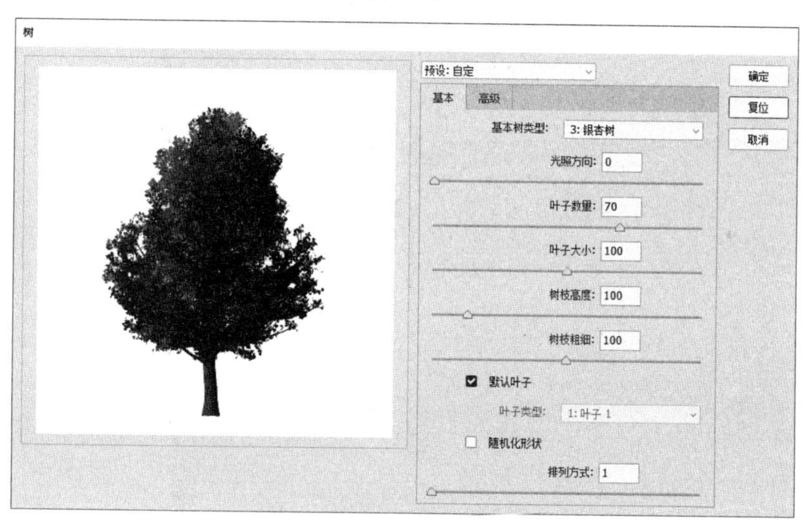

图5.157

提示

在“基本”选项卡中，展开“基本树类型”下拉列表，其中有34种树木类型，如图5.158所示。“光照方向”，用于设置树木上的高光位置；“叶子数量”，用于设置树叶的多少（当“叶子数量”为0时，树木呈现光秃秃的树枝，这一参数可以控制树叶的茂密程度）；“叶子大小”，用于设置树叶叶片的大小；“树枝高度”，用于设置树干的高度；“树枝粗细”，用于设置树干和树枝的粗细程度。

步骤03　设置完成单击“确定”按钮，在空白图层中显示出设置的透明背景的树木，如图5.159所示。

图5.158

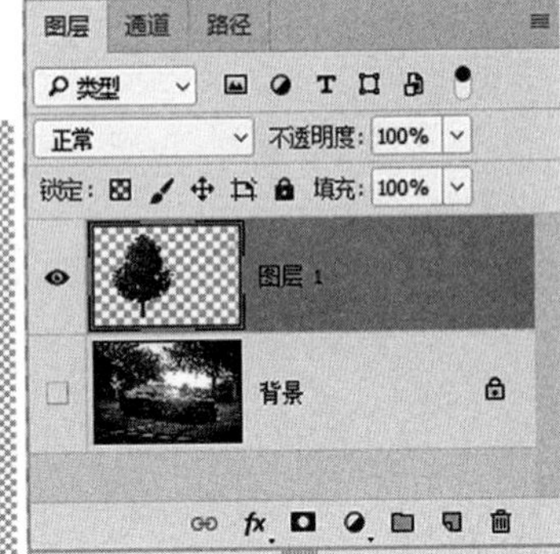

图5.159

项目 6

综合案例

- 摄像头图标
- 网站banner
- 2.5D风格的文字海报
- 产品重绘

6.1 摄像头图标

6.1.1 案例制作

步骤01　打开Photoshop，按Ctrl＋N组合键，创建空白文件（尺寸为2048×2048像素，分辨率为72像素/英寸，RGB颜色模式，白色背景），如图6.1所示。

步骤02　选择“背景”图层，适当填充浅灰色（R=G=B=236）。

步骤03　选择圆角矩形工具，在背景中单击，弹出“创建圆角矩形”对话框，设置“宽度”为980像素，“高度”为980像素，四个圆角的“半径”为138像素，如图6.2所示，单击“确定”按钮，绘制一个较深灰色的矩形（R=G=B=219），如图6.3所示。

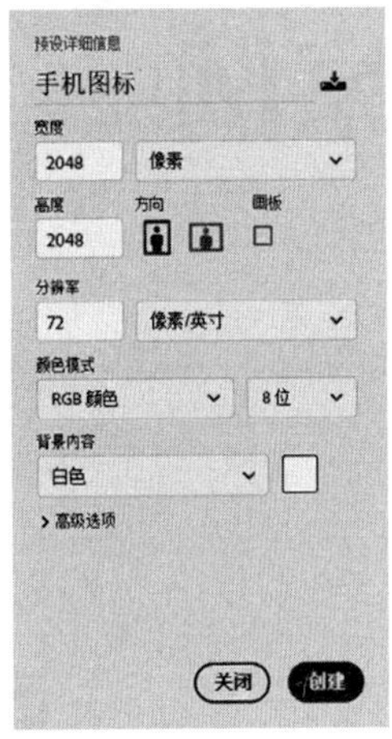

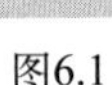

图6.1

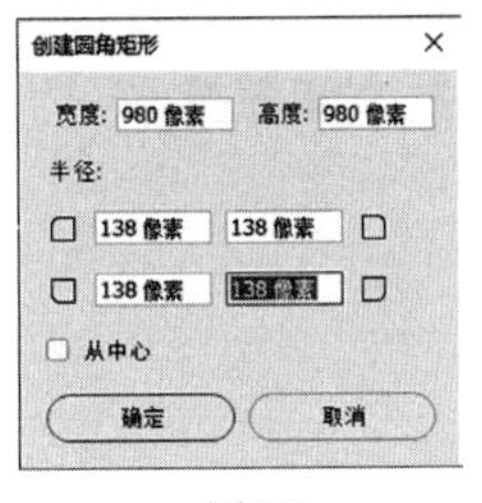

图6.2

图6.3

> **提示**　下面绘制摄像头图标上方的高光部分。

步骤04　按Ctrl＋J组合键，复制圆角矩形所在图层，得到新图层，将其命名为“高光”。双击该图层缩览图，更改圆角矩形的颜色为白色，如图6.4所示。

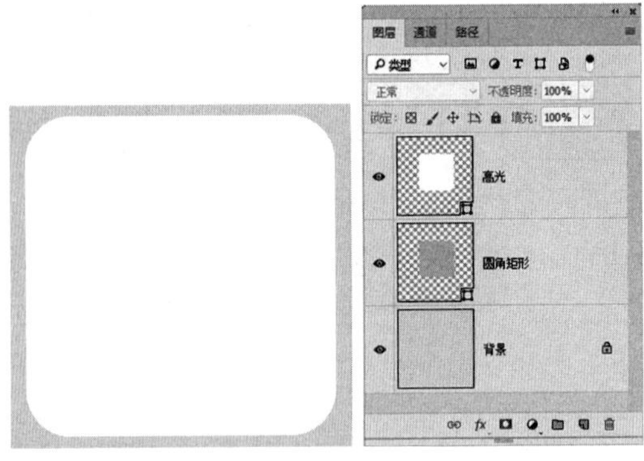

图6.4

步骤05　使用路径选择工具单击“高光”图层中的圆角矩形，按住Alt键，向下拖动复制得到一个圆角矩形，如图6.5所示。

步骤06　单击属性栏中的布尔运算按钮，在弹出的面板中单击“减去顶层形状”按钮，如图6.6所示，修剪完成的图形如图6.7所示。

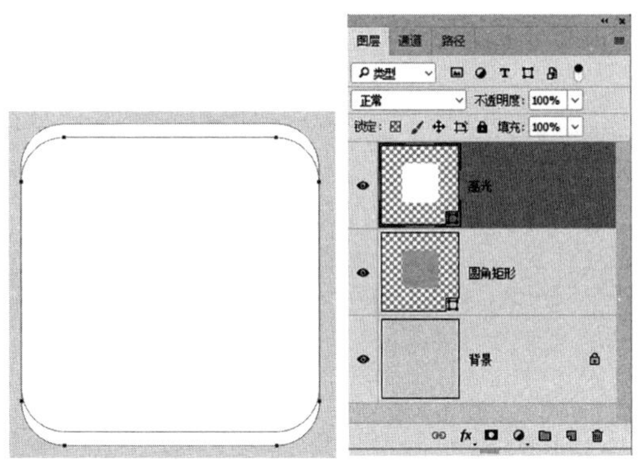

图6.5

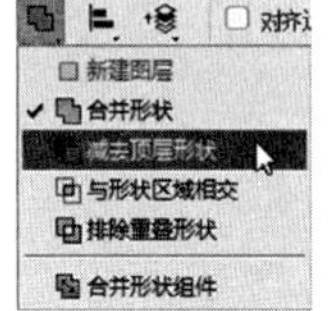

图6.6

步骤07　单击“图层”面板中的按钮，在弹出的面板菜单中选择“转换为智能对象”命令，将“高光”图层转换为智能对象，如图6.8所示。

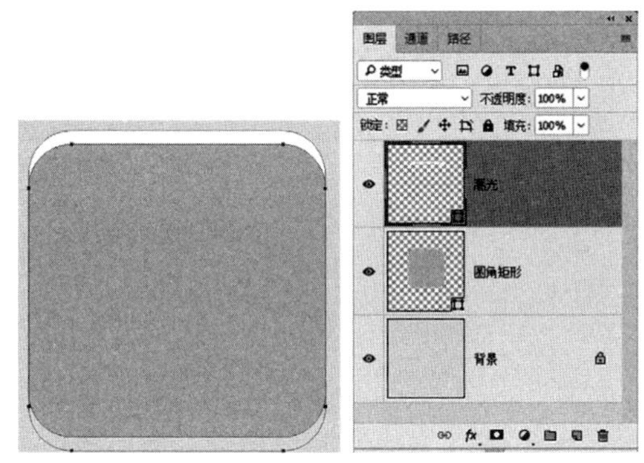

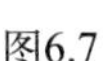

图6.7

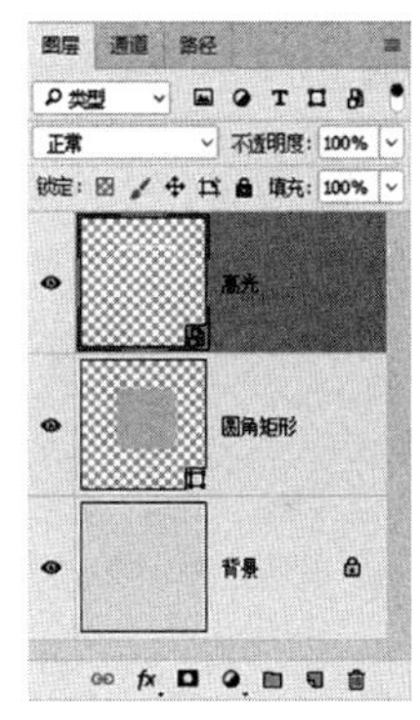

图6.8

步骤08　选择“滤镜”→“模糊”→“高斯模糊”命令，在弹出的对话框中设置“半径”数值，如图6.9所示，单击“确定”按钮。

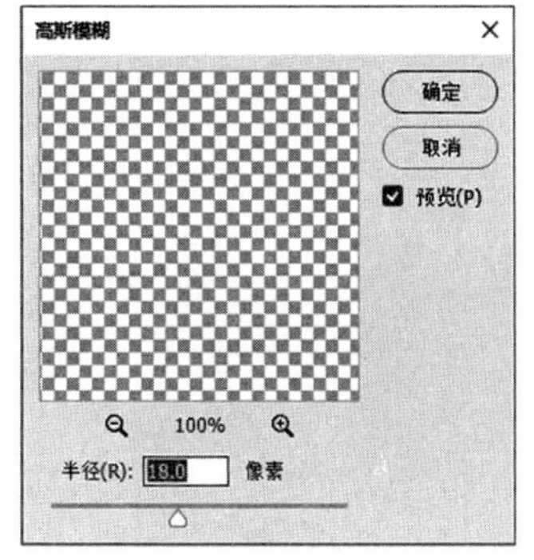

图6.9

步骤09　选择椭圆工具，在高光的中间部分添加一个椭圆，如图6.10所示，将椭圆所在图层命名为“亮部”。

步骤10　单击“图层”面板中的≡按钮，在弹出的面板菜单中选择“转换为智能对象”命令，将“亮部”图层转换为智能对象，如图6.11所示。

图6.10

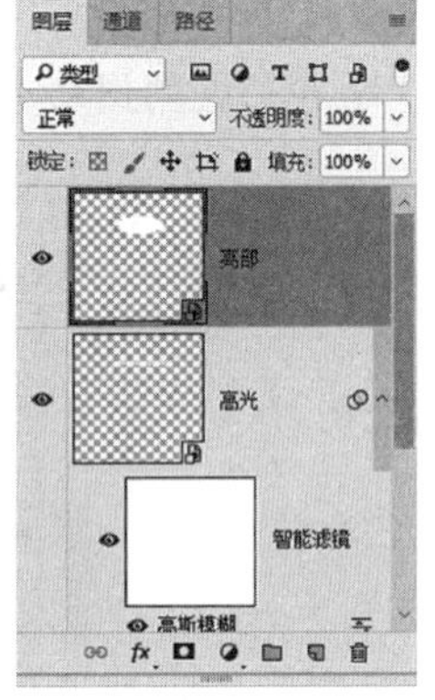

图6.11

步骤11　选择“滤镜”→“模糊”→“高斯模糊”命令，在弹出的对话框中设置“半径”数值，如图6.12所示，单击“确定”按钮。

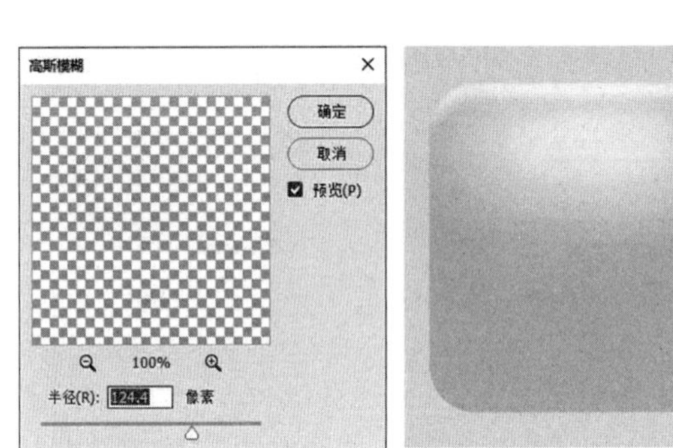

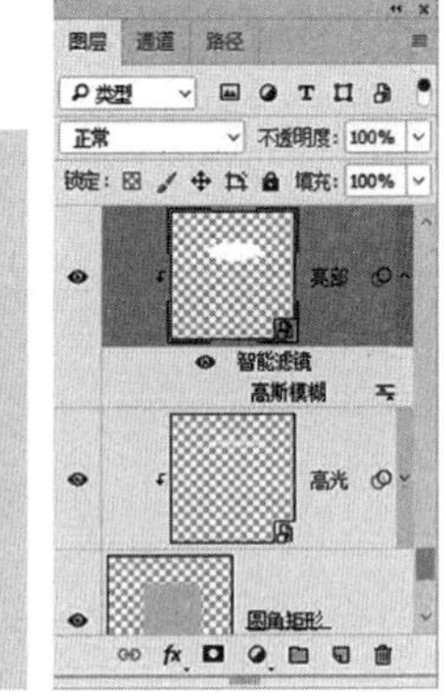

图6.12

步骤12　按住Ctrl键单击“亮部”“高光”图层，选择这两个图层，按Ctrl+Alt+G组合键，将这两个图层作为“圆角矩形”图层的剪贴蒙版，使用移动工具适当调整亮部的位置，效果如图6.13所示。

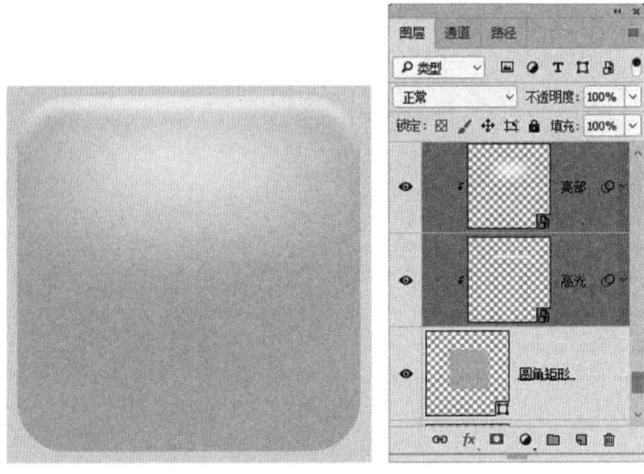

图6.13

步骤13　再次使用圆角矩形工具▢，按住Shift键，拖动鼠标指针，绘制一个相对较小的圆角矩形，将其所在图层命名为“亮色”，修改颜色为白色，如图6.14所示。

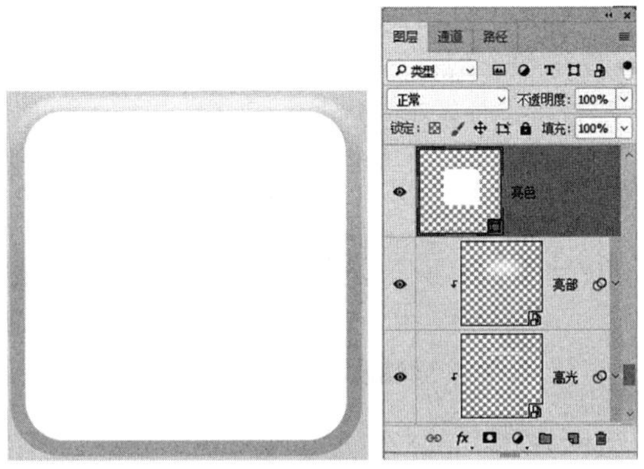

图6.14

步骤14　将“亮色”图层转换为智能对象，并添加高斯模糊效果，使亮色部分和图标的轮廓部分柔和过渡，如图6.15所示。

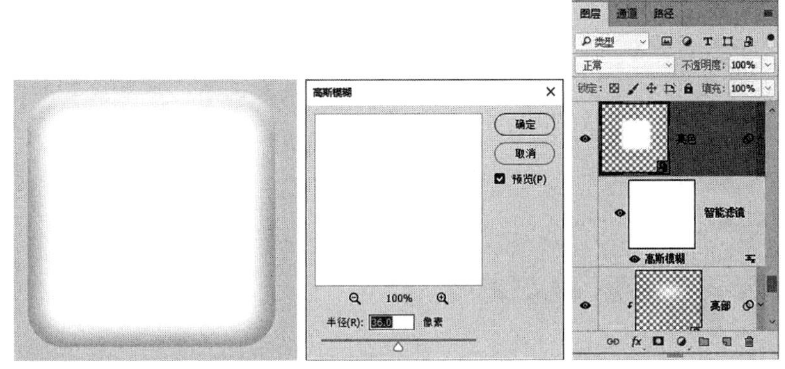

图6.15

步骤15　再次绘制一个圆角矩形，将其所在图层命名为“面板”，填充白色，如图6.16所示。

步骤16　单击“图层”面板中的fx按钮，为“面板”图层添加“投影”图层样式，参数设置如图6.17所示，单击“确定”按钮，效果如图6.18所示。

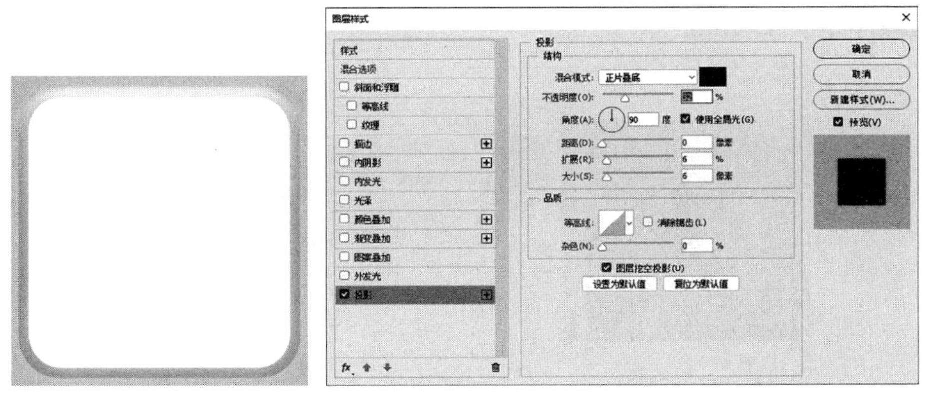

图6.16　　　　图6.17

步骤17　使用矩形工具在图标的中间绘制一个矩形，将其所在图层命名为“金属暗色”，单击属性栏中“填充”右侧的颜色缩览图，在弹出的面板中单击“渐变”按钮，修改下方的渐变条，在渐变条两端适当添加一定的灰色，其余部分以黑色为主色，如图6.19所示，填充效果如图6.20所示。

图6.18

图6.19

图6.20

步骤18　使用矩形工具在金属暗色矩形的中间绘制一个矩形，使其略大于金属暗色矩形，将其所在图层命名为“金属亮色”，使用路径选择工具，按住Alt键，向下拖动矩形，复制出另一个矩形。

步骤19　单击属性栏中“填充”右侧的颜色缩览图，在弹出的面板中单击“渐变”按钮，修改下方的渐变条，设置渐变颜色为浅灰色系，参数设置如图6.21所示，效果如6.22所示。

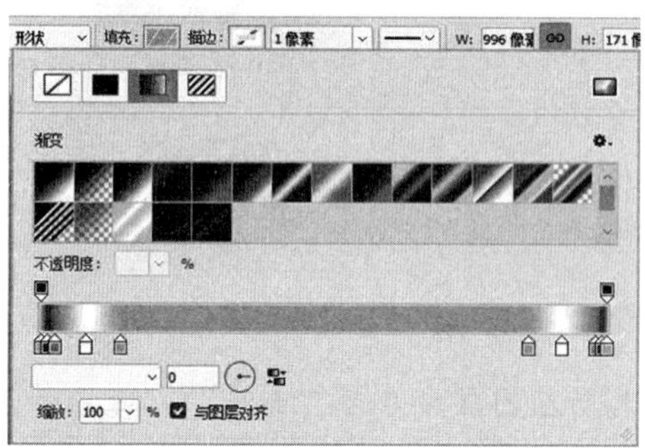

图6.21

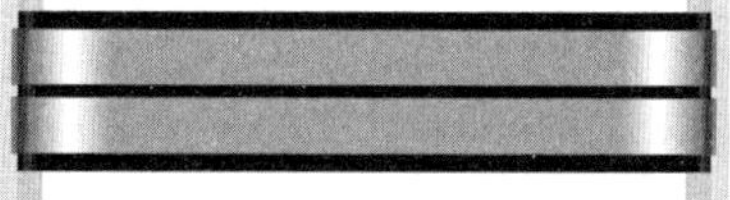

图6.22

步骤20　选择椭圆工具，按住Shift键拖动鼠标指针，绘制正圆形，将其所在图层命名为“镜头01”，设置“填充”的颜色为深灰色，如图6.23所示，“描边”为渐变色，如图6.24所示，效果如图6.25所示。

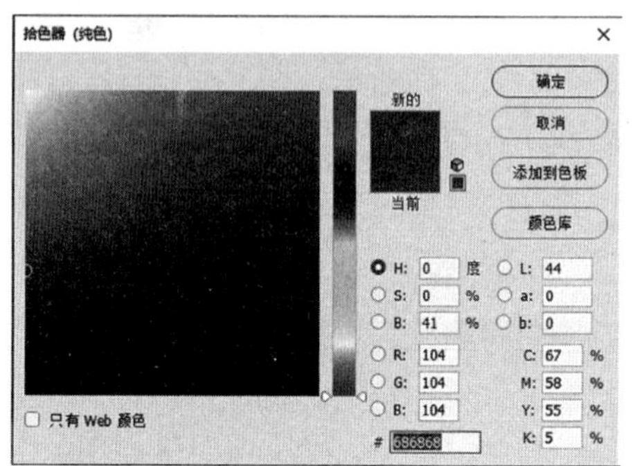

图6.23

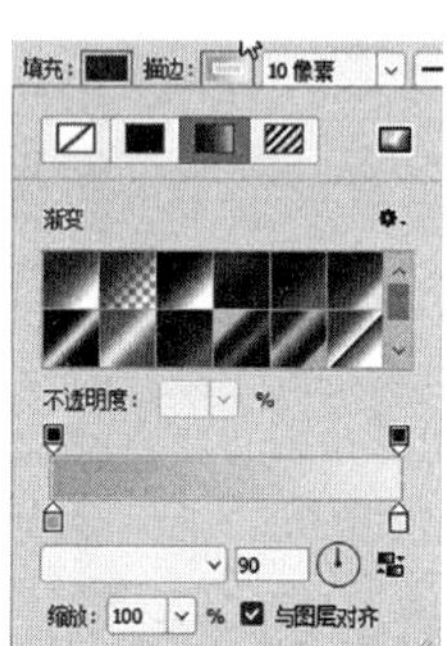

图6.24

图6.25

步骤21　单击“图层”面板中的 fx 按钮，为“镜头01”图层添加“投影”图层样式，参数设置如图6.26所示，效果如图6.27所示。

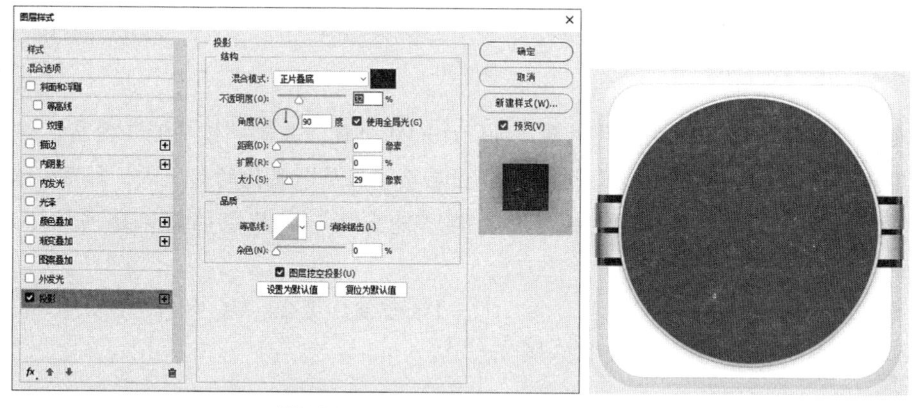

图6.26　　图6.27

步骤22　按Ctrl+J组合键，复制“镜头01”图层，得到新图层，将其命名为“镜头02”，如图6.28所示。

步骤23　按Ctrl+T组合键变换对象，将“镜头02”图层中的图像适当缩小，拖动“镜头02”图层的图层样式到“图层”面板的 🗑 按钮上，删除“投影”图层样式，效果如图6.29所示。

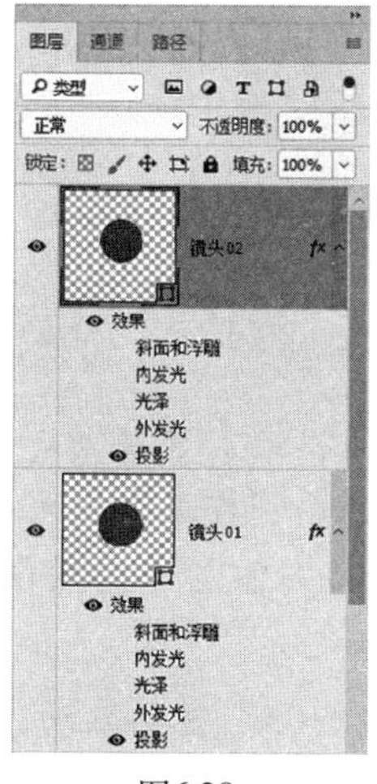

图6.28　　图6.29

步骤24　按Ctrl+J组合键，复制“镜头02”图层，得到新图层，将其命名为“镜头03”，在属性栏中设置“填充”的颜色为白色，“描边”为无，按Ctrl+T组合键变换对象，将“镜头03”图层中的图像适当缩小，如图6.30所示。

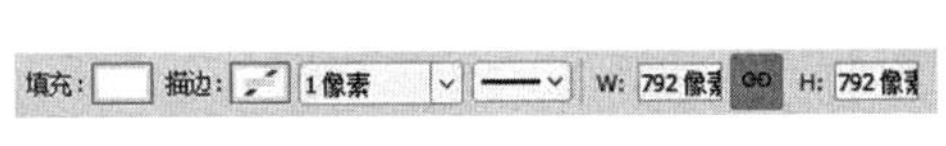

图6.30

步骤25　再次选择“镜头02”图层，按Ctrl+J组合键，复制“镜头02”图层，得到新图层，将其命名为“镜头04”，拖动“镜头04”图层至“图层”面板的最上方，如图6.31所示。

步骤26　按Ctrl+T组合键变换对象，将“镜头04”图层中的图像适当缩小，如图6.32所示。

步骤27　选择“镜头04”图层，按Ctrl+J组合键，复制“镜头04”图层，得到新图层，将其命名为“镜头05”，如图6.33所示。

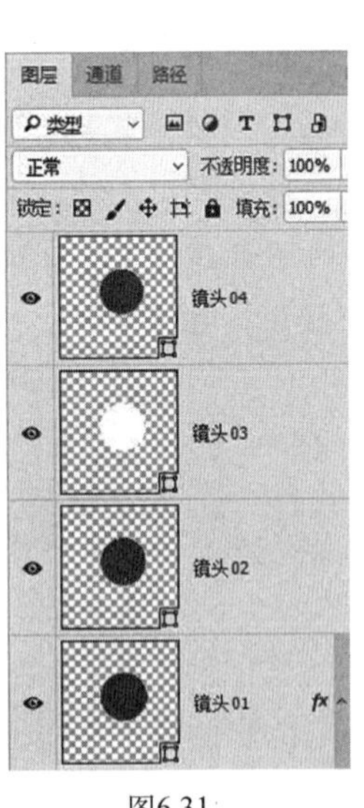

图6.31

图6.32

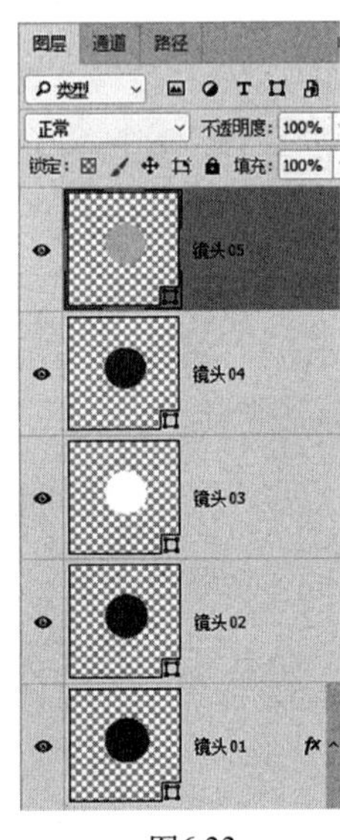

图6.33

步骤28　在属性栏中设置“填充”的颜色为浅灰色，“描边”为无。

步骤29　按Ctrl+T组合键变换对象，将“镜头05”图层中的图像适当缩小，如图6.34所示。

步骤30　单击“图层”面板中的fx按钮，为“镜头05”图层添加“内阴影”图层样式，参数设置如图6.35所示，效果如图6.36所示。

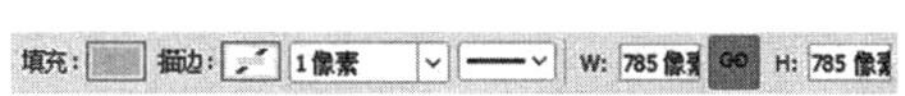

图6.34

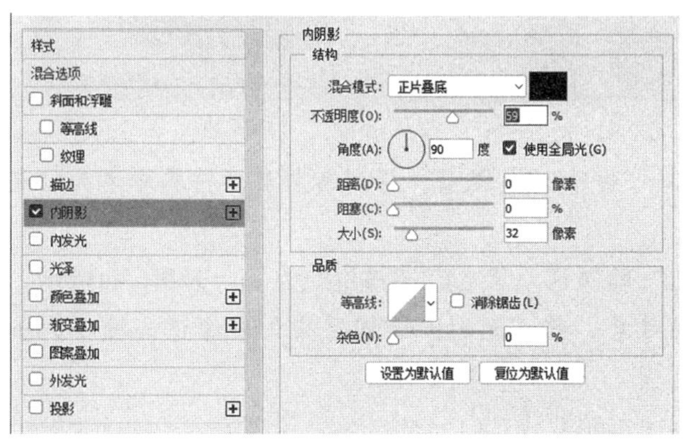

图6.35

图6.36

步骤31　选择“镜头04”图层，按Ctrl+J组合键，复制“镜头04”图层，得到新图层，将其命名为“镜头06”，拖动“镜头06”图层至“图层”面板的最上方，如图6.37所示。

步骤32　在属性栏中设置“填充”为角度渐变，“描边”为无，如图6.38所示。

步骤33　按Ctrl+T组合键变换对象，将“镜头06”图层中的图像适当缩小，如图6.39所示。

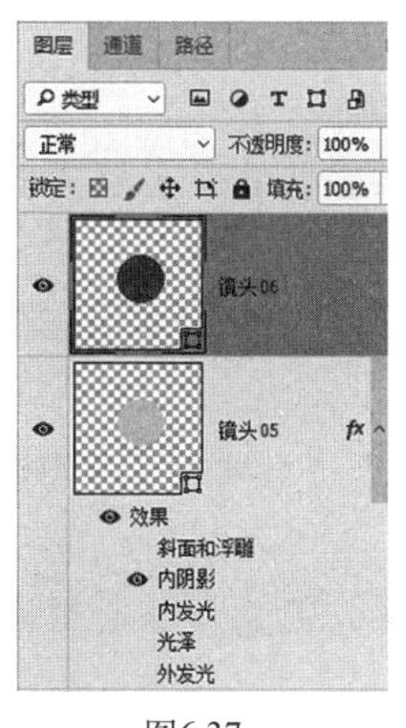

图6.37

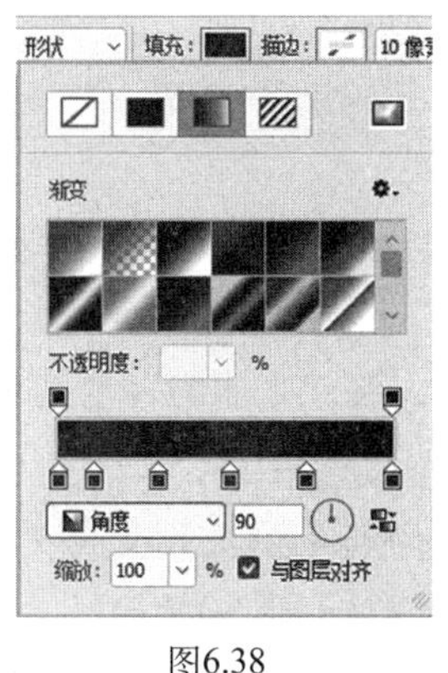

图6.38

图6.39

步骤34　按Ctrl+J组合键，复制“镜头06”图层，得到新图层，将其命名为“镜头07”，如图6.40所示。

步骤35　在属性栏中更改渐变填充的角度，设置“描边”的颜色为白色，宽度为3像素，如图6.41所示。

步骤36　按Ctrl＋T组合键变换对象，将“镜头07”图层中的图像适当缩小，如图6.42所示。

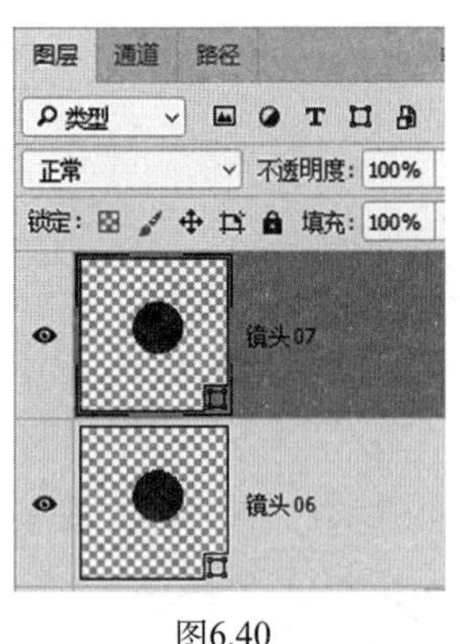

图6.40

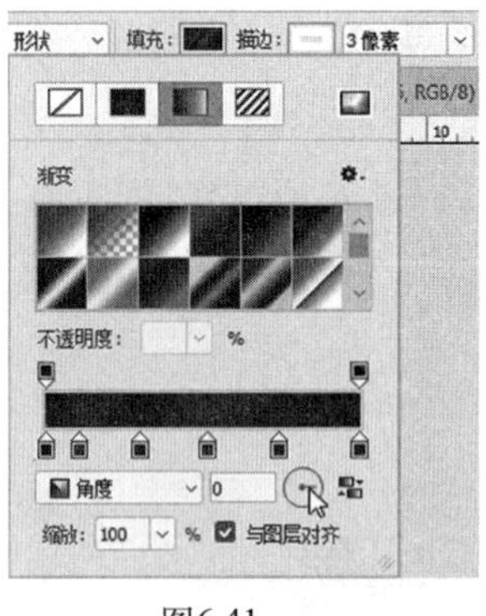

图6.41

图6.42

步骤37　按Ctrl＋J组合键，复制“镜头07”图层，得到新图层，将其命名为“光圈01”，如图6.43所示。

步骤38　在属性栏中设置“填充”的颜色为黑色，“描边”为无，如图6.44所示。

步骤39　按Ctrl＋T组合键变换对象，将“光圈01”图层中的图像适当缩小，如图6.45所示。

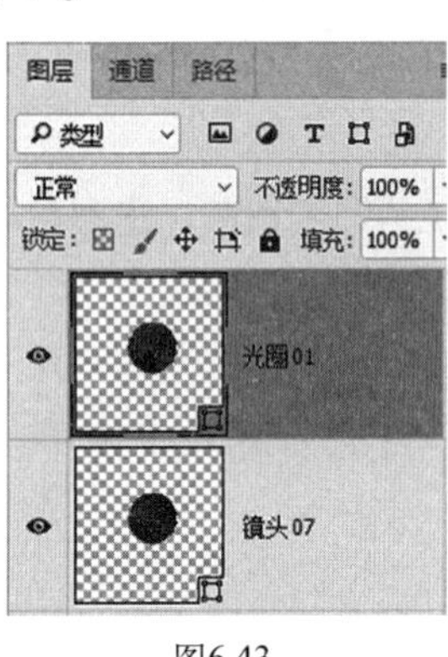

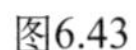

图6.43

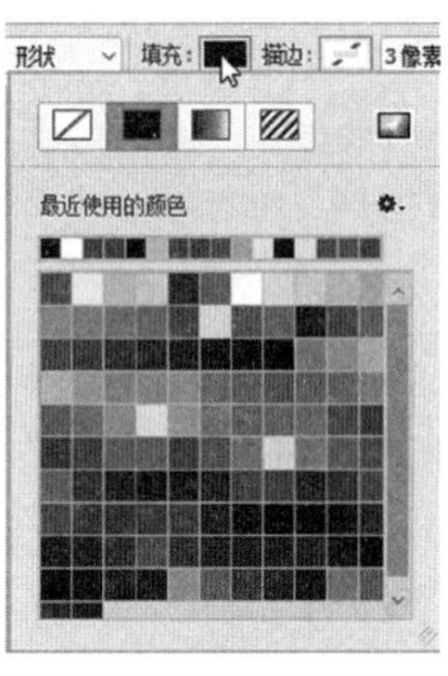

图6.44

图6.45

步骤40　按Ctrl＋J组合键，复制“光圈01”图层，得到新图层，将其命名为“光圈02”，如图6.46所示。

步骤41　在属性栏中设置“填充”的颜色为深灰色（“拾色器”对话框设置如图6.47所示），“描边”为无。

步骤42　按Ctrl＋T组合键变换对象，将“光圈02”图层中的图像适当缩小，如图6.48所示。

步骤43　重复前面的操作，将光圈的颜色依次设置得更暗一些，完成六个光圈的制作，此时“图层”面板如图6.49所示，效果如图6.50所示。

步骤44　按住Shift键单击“光圈02”和“光圈07”图层，全选这些光圈图层，然后按Ctrl＋G组合键，将“光圈02”至“光圈07”图层放在图层组内，并将该组命名为“光圈”，如图6.51所示。

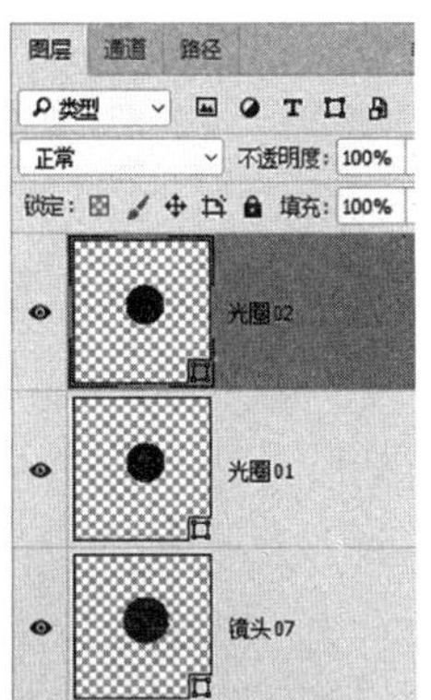

图6.46

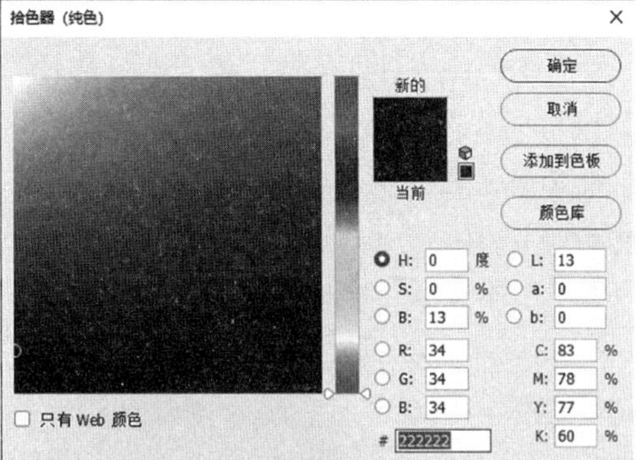

图6.47

图6.48

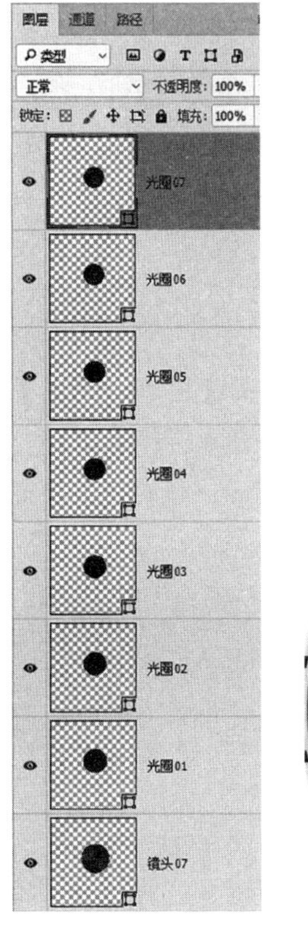

图6.49

图6.50

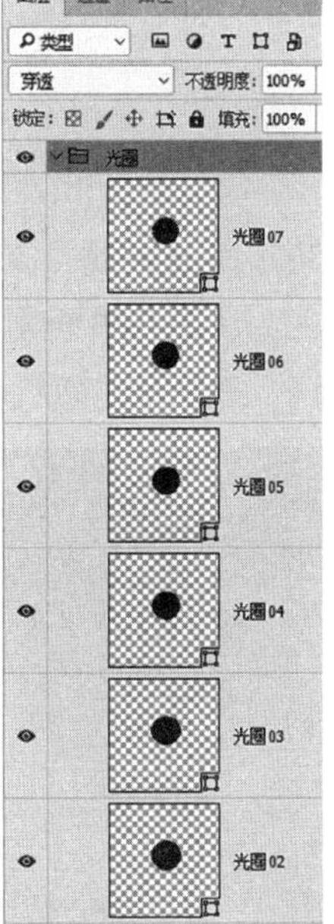

图6.51

步骤45　单击“图层”面板中的 按钮，新建一个空白图层，将其命名为“光圈色彩”。

步骤46　按Ctrl+Alt+G组合键，将“光圈色彩”图层作为“光圈”图层组的剪贴蒙版，如图6.52所示。

步骤47　设置前景色分别为蓝色、紫红色和红色，使用画笔工具分别涂抹光圈的相应位置，如图6.53所示。

步骤48　将“光圈色彩”图层的混合模式设置为“叠加”，效果如图6.54所示。

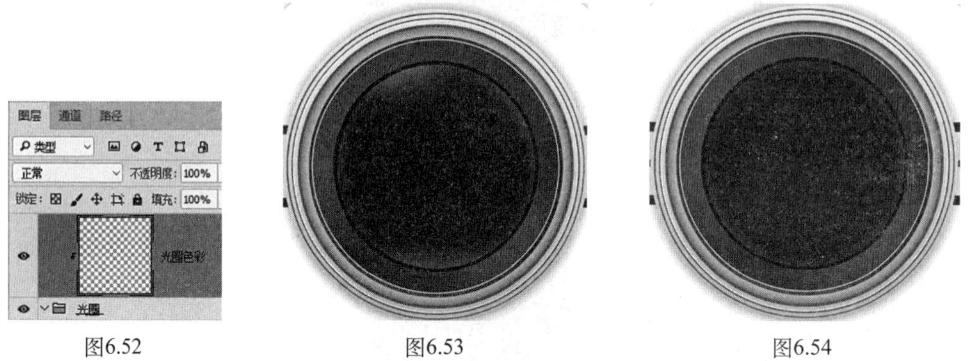

图6.52　　图6.53　　图6.54

步骤49　如果前面步骤的效果不是很明显，可以多复制几次“光圈色彩”图层，此时“图层”面板如图6.55所示，效果如图6.56所示。

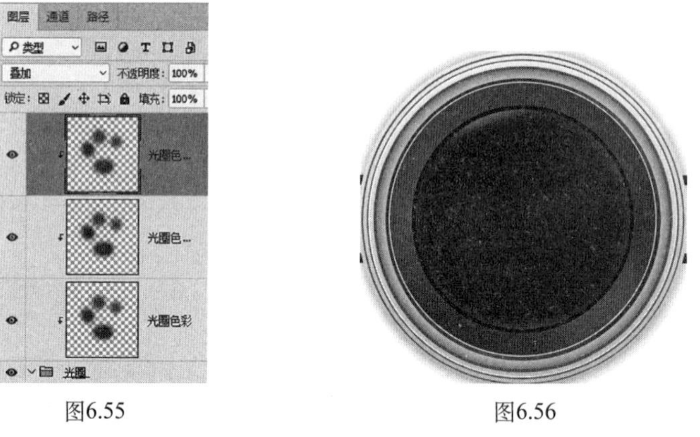

图6.55　　图6.56

步骤50　选择椭圆工具，在“光圈色彩”图层的上方新建图层，将其命名为“镜头内部”，在该图层中绘制圆形，并用布尔运算修剪图形，如图6.57所示。

步骤51　设置图形的颜色为墨绿色系的角度渐变，如图6.58所示，填充效果如图6.59所示。

图6.57

图6.58

图6.59

步骤52　使用椭圆工具绘制圆环，如图6.60所示，将其所在图层命名为“内部蓝色环”。

步骤53　选择“镜头内部”图层，单击“图层”面板中的按钮，新建一个空白图层，将其命名为“暗色调”。

步骤54　按Ctrl+Alt+G组合键，将“暗色调”图层作为“镜头内部”图层的剪贴蒙版，如图6.61所示。

步骤55　设置前景色为某种暗色调，使用画笔工具涂抹相应位置，并更改“暗色调”图层的混合模式为“柔光”，效果如图6.62所示。

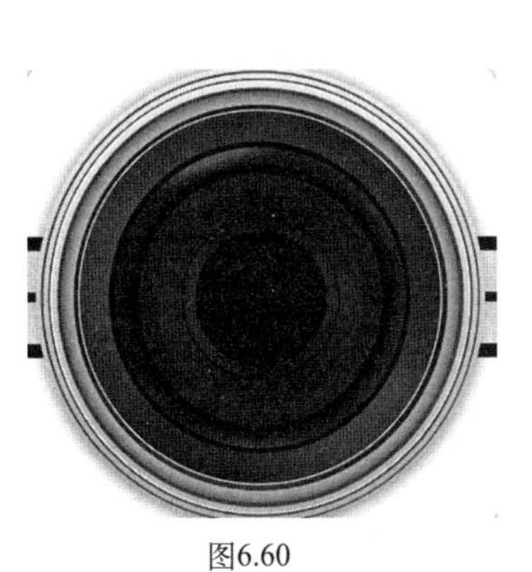
图6.60

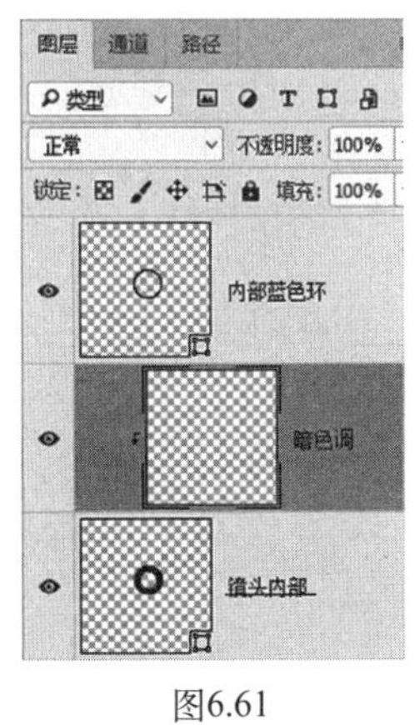

图6.61

图6.62

步骤56　继续用椭圆工具绘制镜头反光。先绘制圆形，然后修剪得到如图6.63所示的效果。

步骤57　在属性栏中设置“填充”的颜色为白色，“不透明度”为13%，效果如图6.64所示。

步骤58　单击“图层”面板中的按钮，新建一个空白图层，将其命名为“镜头反光”。

步骤59　设置前景色为白色，使用画笔工具涂抹相应的反光区域，效果如图6.65所示。

步骤60　再次单击“图层”面板中的按钮，新建一个空白图层，将其命名为“反光色彩”。

步骤61　分别设置前景色为红色和紫色，使用画笔工具涂抹相应的区域，效果如图6.66所示。

步骤62　设置“反光色彩”图层的混合模式为“柔光”，效果如图6.67所示。

图6.63

图6.64

图6.65

步骤63　在摄像头图标的右下角使用椭圆工具 绘制圆形，并填充橙色，效果如图6.68所示。

图6.66　　图6.67　　图6.68

步骤64　单击“图层”面板中的 fx 按钮，添加“内阴影”图层样式，制作凹陷效果，参数设置及效果如图6.69所示。

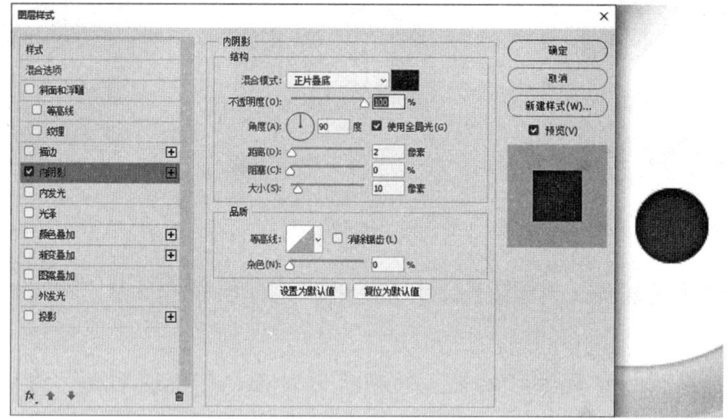

图6.69

步骤65　再次绘制一个圆形，填充渐变色（橙色—亮黄色），如图6.70所示。

步骤66　单击“图层”面板中的 fx 按钮，添加“斜面和浮雕”和“投影”图层样式，参数设置如图6.71、图6.72所示，效果如图6.73所示。

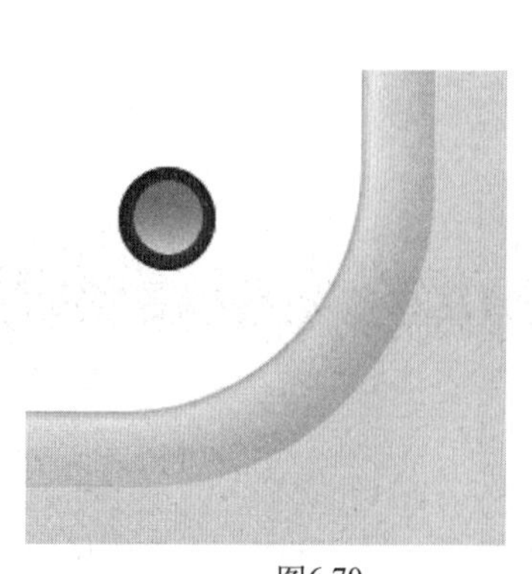

图6.70

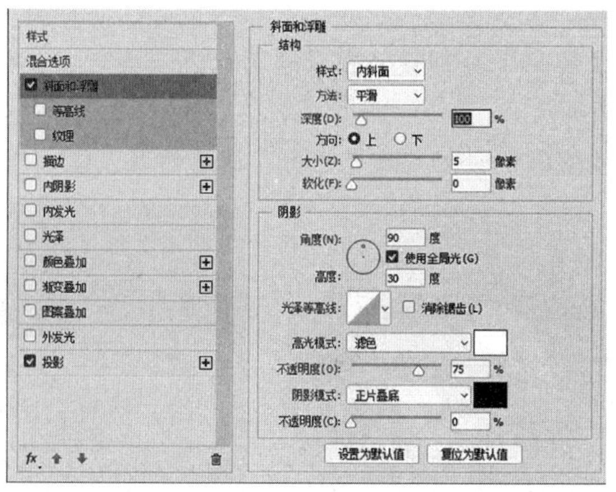

图6.71

步骤67　选择椭圆工具 ，在属性栏中设置工具模式为“路径”，如图6.74所示。

步骤68　绘制圆形路径，如图6.75所示。

步骤69 选择文字工具**T**，在路径上单击，使文字沿路径排列，输入相应的镜头参数，如图6.76所示。摄像头图标的最终效果如图6.77所示。

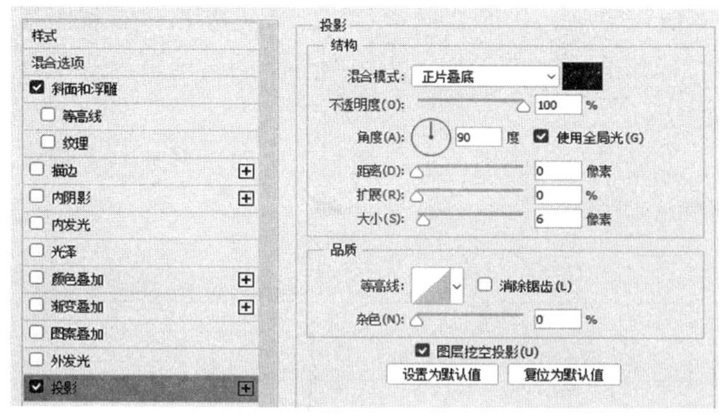

图6.72

图6.73

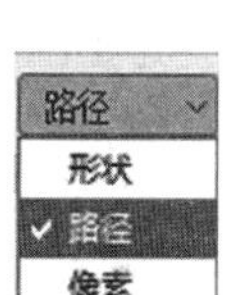

图6.74

图6.75

图6.76

图6.77

6.1.2 案例总结

（1）利用基本形状创建空间结构，这一功能是非常强大的，创建完毕添加渐变颜色，即可制作出色调丰富的立体效果。

（2）利用基本形状创建图形的优点：①便于二次编辑形状，利用钢笔工具或直接选择工具可以二次编辑图形的外观；②在属性栏中可以进行颜色的重复修改。

（3）智能对象图层的优点：①缩放操作不影响图像的精度；②可以直接应用调整命令和滤镜，并可以重复编辑这些命令和滤镜；③节约“图层”面板的空间。

（4）“高斯模糊”滤镜的另类使用方法：①制作阴影；②制作轮廓光；③制作高亮效果（在Photoshop中，渐变可以生成规则形状的结构，不规则形状的结构用渐变不好表现，可以使用“高斯模糊”滤镜来实现）。

（5）综合使用所学基础知识，多思考，找到适合自己的制图流程；多观察实物本来的形态，在制图中就会以合理的形式表现出来。

6.2 网站banner

6.2.1 案例制作

步骤01 打开文件“banner人物素材.jpg”，如图6.78所示。

> **提示** 图中的女性人物举着杠铃在做蹲起动作，该图像素材用来制作与健身有关的网站banner。下面进行人物抠图。

步骤02 使用钢笔工具围绕人物绘制路径（具体操作方法参考前面项目的讲解），如图6.79所示；忽略人物裸露的皮肤，路径只围绕杠铃、人物服装及鞋子这三部分，效果如图6.80所示。

图6.78

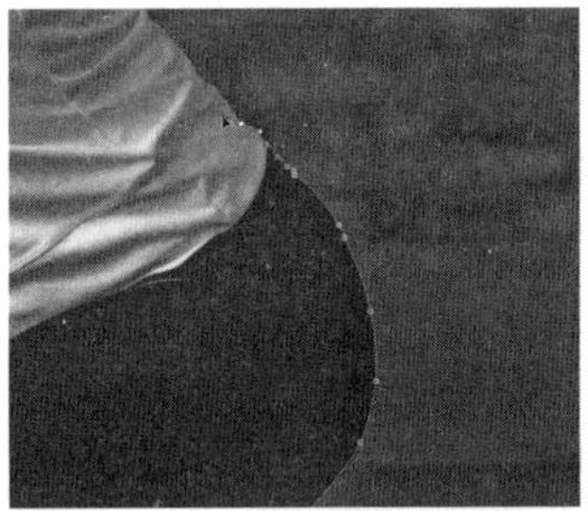
图6.79

图6.80

步骤03 按Ctrl＋Enter组合键，将路径转化为选区，按Ctrl＋J组合键，将选区中的图像内容复制到新图层，并将该图层命名为“人物”，如图6.81所示。

图6.81

步骤04　选择裁剪工具，拖动左侧中部的控制点扩大画布，此时裁剪工具控制框右侧的垂直线位于人物的重心处，然后将上半部分的空白区域裁掉一些，如图6.82所示。

图6.82

步骤05　单击“图层”面板中的按钮，添加纯色图层，将其命名为“地面”。

步骤06　选择“地面”图层，将其放在“人物”图层的下方，设置纯色图层的颜色为深灰色，作为地面颜色，效果如图6.83所示。

提示　使用纯色图层制作背景，便于随时修改图层的颜色（双击纯色图层的缩览图，即可修改颜色）。

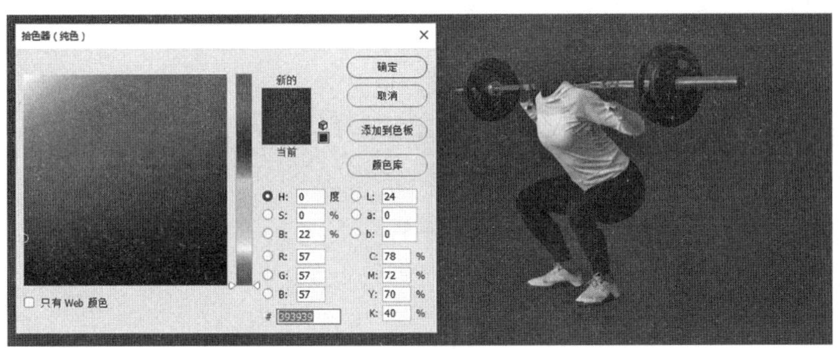

图6.83

步骤07　使用矩形工具绘制矩形形状，将矩形所在图层命名为“墙壁”，将其颜色设置为比纯色图层稍浅的灰色，效果如图6.84所示。

图6.84

步骤08　使用直接选择工具 选择矩形右侧的锚点，并向上拖动，将其作为墙壁，如图6.85所示。

> **提示**　此时人物的衣服颜色不够鲜艳。下面进行调整。

步骤09　单击“图层”面板中的 按钮，添加“自然饱和度”调整图层，按Ctrl+Alt+G组合键，将调整图层作为“人物”图层的剪贴蒙版，如图6.86所示。

步骤10　在自然饱和度“属性”面板中，提高“饱和度”和“自然饱和度”数值，如图6.87所示，效果如图6.88所示。

> **提示**　人物上衣的绿色更加明亮、鲜艳，但是人物裤子的黑色由于提高了饱和度，蓝色的成分加重了，如图6.89所示。下面进行调整。

步骤11　单击“图层”面板中的 按钮，添加“色相/饱和度”调整图层，按Ctrl+Alt+G组合键，使调整图层作为“人物”图层的剪贴蒙版，如图6.90所示。

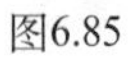

图6.85

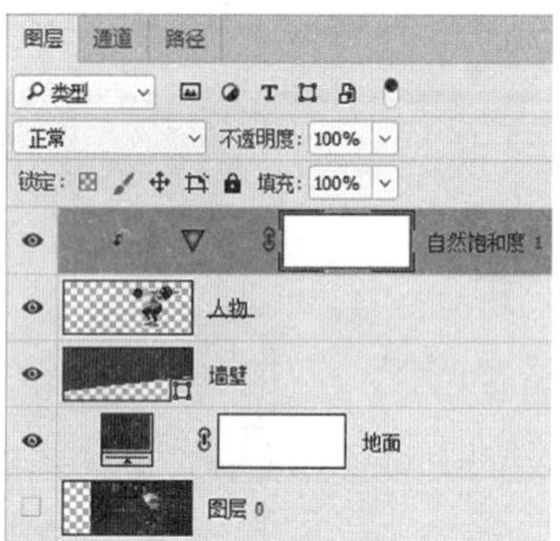

图6.86

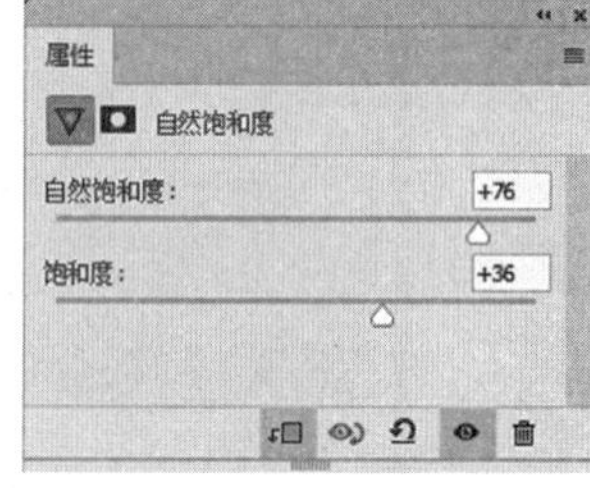

图6.87

图6.88

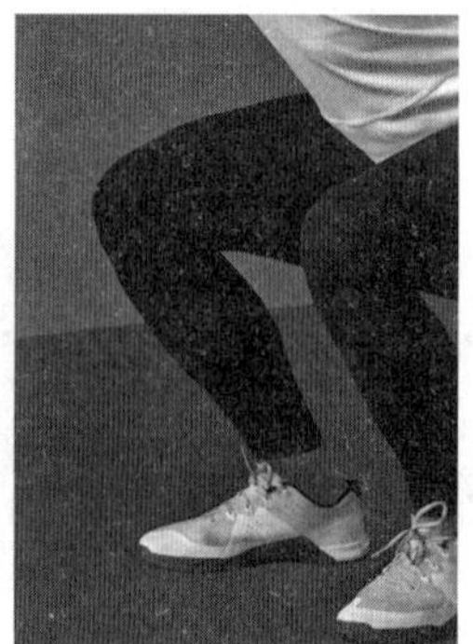

图6.89

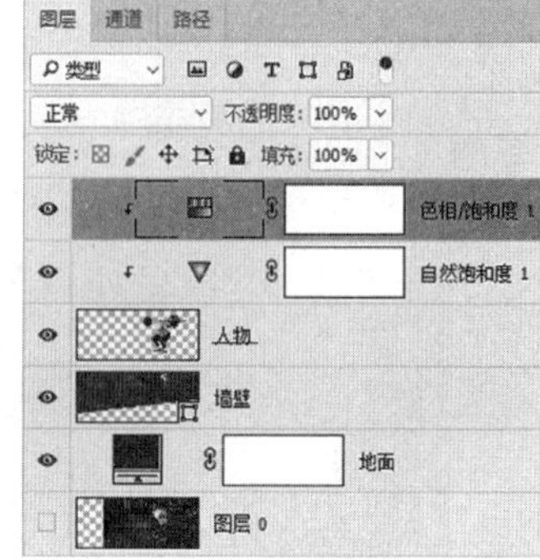

图6.90

步骤12　在色相/饱和度“属性”面板中展开颜色选择下拉列表，分别选择“青色”和“蓝色”选项，将这两个颜色的“饱和度”数值降到最低，如图6.91、图6.92所示，此时人物裤子的颜色返回正常的黑色，如图6.93所示。

图6.91

图6.92

图6.93

提示 人物的袖口、领口和鞋口看上去像一个薄片，缺乏立体感，如图6.94所示，需要补充完整。

步骤13 单击“图层”面板中的 按钮，新建一个空白图层，将其命名为“衣服鞋子补充”，拖动“衣服鞋子补充”图层到“人物”图层的下方，如图6.95所示。

步骤14 按Ctrl+“+”组合键放大视图，显示人物的右手腕处，选择套索工具，在人物右手腕处绘制不规则袖筒形状的选区，如图6.96所示。

步骤15 选择画笔工具，按住Alt键，画笔工具图标变为吸管工具图标的样式，在人物袖管处吸取深绿色（R=58，G=69，B=5），然后在选区中如图6.97所示的区域涂抹。

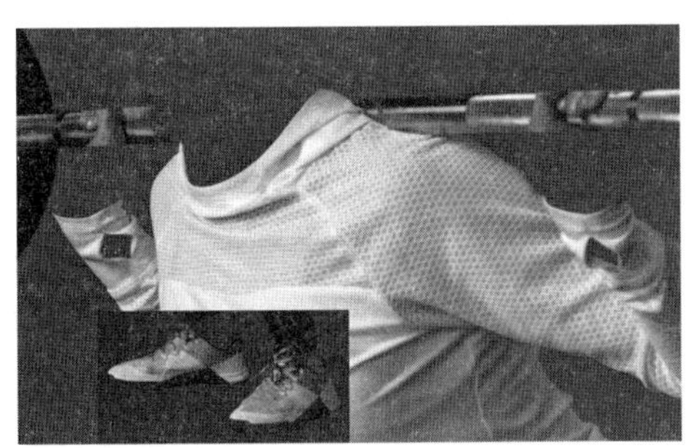

图6.94

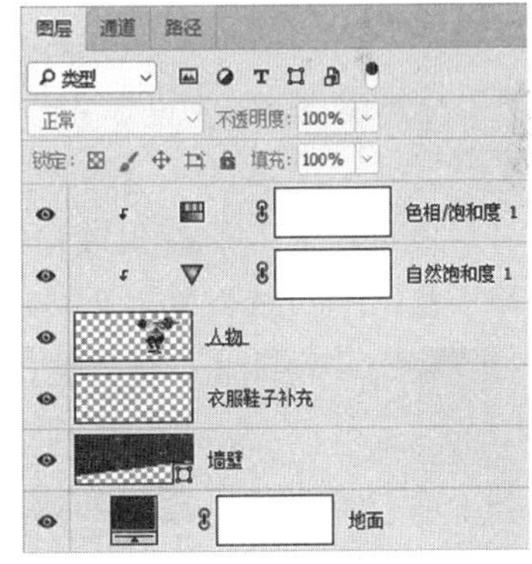

图6.95

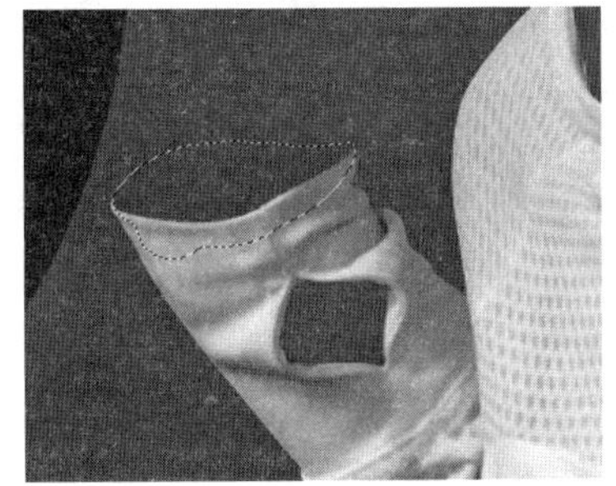

图6.96

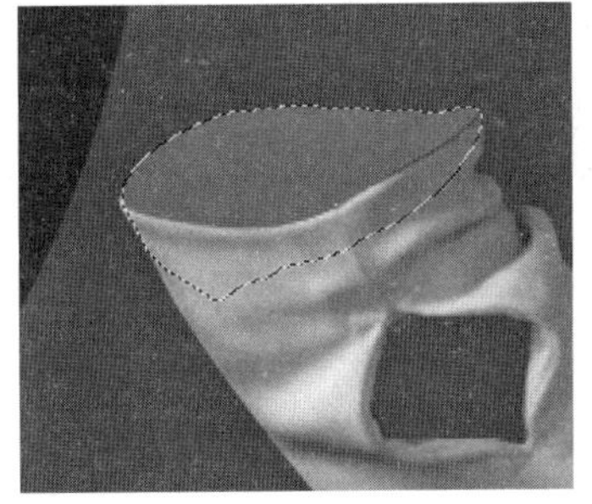

图6.97

步骤16　再次按住Alt键，吸取人物袖子中亮色区域的颜色（R=103，G=123，B=5），在选区中如图6.98所示的区域涂抹，制作袖口亮、袖管中间暗的效果。

步骤17　继续按住Alt键，吸取人物袖管处高亮边缘的颜色（R=170，G=187，B=6），然后涂抹出人物袖管的高亮区域，如图6.99所示。

步骤18　选择加深工具，保持默认设置，在选区的下方区域涂抹，使人物袖管下方区域的暗色更加明显，如图6.100所示。

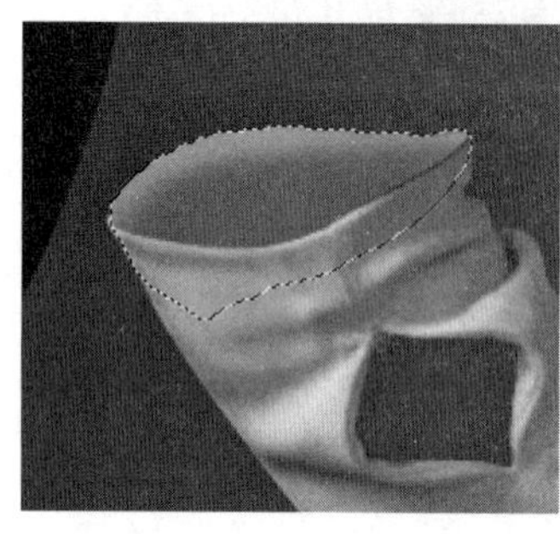

图6.98

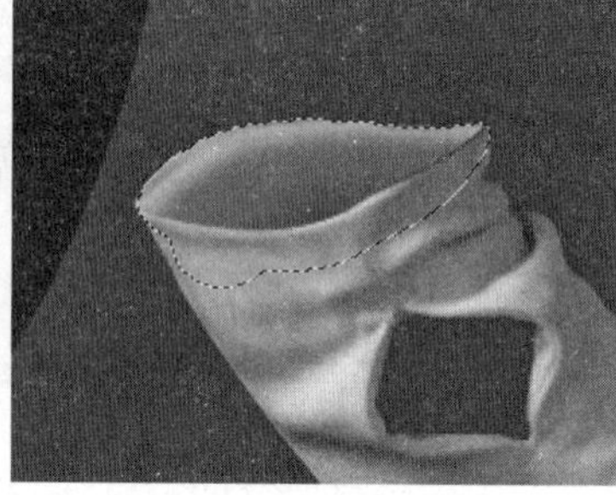

图6.99

图6.100

步骤19　使用涂抹工具，保持默认设置，在人物上方袖管的边缘处向内涂抹，使颜色的过渡更加自然。使用同样的方法，制作出领口、左袖口、鞋子处的效果，如图6.101所示。

提示　下面制作杠铃杆。

步骤20　选择“人物”图层，按Ctrl+“+”组合键，将杠铃杆放大，如图6.102所示。

提示　可以看到，画面左侧的杠铃杆断掉一部分，左右两侧都有人物的手部出现。

步骤21　使用套索工具围绕杠铃杆绘制选区，如图6.103所示。

步骤22　按Ctrl+J组合键，复制得到新图层，将其命名为“01”。

步骤23　按Ctrl+Alt+G组合键，将“01”图层作为“人物”图层的剪贴蒙版，如图6.104所示。

步骤24　选择移动工具，向画面右侧移动“01”图层中的图像，使其覆盖人物的手部，如图6.105所示。

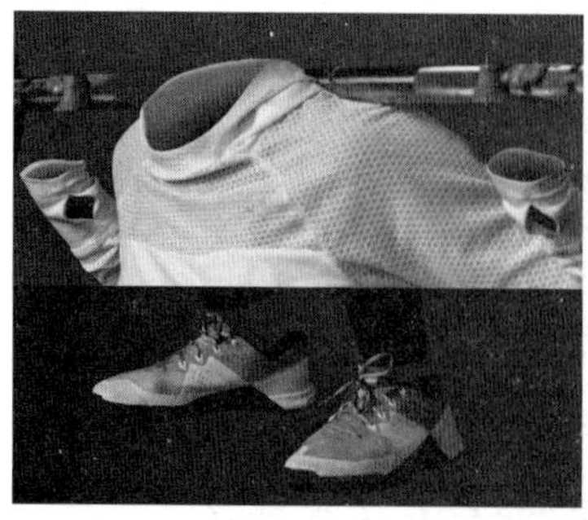

图6.101

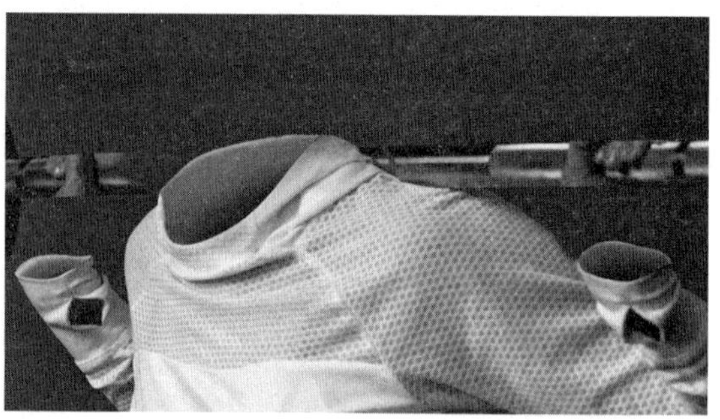

图6.102

图6.103

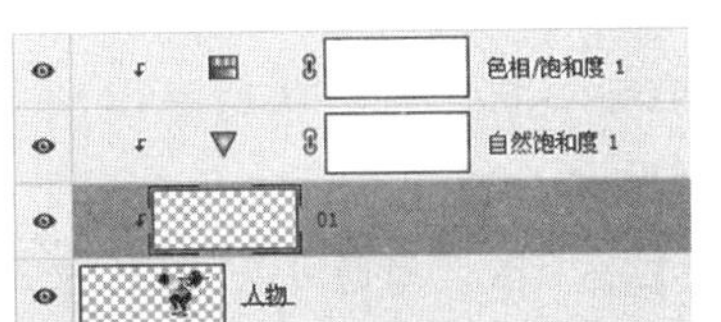

图6.104

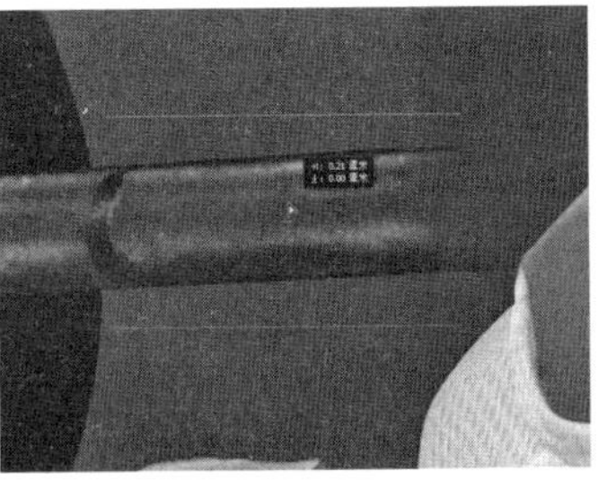

图6.105

步骤25　“01”图层中画面左侧的部分区域与原有的杠铃杆不融合，单击“图层”面板中的按钮，为“01”图层添加图层蒙版。

步骤26　设置前景色为黑色，使用画笔工具在“01”图层的图层蒙版中进行涂抹，使“01”图层中的图像融合于原有的杠铃杆，消除明显的垂直边界，如图6.106中白色方框内所示。

提示

此时画面左侧的杠铃与衣服之间也是断掉的。

步骤27　选择多边形套索工具，沿着杠铃杆的方向绘制选区，注意避开人物衣服，如图6.107所示。

步骤28　选择“人物”图层，填充任意颜色，如图6.108所示，按Ctrl+D组合键取消选区。

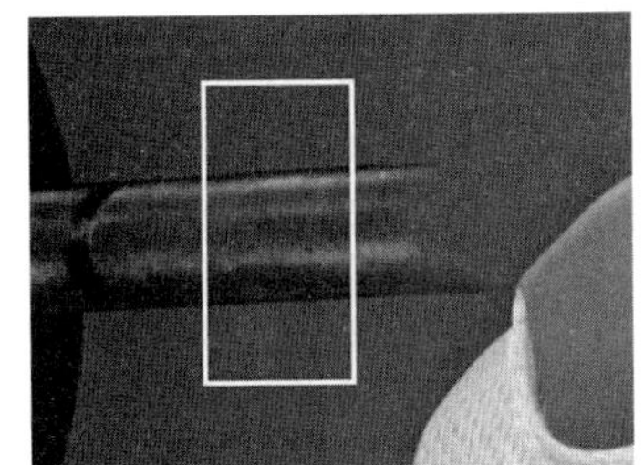

图6.106

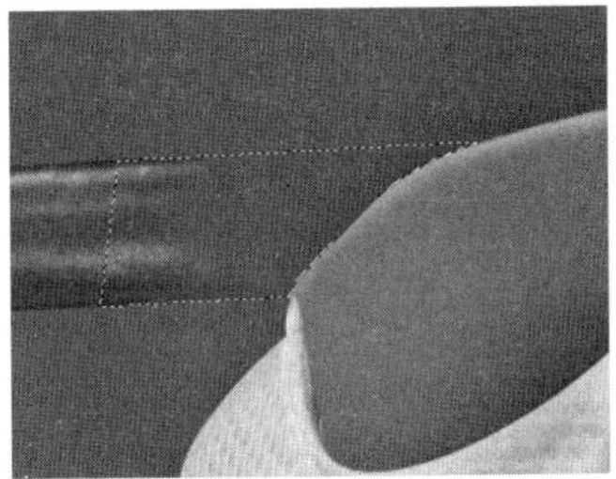

图6.107

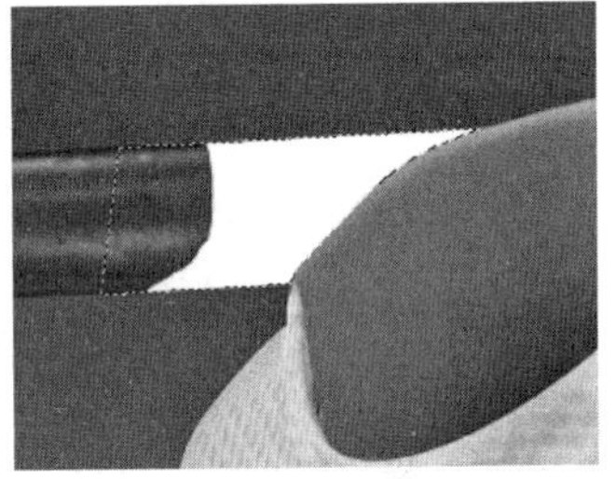

图6.108

步骤29　再次选择“01”图层，按Ctrl+J组合键，复制得到新图层，将其命名为“02”。

步骤30　按Ctrl+Alt+G组合键，将“02”图层也作为“人物”图层的剪贴蒙版，如图6.109所示。

步骤31　使用移动工具向画面右侧移动“02”图层中的图像，效果如图6.110所示。

步骤32　使用同样的方法，完成画面右侧杠铃杆的修图，如图6.111所示。人物图像处理完毕，整体效果如图6.112所示。

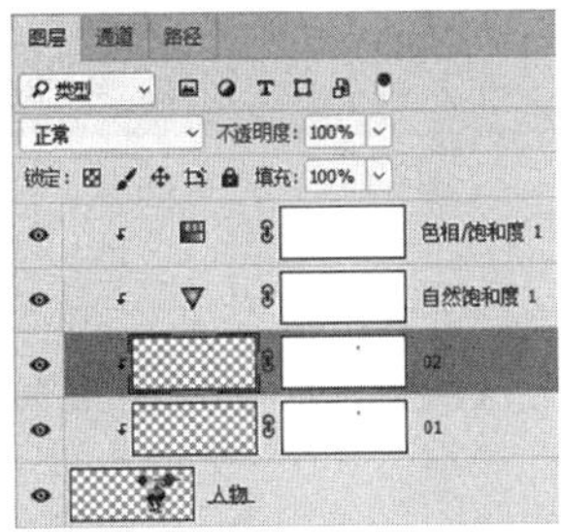

图6.109

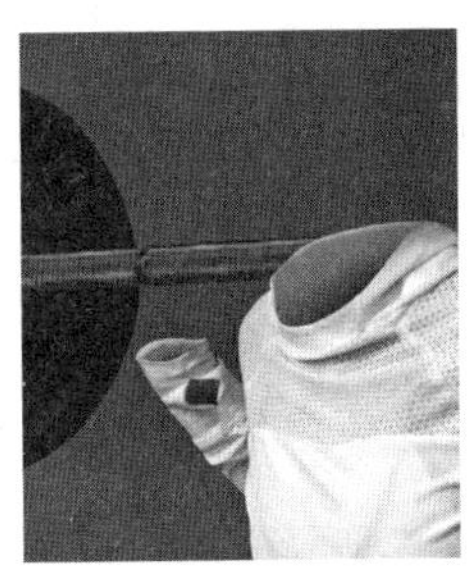

图6.110

图6.111

下面添加矢量形状。

步骤33 使用矩形工具绘制形状，将形状所在图层命名为“绿色01”，将其放在“墙壁”图层的上方，如图6.113所示。

步骤34 选择直接选择工具，在“绿色01”图层中选择形状上方的两个锚点，向画面右侧拖动，如图6.114所示。

步骤35 按Ctrl+J组合键，复制“绿色01”图层，将其命名为“绿色02”，双击“绿色02”图层的缩览图，将形状设置为更亮一些的绿色（R=177，G=200，B=0），使用移动工具将“绿色02”图层中的形状向画面右上方拖动，如图6.115所示。

图6.112

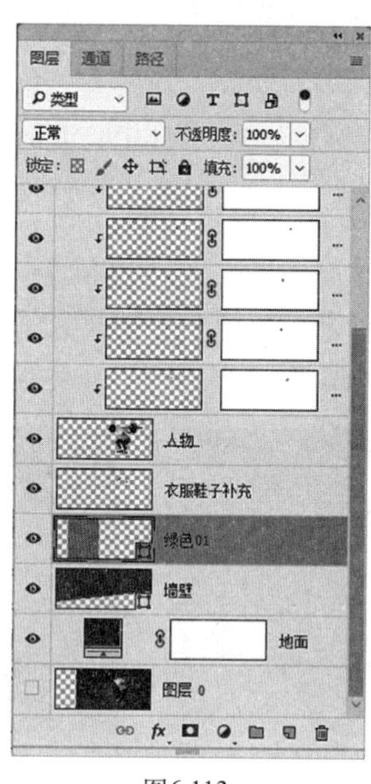

图6.113

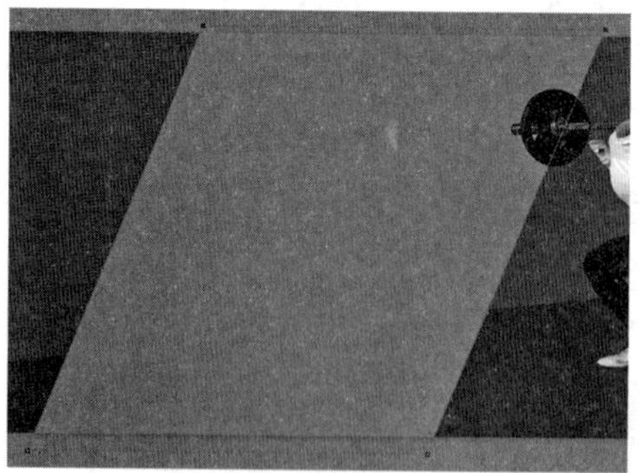

图6.114

图6.115

步骤36 使用同样的方法，在画面的右侧也添加倾斜的矩形形状，并适当更改颜色，使颜色形成不同明暗的变化，以产生空间感，如图6.116所示，整体效果如图6.117所示。

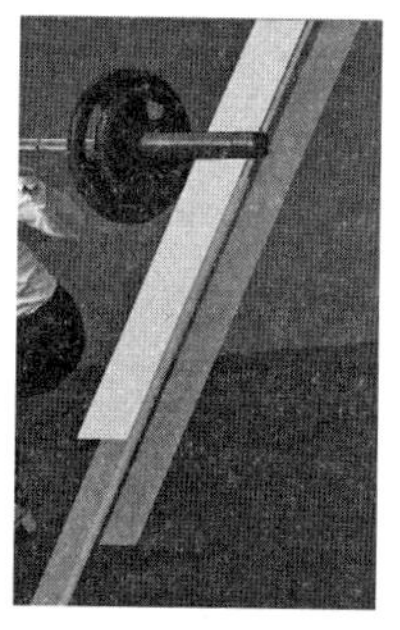

图6.116

图6.117

提示　可以看到，此时人物脚下没有阴影，显得很奇怪，如图6.118所示。

步骤37　单击“图层”面板中的按钮，新建一个空白图层，将其命名为“阴影”，将“阴影”图层放在“人物”图层的下方，如图6.119所示。

步骤38　设置前景色为黑色，使用画笔工具，在鞋子与地面的接触位置单击，产生一个黑色的有羽化效果的圆形，如图6.120所示。

图6.118

人物
阴影
衣服鞋子补充

图6.119

图6.120

步骤39　按Ctrl+T组合键变换对象，按住Alt键，拖动右侧中间的控制点，使黑色圆形变为横向的长圆形，如图6.121所示，阴影制作完成。

步骤40　选择移动工具，按住Alt键，移动复制出另一个阴影效果，并适当调整方向，如图6.122所示。

步骤41　输入文案内容并添加装饰图形，调整合适的大小，如图6.123所示。

图6.121

图6.122

图6.123

步骤42　选择“Power of Life”文字图层，单击“图层”面板中的fx按钮，添加“投影”图层样式，参数设置如图6.124所示，效果如图6.125所示。

提示

此时文字“Power of Life”与人物是重叠效果，能否使文字和人物产生穿插效果呢？

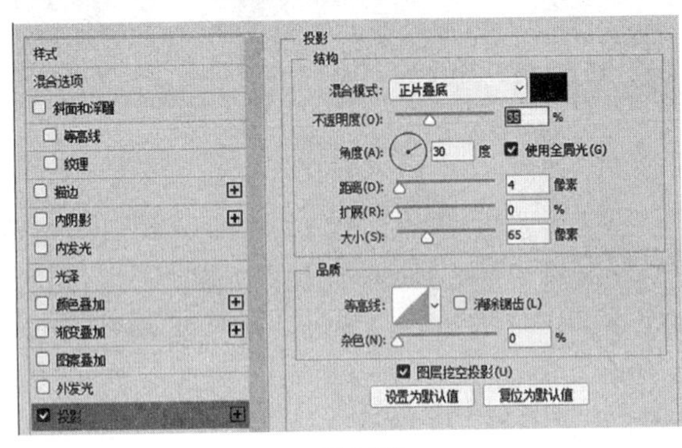

图6.124

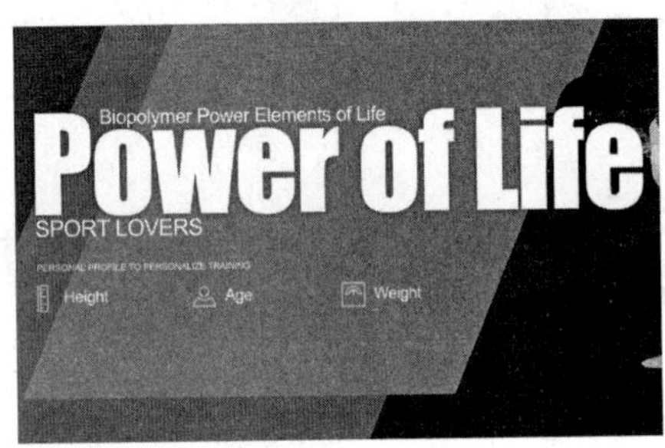

图6.125

步骤43　单击“图层”面板中的按钮添加图层蒙版，按住Ctrl键单击“人物”图层的缩览图，载入“人物”图层的选区，如图6.126所示。

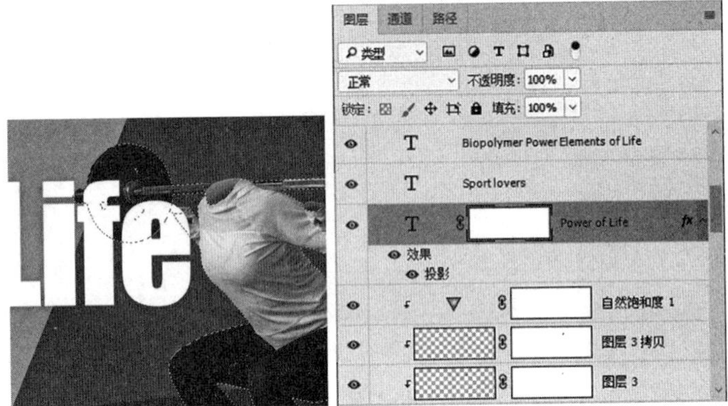

图6.126

步骤44　设置前景色为黑色，在“Power of Life”文字图层的图层蒙版中，使用画笔工具在“Life”的“f”的上方涂抹，使“f”被涂抹的区域隐藏起来，如图6.127所示。

步骤45　使用同样的方法，处理字母“e”右上角的区域，使其位于人物袖子的下方，如图6.128所示，整体效果如图6.129所示。

图6.127

图6.128

图6.129

6.2.2 案例总结

（1）在进行人物抠图时，必须熟练使用钢笔工具，对有清晰边缘的对象进行抠图。

（2）有效地判断人物主体去除裸露皮肤后的衣服结构。提取人物主体是抠图的结果；补充人物裸露的皮肤部分（手部、脚踝、颈部等），因为抠图（去除人物裸露皮肤）而造成的衣服缺失的部分（如领口、袖口等），是先使用套索工具绘制形状、再使用画笔工具涂抹颜色的结果。从产品拍摄到广告设计，在这一过程中要先进行广告的构思，根据构思绘制草图，根据草图拍摄内模（公司员工），从建立低分辨率的草图确定设计的可行性；确定设计稿后，再请外模进行拍摄（需要付费，前期操作是为了尽可能地一次拍摄外模成功，否则会增加制作成本）。如果有类似本案例的设计需求，可以直接拍摄衣服缺失的部分，然后进行合成处理，也可以进行手绘处理。

（3）灵活使用蒙版，使对象之间进行混合，不是简单地上下层叠，而是有目的地嵌套，这样可以增加设计的空间感。

（4）使用同色系的不同颜色填充矢量形状，可以产生前后空间的视觉效果。颜色亮的形状相对于颜色暗的形状靠前，面积大的形状相对于面积小的形状靠前，这样可以产生空间感。矢量形状的转折（如本案例中背景的两种灰色）也可以产生空间感。通过不同的表现手法使平面作品体现出空间结构，是广告创意的一种表达方式。

6.3 2.5D风格的文字海报

6.3.1 案例构思

本案例采用2.5D风格来设计文字海报。2.5D风格的文字可以产生空间扭曲，类似游戏纪念碑谷的效果，其特点是不体现透视关系。

6.3.2 案例制作

提示

首先绘制2.5D文字草图。

步骤01　新建空白文件（尺寸为1920×800像素，分辨率为150像素/英寸，RGB颜色模式），如图6.130所示。

步骤02　单击“图层”面板中的按钮，新建空白图层，将其命名为“草图”。

步骤03　任意设置前景色，使用画笔工具在空白图层中绘制2.5D文字草图，如图6.131所示。

步骤04　选择直线工具，在属性栏中设置“粗细”为1像素，按住Shift键绘制45°的斜线，如图6.132所示。

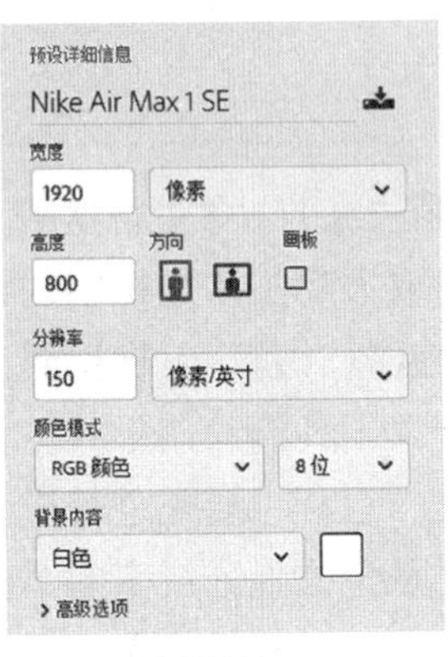

图6.130

图6.131

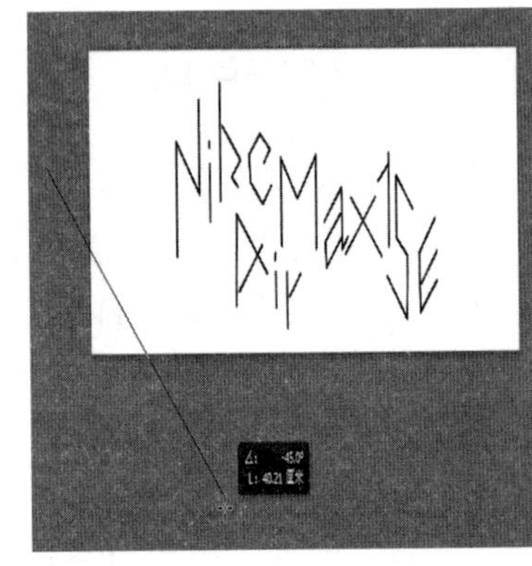

图6.132

步骤05　按Ctrl+Alt+T组合键，使用智能复制方式定义所绘制的斜线；按住Shift键移动斜线，复制得到新的斜线，按Enter键确认操作。

步骤06　按Ctrl+Alt+Shift+T组合键智能复制对象，每按一次组合键，可以复制一条斜线，此时是单斜线（左上—右下）结构，效果如图6.133所示。

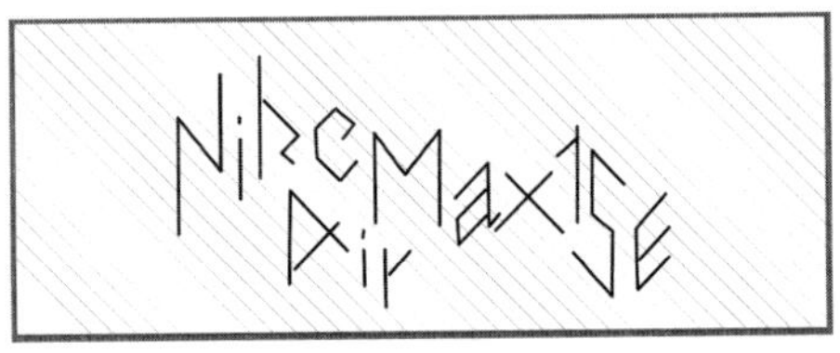

图6.133

提示

智能复制的操作步骤、作用及注意事项如表6.1所示。

表6.1　智能复制

操作步骤	作　用	注意事项
（1）选择要智能复制的图层，按Ctrl+Alt+T组合键	定义要智能复制的对象（此时显示八个控制点和一个旋转中心）	如果智能复制的是位图，绘制了选区且选区内有像素，按照步骤（1）~（4），智能复制的对象在一个图层内（图层只有一个）；如果智能复制的是位图，没有任何选区，则按照步骤（1）~（4），智能复制的对象在不同图层（图层较多）
（2）进行移动、旋转、缩放等操作，可以单独进行这些操作，也可以配合进行，如移动+缩放	使智能复制的对象产生变化	

续表

操作步骤	作　用	注意事项
（3）按Enter键	确认操作	如果智能复制的是形状图层，使用直接选择工具或路径选择工具选中形状的路径时，智能复制的形状在同一个图层（图层只有一个）；如果智能复制的是形状图层，不使用直接选择工具或路径选择工具选中形状的路径，则智能复制的形状在不同图层（图层较多）
（4）按Ctrl＋Shift＋Alt＋T组合键	进行智能复制，每按一次组合键，可以按照步骤（2）中的变化复制得到一个新的对象	

步骤07　使用路径选择工具框选所有的斜线，按住Alt键复制斜线，按Ctrl＋T组合键变换对象，右击，在弹出的快捷菜单中选择“水平翻转”命令，按Enter键确认操作，效果如图6.134所示。

步骤08　斜线网格结构绘制完毕，双击网格所在图层，将图层名称修改为“辅助线”，如图6.135所示。

图6.134

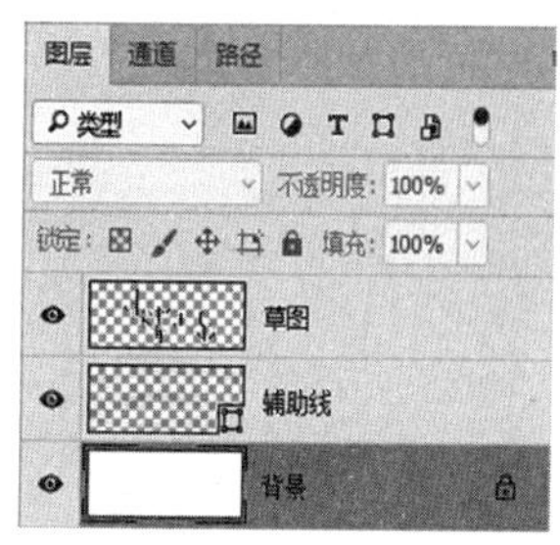

图6.135

步骤09　在“图层”面板中，将“草图”图层的“不透明度”设置为30%，如图6.136所示，然后选择“背景”图层。

图6.136

提示　绘制字母“N”。

步骤10　选择矩形工具，在画布中绘制矩形形状，将矩形所在图层命名为“01”，如图6.137所示。

步骤11　拖动矩形上、下两条边的锚点，使这两条边与参考线重合，效果如图6.138中黑色方框内所示。

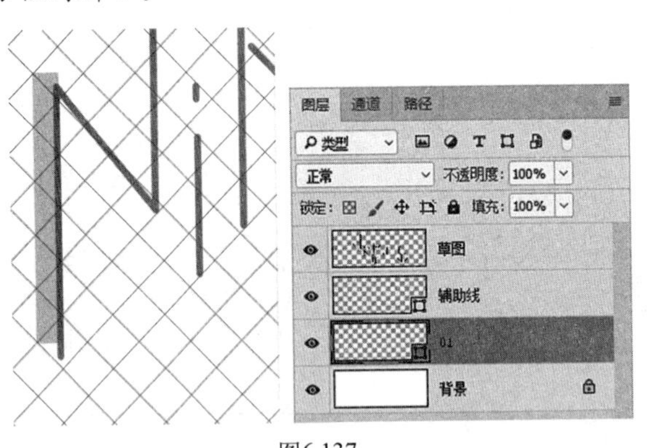

图6.137

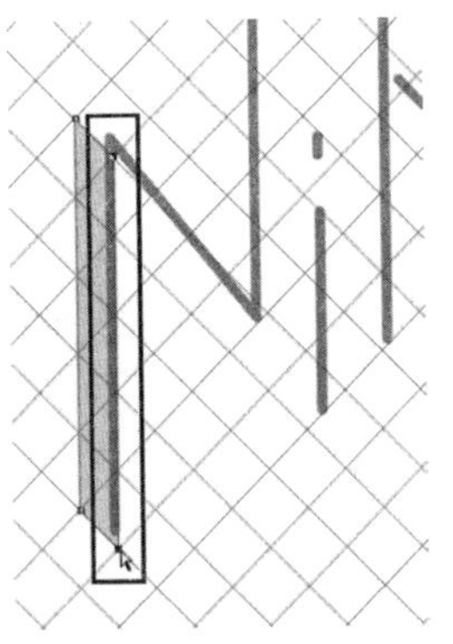

图6.138

步骤12　按Ctrl＋J组合键，复制“01”图层，得到新图层，将其命名为“02”。

步骤13　选择直接选择工具，选择“02”图层中形状左侧的两个锚点，向右移动到右侧的网格处，如图6.139中箭头所示。

提示　“02”图层是“01”图层原位置复制得到的，因此，两个图层中的形状是重复的。

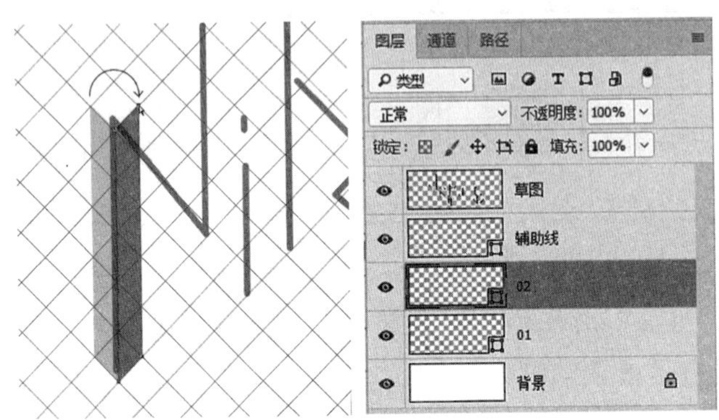

图6.139

提示　此时立体结构的两个侧面制作完成，但是“02”和“01”图层中图形的颜色完全一致。下面进行调整。

步骤14　双击“02”图层的缩览图，在弹出的“拾色器”对话框中设置颜色，参数设置及效果如图6.140所示。

步骤15　选择“02”图层，按Ctrl＋J组合键，复制当前图层，得到新图层，将其命名为“03”。

步骤16　选择直接选择工具，选择“03”图层下方的两个锚点，如图6.141黑色方框内所示，向上移动到顶部的网格处，如图6.142中箭头所示，此时立体结构的顶面制作完成。

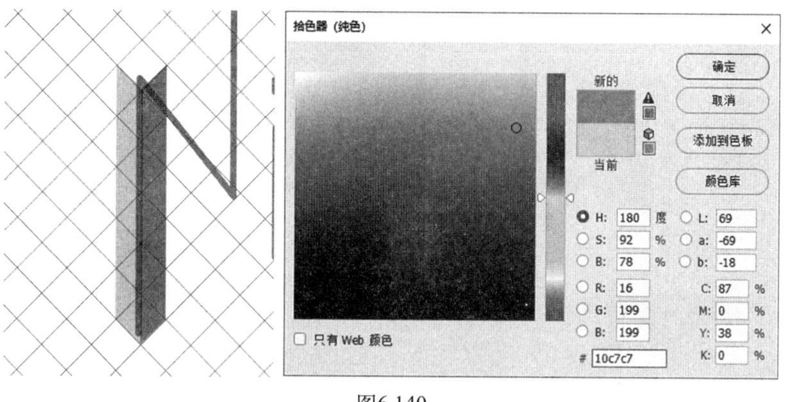

图6.140

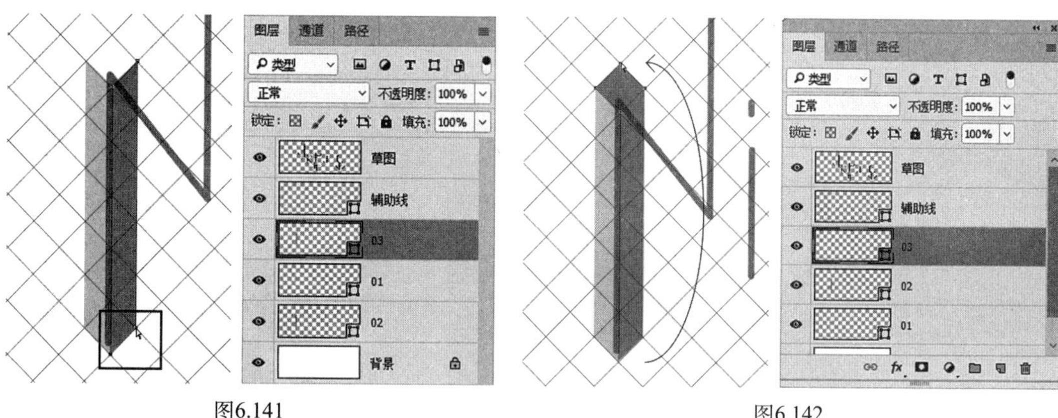

图6.141　　图6.142

步骤17　双击“03”图层的缩览图，在弹出的“拾色器”对话框中设置颜色，参数设置及效果如图6.143所示。

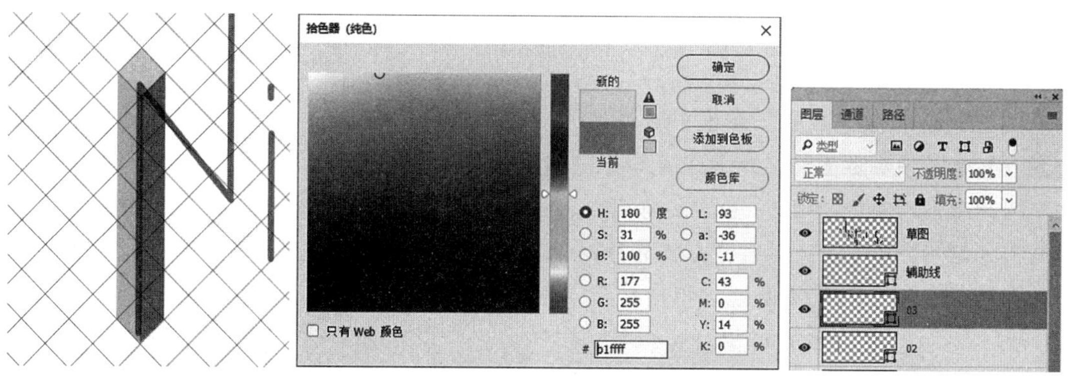

图6.143

步骤18　确认“03”图层为当前图层，选择直接选择工具，选择“03图层”右下方的两个锚点，如图 6.144 中黑色方框内所示，向右下方移动到草图中字母“N”拐角处的网格处，如图 6.145中箭头所示，立体结构顶部的平面制作完成。

步骤19　选择“01”图层，选择矩形工具，按住Shift键绘制形状，此时绘制的形状会被添加到“01图层”中。

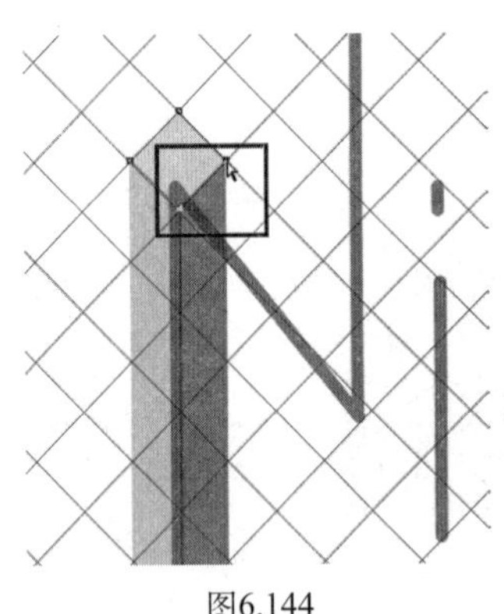
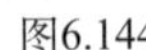

图6.144

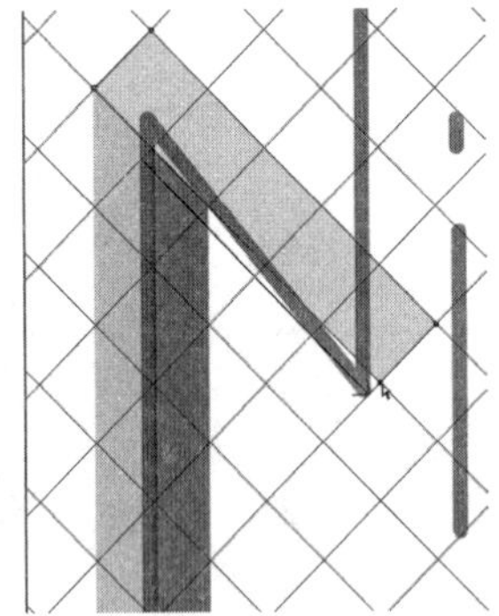

图6.145

步骤20　选择直接选择工具，选择新绘制的形状右侧的两个锚点，如图6.146中黑色方框内所示，向右下方拖动，使顶点和顶面的“03”图层重合，如图 6.147 中箭头所示。

> **提示**　此时在“图层”面板中，“01”图层位于“02”图层的下方，刚才绘制的矩形侧面结构有部分区域看不到，如图6.147中黑色方框内所示。

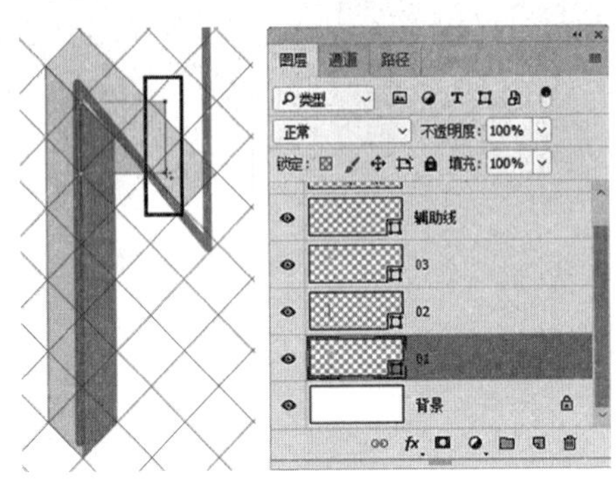

图6.146

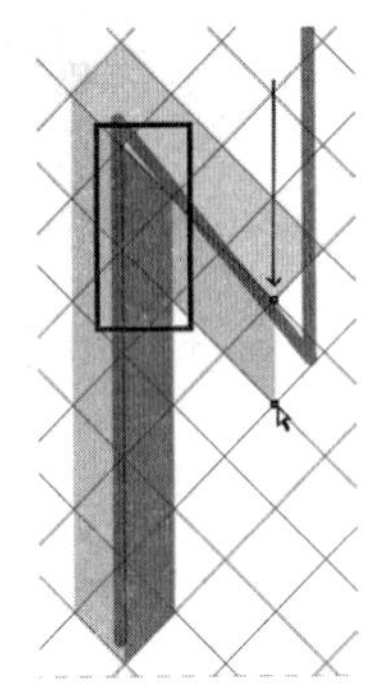

图6.147

步骤21　在“图层”面板中选择“01”图层，然后将其向上拖动到“02”图层的上方，此时的图层位置和显示效果是合乎逻辑的，如图6.148所示。

步骤22　选择“01”图层，使用路径选择工具选择左侧垂直部分，如图6.149中黑色方框内所示，按住Alt键，将其移动复制到右上方的位置，作为字母“N”最后一笔的左侧面，如图6.150中黑色方框内所示。

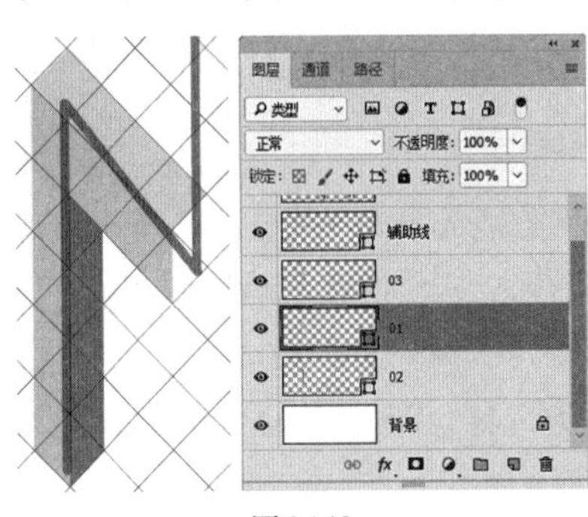

图6.148

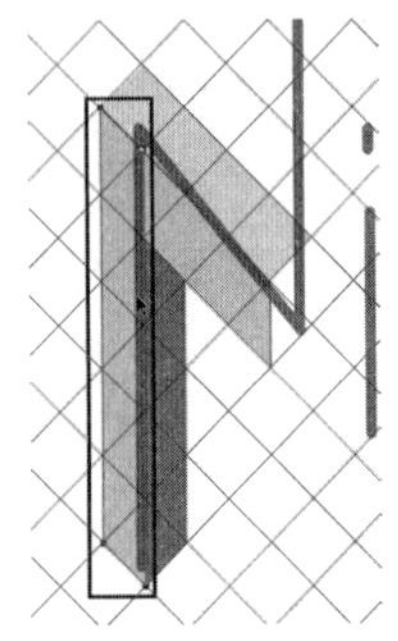

图6.149

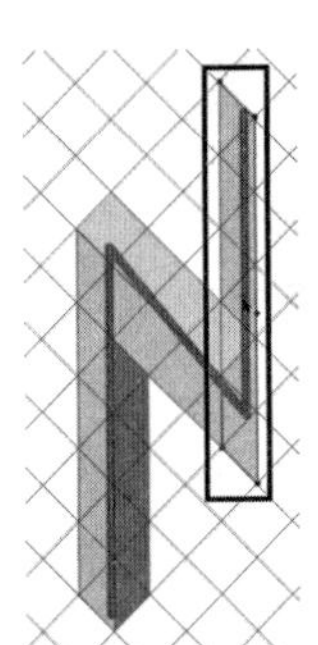

图6.150

步骤23　此时“01”图层位于“03”图层的下方，在“图层”面板中拖动“01”图层到“03”图层的上方，如图6.151所示，字母“N”的整体左侧面制作完成。

步骤24　选择“02”图层，使用路径选择工具选择右侧垂直部分，如图6.152中黑色方框内所示，按住Alt键，将其移动复制到右上方的位置，作为字母“N”最后一笔的右侧面，如图6.153中黑色方框内所示。

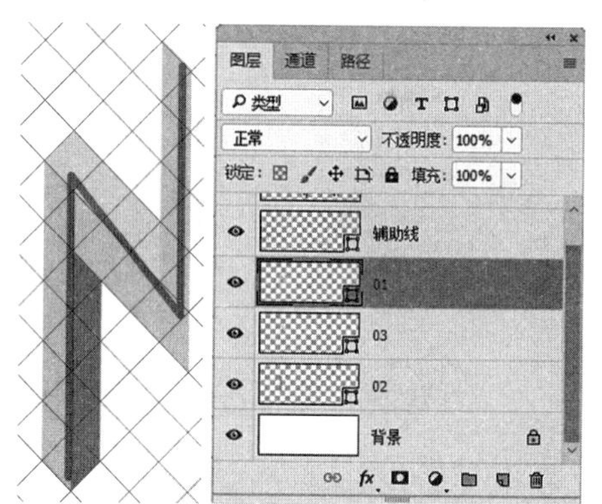

图6.151

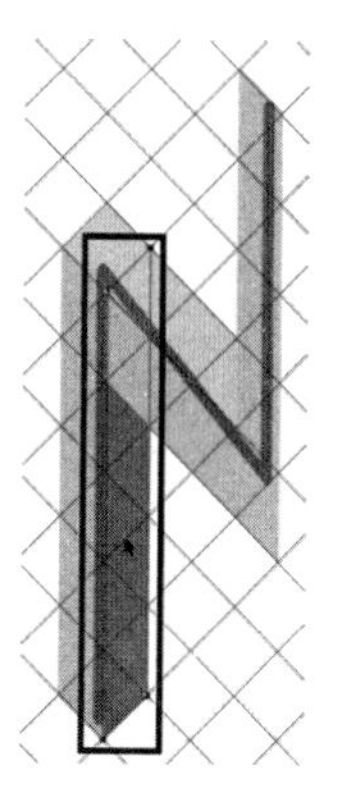
图6.152

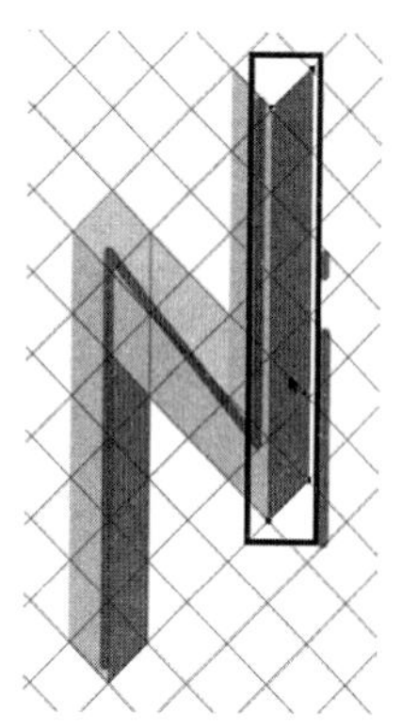
图6.153

步骤25　选择“03”图层，使用路径选择工具选择顶部平面，如图6.154中箭头所示，按住Alt键，将其移动复制到右上方的位置，作为字母“N”最后一笔的顶面；然后使用直接选择工具调整锚点的位置，如图6.155中箭头所示。

步骤26　按住Ctrl键分别单击“01”“02”“03”图层，选择这三个图层，然后按Ctrl＋G组合键，建立图层组，将该组命名为“N”，如图6.156所示。

图6.154　　图6.155　　图6.156

步骤27　选择“N”图层组，按Ctrl＋J组合键，复制图层组，得到新图层组，将其命名为“i”。

步骤28　选择移动工具，向右侧移动“i”图层组中的形状，如图6.157所示。

步骤29　单击“i”图层组左侧的图标，展开图层组，可以看到其中有三个图层，如图6.158所示。

步骤30　按住Ctrl键单击这三个图层，将其选中，选择直接选择工具，框选左侧图形的锚点，如图6.159所示，按Delete键，删除锚点，此时字母“N”转换为字母“I”，如图6.160所示。

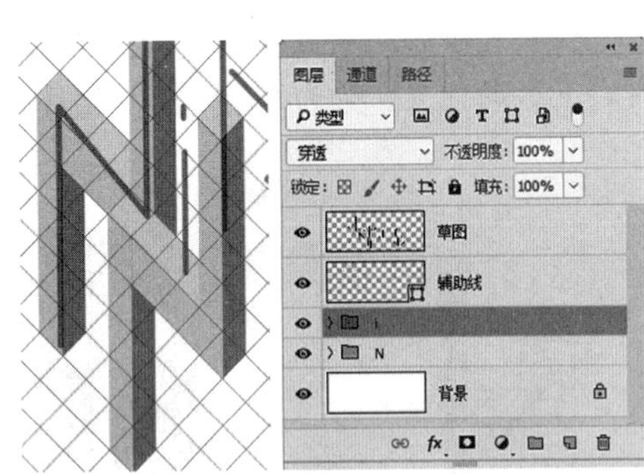

图6.157

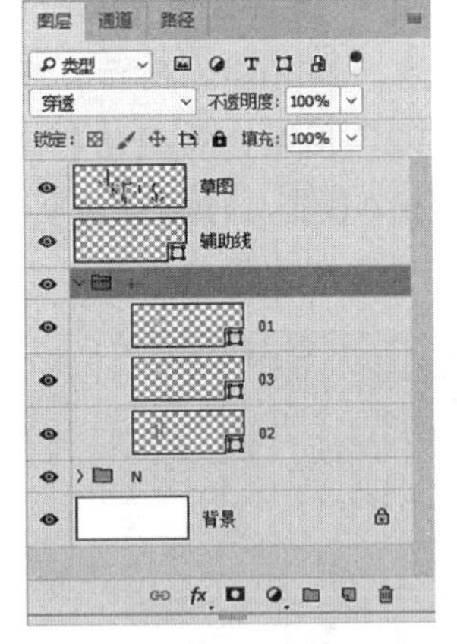

图6.158

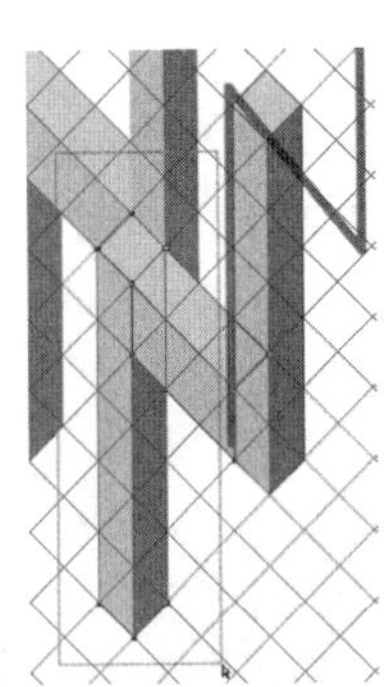
图6.159

步骤31　确认“i”图层组中的三个图层是选中状态，继续使用直接选择工具框选上方的锚点，如图 6.161中黑色方框内所示，向下拖动锚点，使字母“I”变短一些，如图6.162所示。

步骤32　选择移动工具，按住Alt键向上复制对象，如图6.163所示，得到新图层，如图6.164所示。

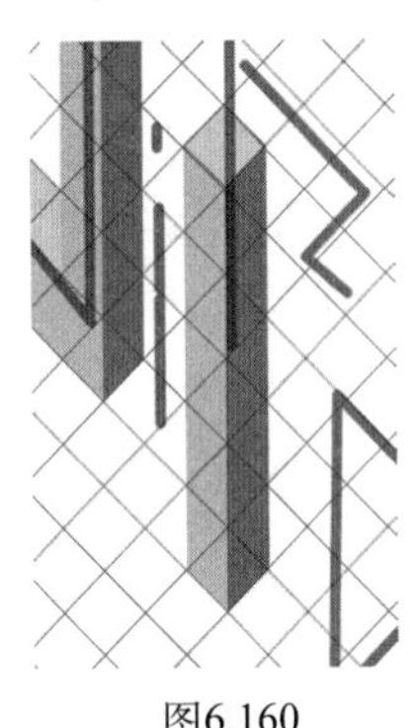
图6.160

图6.161

图6.162

步骤33　选择直接选择工具，框选上方的锚点并向下拖动，制作字母“i”上方的“ · ”，如图6.165所示。

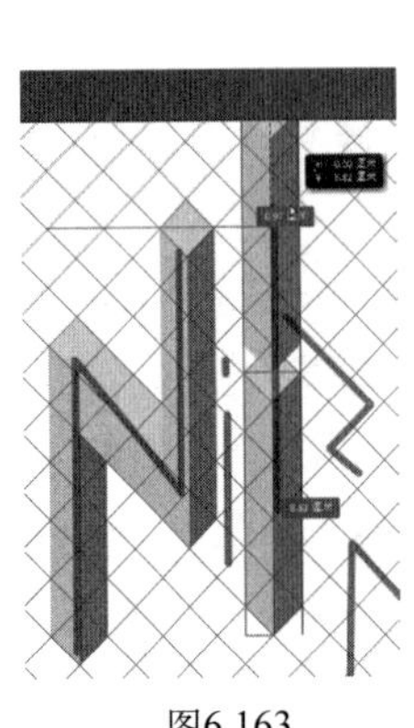
图6.163

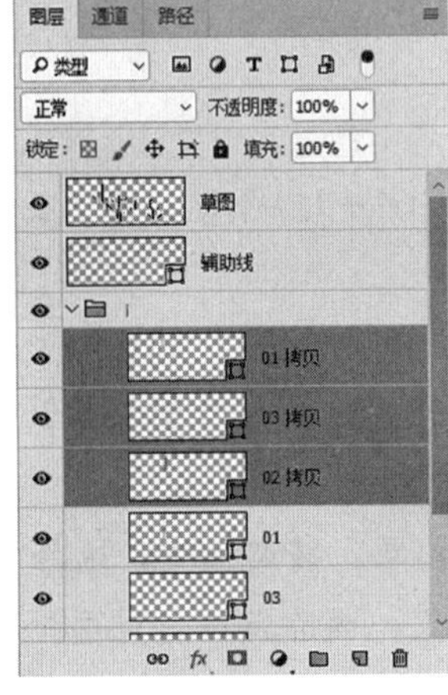

图6.164

图6.165

步骤34　选择“i”图层组，选择移动工具，按住Alt键，拖动复制“i”图层组中的形状到右侧，得到新图层组，将其命名为“k”，如图6.166所示。

步骤35　单击“k”图层组左侧的图标，展开图层组，删除“01拷贝”“02拷贝”“03拷贝”图层，如图6.167所示。

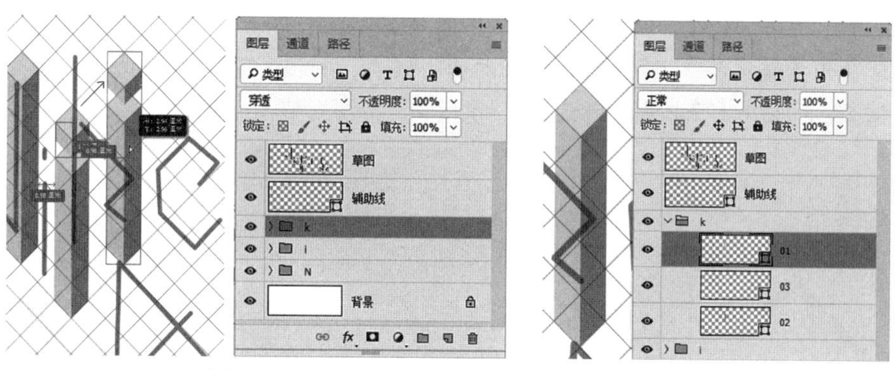

图6.166　　　　图6.167

步骤36　按住Ctrl键，单击“图层”面板中的“01”“02”“03”图层，选择这三个图层。

步骤37　选择直接选择工具，框选上方的锚点，如图6.168中黑色方框内所示，向上拖动，如图6.168中箭头所示，使字母“k”的竖线加长。

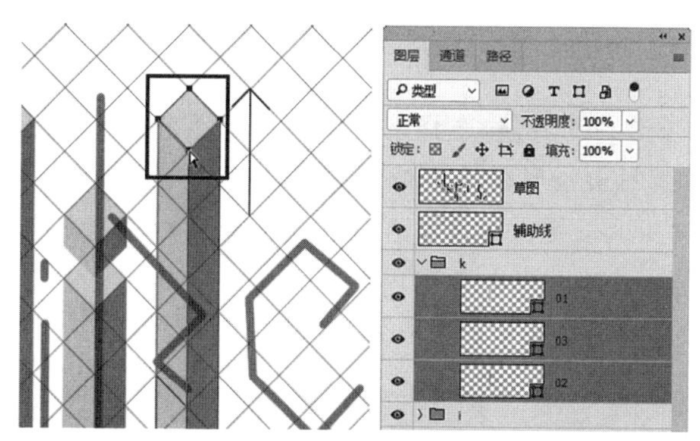

图6.168

步骤38　选择“k”图层组中的“01”图层，按住Shift键，使用矩形工具绘制形状，此时绘制的形状会被添加到“01图层”中，如图6.169所示。

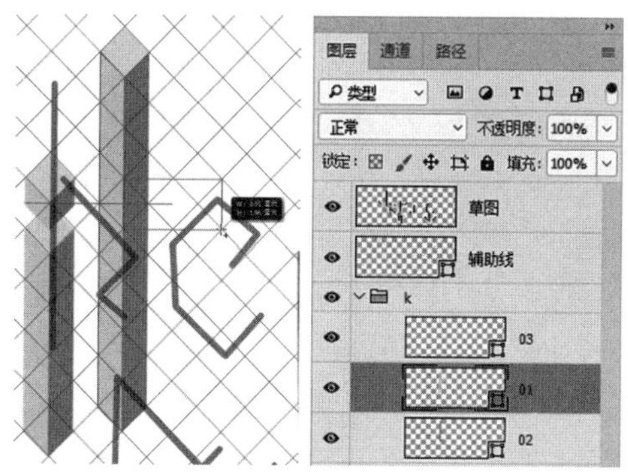

图6.169

步骤39　选择直接选择工具，框选右侧锚点，如图6.170中黑色方框内所示，向右下方拖动，使字母“k”的斜线加长，如图6.170中箭头所示。

步骤40　选择“k”图层组中的“03”图层，选择路径选择工具，选择顶部平面，如图6.171中黑色方框内所示。

步骤41　按住Alt键，将该平面移动复制到右下方的位置，作为字母“k”横笔的顶面，然后使用直接选择工具选择右侧的两个锚点，如图6.172中黑色方框内所示，调整锚点的位置，如图 6.172中箭头所示。

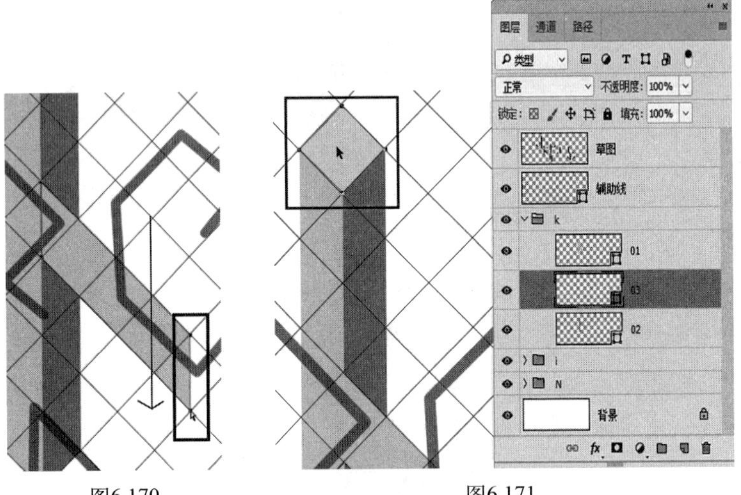

图6.170　　图6.171

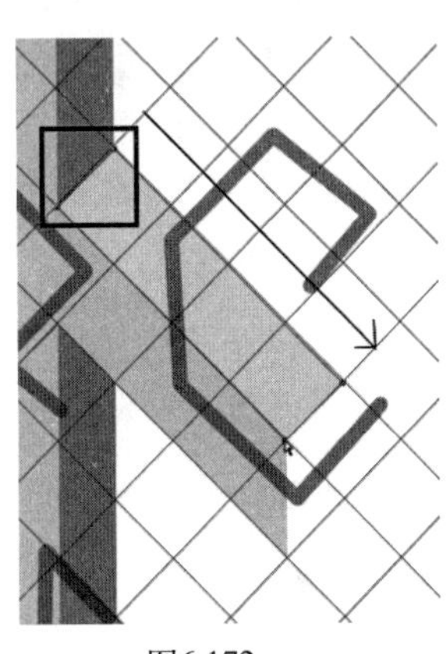

图6.172

步骤42　使用路径选择工具选择上一步调整好的平面，如图6.173中黑色方框内所示，按住Alt键，移动复制出矩形结构，如图 6.173中箭头所示。

步骤43　按Ctrl+T组合键，右击，在弹出的快捷菜单中选择“水平翻转”命令，变换所选矩形的方向（图6.174中黑色方框内是原方向，需要变化为箭头所指方向），并对齐到顶面右侧，如图6.174中箭头所示。

提示

此时顶面在侧面的下方，如图6.174中黑色三角形内所示，图层的位置不合适。

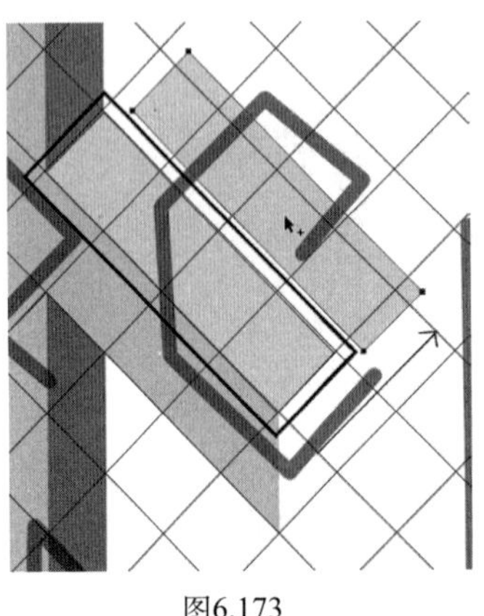

图6.173

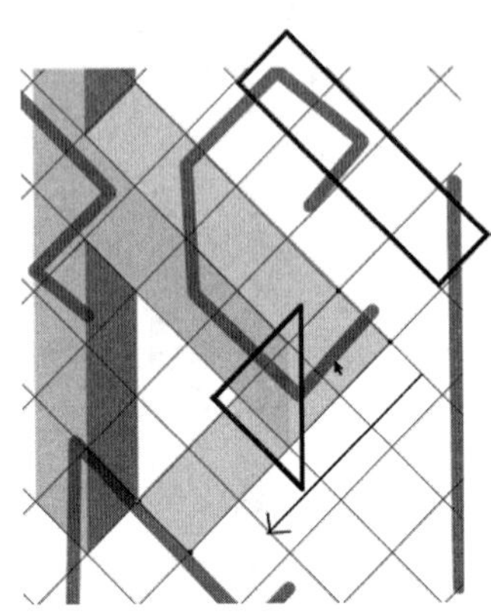

图6.174

步骤44　在“图层”面板中选择“03”图层，将其拖动到“01”图层的上方，如图6.175所示。

步骤45　使用路径选择工具选择顶部平面，如图 6.176 中黑色方框内所示，按住Alt键，将其移动复制到右下方的位置，如图6.177中左侧箭头所示，将其作为字母“k”右下角的顶面，然后使用直接选择工具选择右下方的锚点，如图6.177中黑色方框内所示，调整锚点的位置，如图6.177中右侧箭头所示。

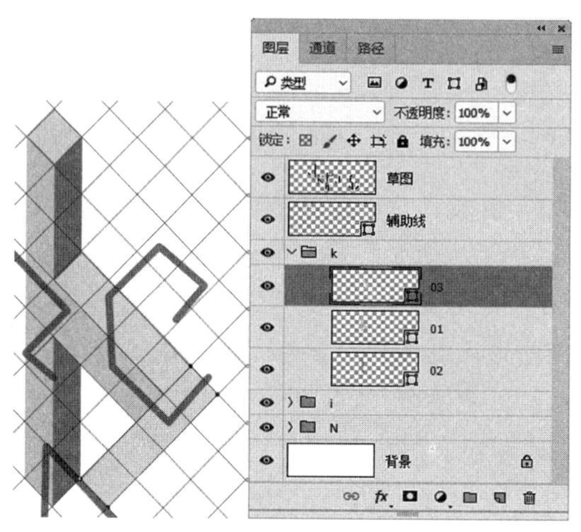

图6.175

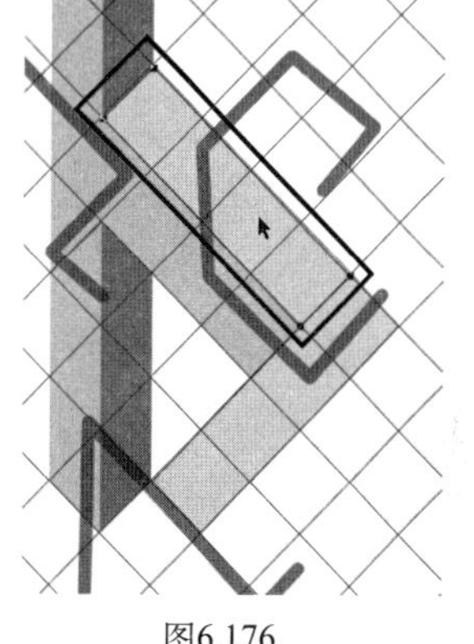

图6.176

步骤46　选择“k”图层组中的“02”图层，使用路径选择工具，选择右侧平面，如图6.178中黑色方框内所示；按住Alt键，将其移动复制到右下方的位置，如图6.179中箭头所示，作为字母“k”转折处的侧面；使用直接选择工具调整锚点的位置，如图6.180所示。

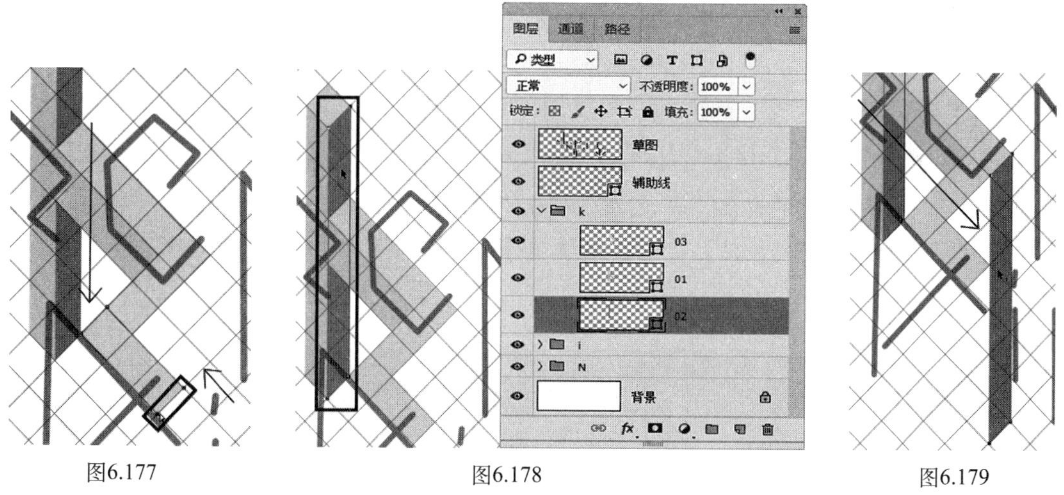

图6.177　　图6.178　　图6.179

步骤47　选择“k”图层组中的“01”图层，使用路径选择工具选择左侧平面，如图6.181中黑色方框内所示；按住Alt键，将其移动复制到右下方的位置，如图6.182中箭头所示，将其作为字母“k”尾部的左侧立面；使用直接选择工具选择右下方的两个锚点，如图6.183中黑色方框内所示，调整锚点的位置，如图6.183中箭头所示。

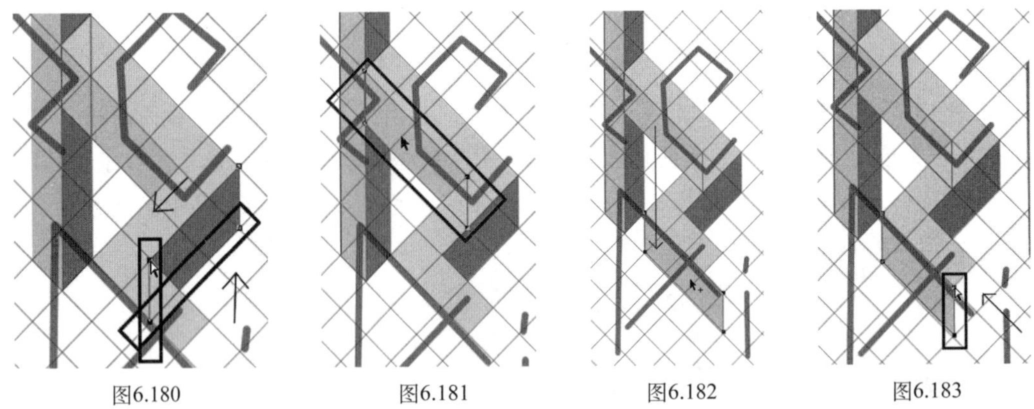

图6.180　图6.181　图6.182　图6.183

步骤48　选择“k”图层组中的“02”图层，使用路径选择工具选择右侧立面，如图6.184中黑色方框内所示；按住Alt键，将其移动复制到右下方的位置，如图6.185中箭头所示，将其作为字母“k”尾部的右侧面；使用直接选择工具选择右上方的两个锚点，如图6.186中右下方黑色方框内所示，调整锚点的位置，如图6.186中箭头所示。

步骤49　字母的整体结构表现出来，但是字母“k”左侧竖线下端的长度不够，如图6.186中左上方黑色方框内所示；按住Ctrl键单击“k”图层组中的“01”“02”图层，选择这两个图层，使用直接选择工具调整锚点的位置，如图6.187所示。

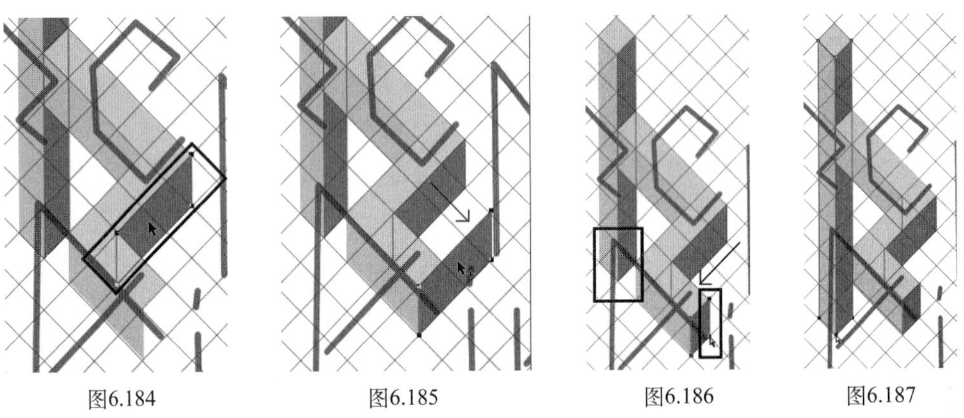

图6.184　图6.185　图6.186　图6.187

步骤50　按照相同的方法，再次调整字母“k”，效果如图6.188所示。

步骤51　按照相同的方法，制作完成其他字母，最终效果如图6.189所示。

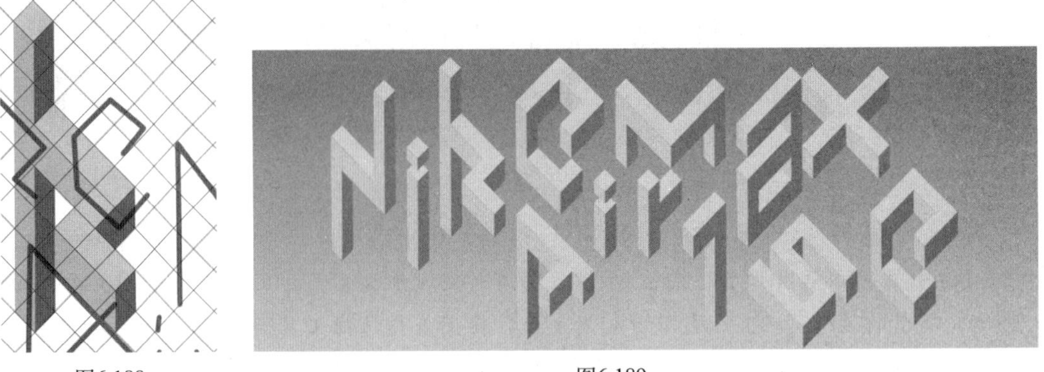

图6.188　图6.189

6.3.3 案例总结

（1）利用直线工具绘制各种线条作为参考线，用于统一的图形结构。

（2）选择多个形状图层，然后使用直接选择工具选择不同形状的锚点，可以进行移动等操作。

（3）本案例提供了一种使用Photoshop平面软件制作立体空间结构的方法，表现的是2.5D空间结构。2.5D空间结构不需要表现透视关系。

6.4 产品重绘

6.4.1 案例构思

产品摄影是广告设计的一个十分重要的环节。在有合理的创意思维导图的前提下绘制好设计草图，根据设计草图制作低分辨率效果以验证方案，然后根据方案的需求选择合适的产品角度和产品的光影效果进行拍摄，拍摄完成，再对产品进行合理的修图，使产品的特点更加突出。本案例是利用Photoshop进行产品的重绘。

6.4.2 案例制作

提示 下面进行前期处理。

步骤01 在Photoshop中打开文件“绘制洗面奶_空白.psd”，按Ctrl+“+”组合键放大视图显示，如图6.190所示。

提示 从洗面奶的瓶体可以看出，图像中的像素较少。

步骤02 按Ctrl+N组合键，新建一个空白文件（尺寸为4000×2800像素，分辨率为150像素/英寸，RGB颜色模式），如图6.191所示。

图6.190

图6.191

步骤03　使用矩形选框工具[]选择洗面奶，如图6.192所示。

步骤04　按住Ctrl键，将工具切换为移动工具✥，将选区中的图像拖动到新建的空白文件中，如图6.193所示，按Ctrl+“+”组合键放大视图。

提示　下面从上至下绘制产品图。首先绘制洗面奶瓶管的尾部。从产品图中可以看出，洗面奶瓶管尾部是一个个小矩形，颜色是渐变色，如图6.194所示。

图6.192

图6.193

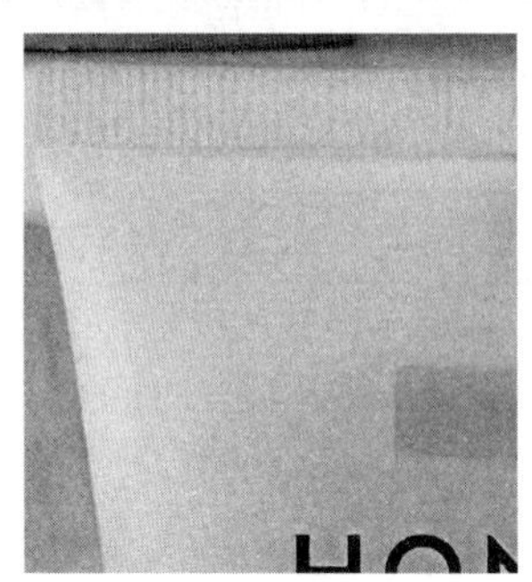
图6.194

步骤05　使用矩形工具□绘制一个较小的矩形，在属性栏中设置“填充”为不同深浅的灰色系渐变，“描边”为无，如图6.195所示。

步骤06　使用路径选择工具▶单击空白部分，取消矩形选择，如图6.196所示。

步骤07　按住Alt键，使用移动工具✥向右侧拖动，使复制得到的对象与原有的形状之间没有缝隙，如图6.197所示。

步骤08　按住Ctrl键，在“图层”面板中单击如图6.198所示的两个图层。

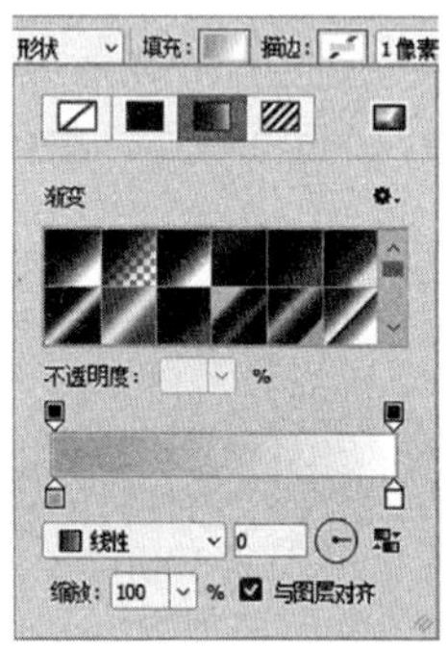

图6.195

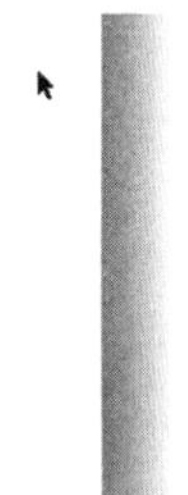
图6.196

图6.197

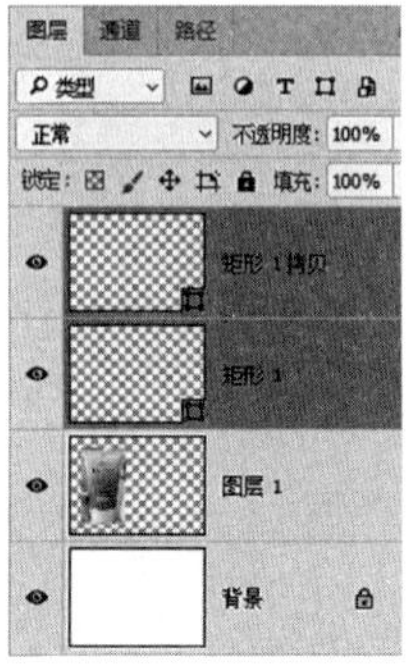

图6.198

步骤09　再次使用移动工具 向右侧拖动，使复制得到的对象与原有的形状之间没有缝隙，此时矩形渐变的个数是原来的两倍，如图6.199所示。

步骤10　按照相同的方法，复制得到瓶管尾部封口部分的图像，如图6.200所示。

步骤11　按住Ctrl键，在“图层”面板中单击所有的矩形图层，然后按Ctrl+G组合键，将所有的矩形图层编组，并将该图层组命名为“尾部”，如图6.201所示。

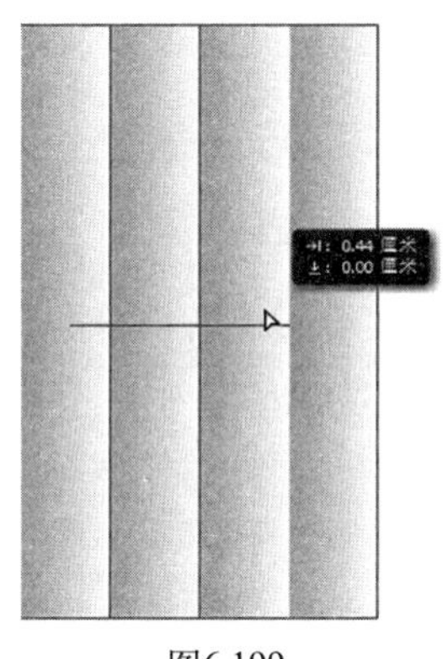

图6.199

图6.200

提示　下面制作封口部分。

步骤12　再次选择矩形工具，沿着瓶管封口部分的下方绘制长而窄的矩形，并将该矩形所在图层命名为“封口”，颜色设置如图6.202所示。

图6.201

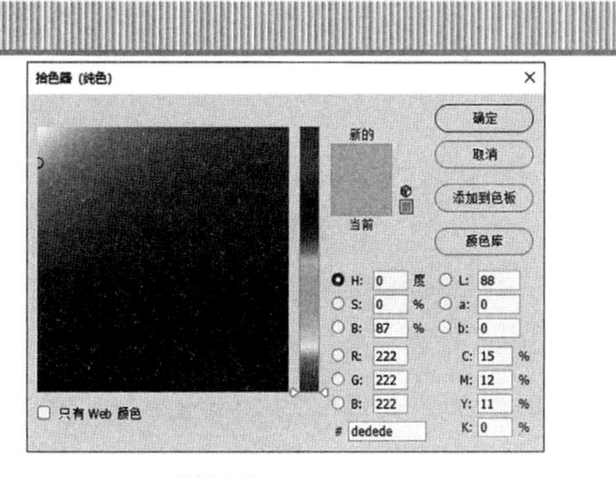

图6.202

提示　下面制作瓶体部分。

步骤13　选择移动工具，按住Alt键，向下复制“封口”图层中的矩形，将得到的新图层命名为“瓶体”，如图6.203所示。

步骤14　按Ctrl+T组合键变换对象，向下拉伸控制点，使瓶体变长，如图6.204所示。

步骤15　按Ctrl+Shift+Alt组合键，向左拖动右下角的控制点，使矩形变为等腰梯形，如图6.205所示，按Enter键确认变换。

图6.203

图6.204

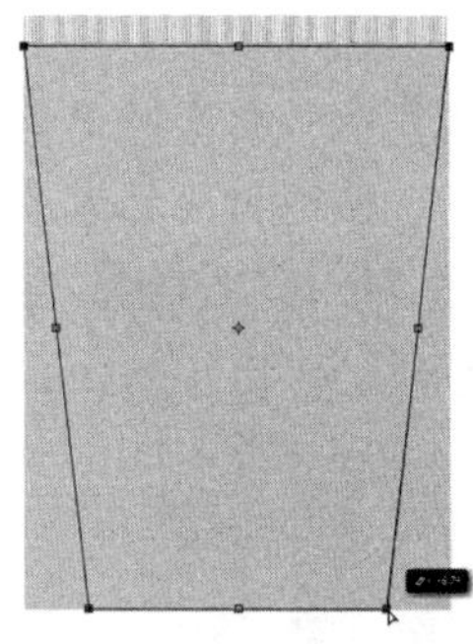

图6.205

步骤16　选择椭圆工具，按住Shift键，在等腰梯形的下方绘制椭圆，将其作为瓶体的底部，此时使用的是布尔运算的相加模式，如图6.206所示。

提示

瓶体结构已经制作完成，但是瓶体颜色需要重新调整，在此将瓶体颜色设置为渐变色。

步骤17　选择路径选择工具，在“图层”面板中选择“瓶体”图层，单击属性栏中“填充”右侧的颜色缩览图，在弹出的面板中选择渐变填充，设置渐变颜色为从橙色（R=217，G=83，B=2）到灰色（R=G=B=236）的线性渐变，参数设置如图6.207所示，效果如图6.208所示。

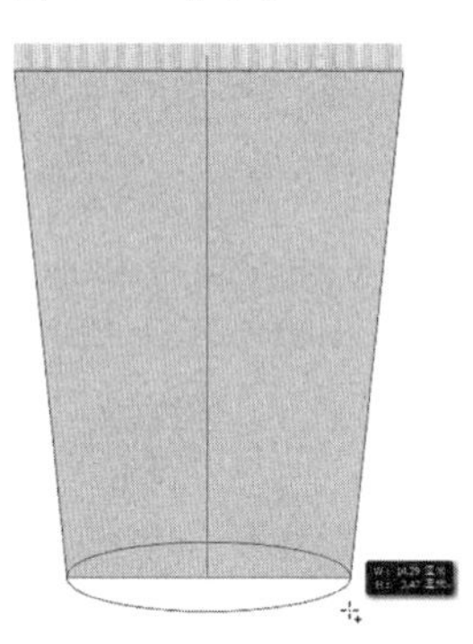

图6.206

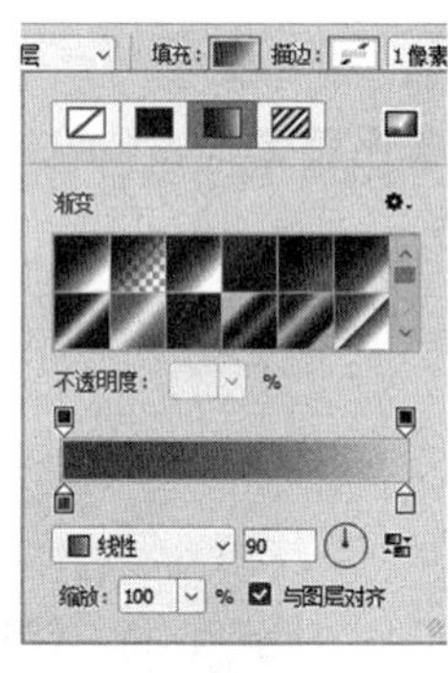

图6.207

图6.208

步骤18　选择钢笔工具，在属性栏中设置工具模式为“形状”，在左侧靠近瓶体边缘的部分绘制形状，如图6.209所示。

步骤19　在“图层”面板中将得到的形状图层命名为“左侧亮光”（设置颜色为白色），如图6.210所示。

步骤20　单击“图层”面板右上角的按钮，在弹出的面板菜单中选择“转换为智能对象”命令，将“左侧亮光”图层转换为智能对象。

步骤21　选择“滤镜”→“模糊”→“高斯模糊”命令，参数设置如图6.211所示，此时左侧亮光的边缘会产生柔化效果，如图6.212所示。

步骤22　使用相同的方法，制作出瓶体下方的亮光效果，如图6.213所示，在“图层”面板中将其所在图层命名为“下方亮光”。

步骤23　按住Ctrl键单击“图层”面板中的“下方亮光”和“左侧亮光”两个图层，按Ctrl+Alt+G组合键，将这两个图层作为“瓶体”图层的剪贴蒙版，如图6.214所示。

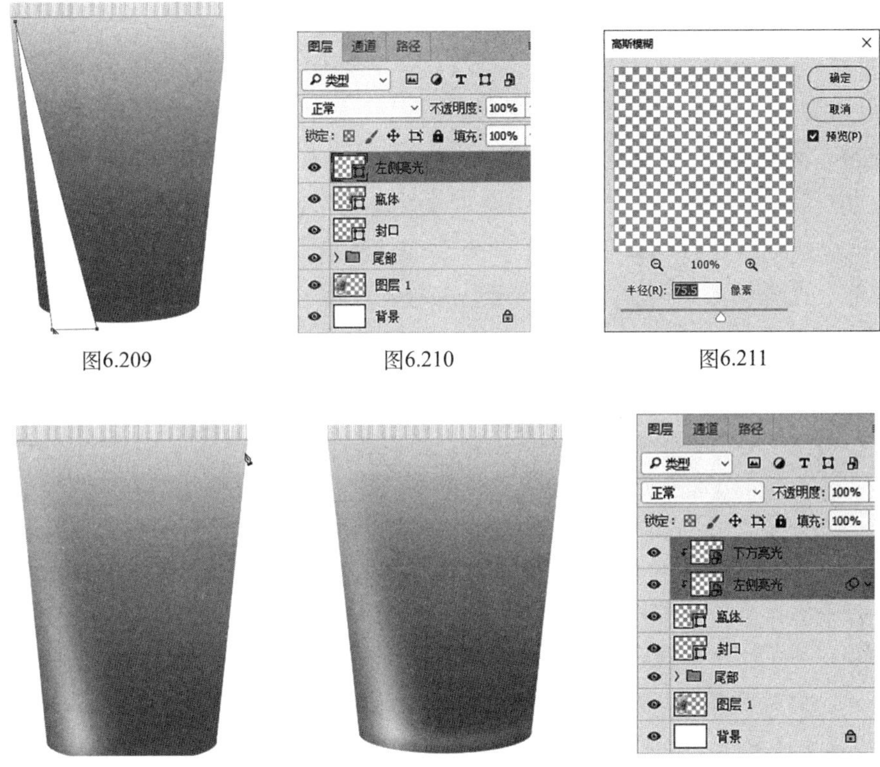

图6.209　图6.210　图6.211

图6.212　图6.213　图6.214

步骤24　使用相同的方法，创建瓶体右侧的暗部区域，颜色为橙色（R=186，G=71，B=28），如图6.215所示，将其所在图层命名为“右侧暗部”。

步骤25　单击“图层”面板右上角的☰按钮，在弹出的面板菜单中选择“转换为智能对象”命令，将“右侧暗部”图层转换为智能对象。

步骤26　选择“滤镜”→“模糊”→“高斯模糊”命令，在弹出的对话框中适当调整参数，使右侧暗部的边缘产生柔化效果，如图6.216所示。

步骤27　在“图层”面板中设置“右侧暗部”图层的混合模式为“正片叠底”，此时瓶体的右侧暗部会变暗。

步骤28　按Ctrl+Alt+G组合键，将“右侧暗部”图层作为“瓶体”图层的剪贴蒙版，如图6.217所示。

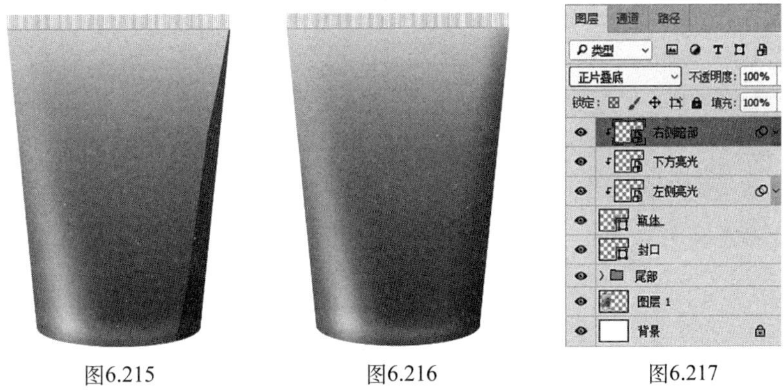

图6.215　图6.216　图6.217

提示 下面制作瓶体底部的暗色调。瓶体底部是收缩结构，因此，需要在瓶体底部添加暗色调以体现该结构。

步骤29　在“图层”面板中单击按钮，新建一个空白图层，将其命名为“瓶底暗色”。

步骤30　按Ctrl+Alt+G组合键，将“瓶底暗色”图层作为“瓶体”图层的剪贴蒙版，并将混合模式设置为“正片叠底”，如图6.218所示。

步骤31　选择画笔工具，设置前景色为橙色（R=186，G=71，B=28），在“瓶底暗色”图层中涂抹出暗色区域，涂抹时画笔笔尖适当调整得大一些，在属性栏中设置“不透明度”为30%左右，使涂抹效果更好，如图6.219所示。

提示 下面制作瓶盖部分。

步骤32　在“图层”面板中选择“图层1”（参考图），使用矩形工具绘制一个矩形，并将其所在图层命名为“瓶盖”。

步骤33　按 Ctrl+T 组合键变换对象，再按 Ctrl+Alt+Shift 组合键，然后拖动右下角的控制点，使新绘制的矩形变为倒等腰梯形（如图6.220中黑色方框和梯形的对比），按 Enter 确认变换操作，效果如图 6.220 所示。

图6.218

图6.219

图6.220

步骤34　选择椭圆工具，按住Shift键，在瓶盖的下方绘制椭圆形状，此时使用的是布尔运算中的相加模式，如图6.221所示。

步骤35　按住Alt键，在瓶盖的上方绘制椭圆形状，此时使用的是布尔运算中的相减模式，如图6.222所示。

步骤36　在属性栏中单击“填充”右侧的颜色缩览图，在弹出的面板中选择渐变填充，设置渐变颜色值为从（R=G=B=229）到（R=G=B=245），如图6.223所示，效果如图6.224所示。

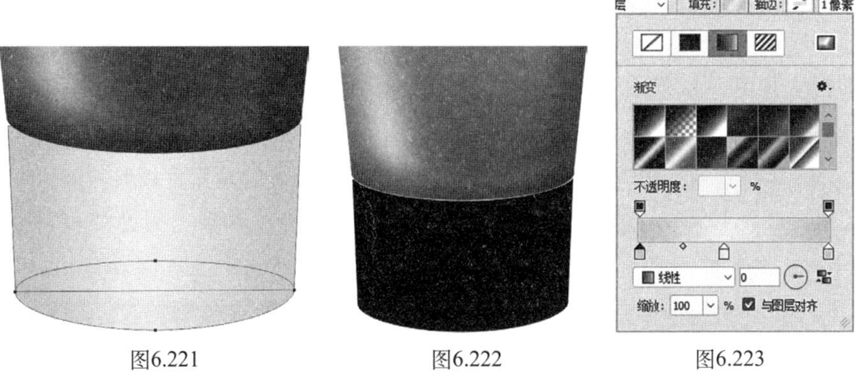

图6.221　　图6.222　　图6.223

步骤37　选择路径选择工具，在“图层”面板中选择“瓶盖”图层中位于下方的椭圆，如图6.225所示。

步骤38　按Ctrl+J组合键，复制椭圆，得到新图层，将其命名为“凹陷”，如图6.226所示。

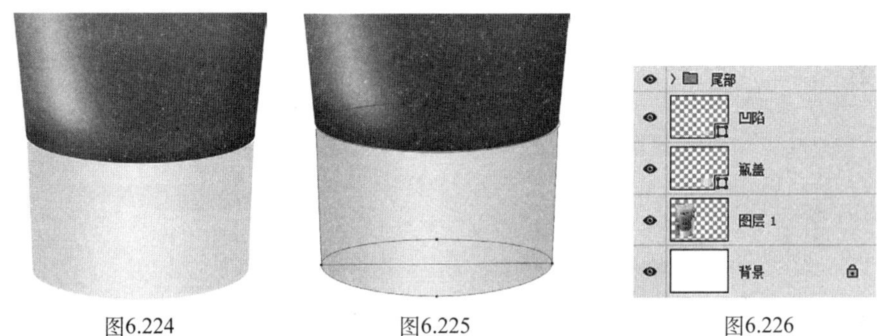

图6.224　　图6.225　　图6.226

步骤39　选择路径选择工具，在属性栏中单击“填充”右侧的颜色缩览图，在弹出的面板中选择无填充，单击“描边”右侧的颜色缩览图，在弹出的面板中选择单色填充，设置颜色为白色，设置宽度为2像素，如图6.227所示，效果如图6.228所示。

步骤40　使用直接选择工具选择椭圆最上方的锚点，按Delele键删除锚点，椭圆由闭合的线条变为开放的线条，如图6.229所示。

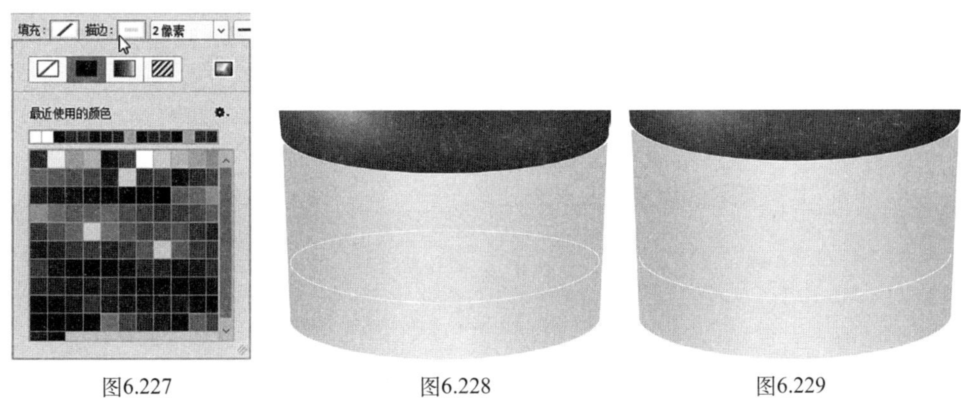

图6.227　　图6.228　　图6.229

步骤41　按住Ctrl键，适当调整“凹陷”图层中形状的宽度，使其与瓶盖的宽度相同。

步骤42　按住Alt键，使用移动工具向上拖动“凹陷”图层，复制得到新的形状图层（得到如图6.230中下方箭头所示的形状），将其命名为“凹陷暗色”，将形状拖动到紧贴白色曲线的上方（得到如图6.230中上方箭头所示的形状），单击属性栏中“描边”右侧的颜色缩览图，在弹出的面板中选择单色填充，设置颜色为（R=G=B=179），效果如图6.230所示。

步骤43　选择圆角矩形工具，在凹陷暗色形状的上方绘制圆角矩形，如图6.231所示。

步骤44　选择椭圆工具，按Alt+Shift组合键，绘制椭圆与圆角矩形的相交区域，如图6.232所示。

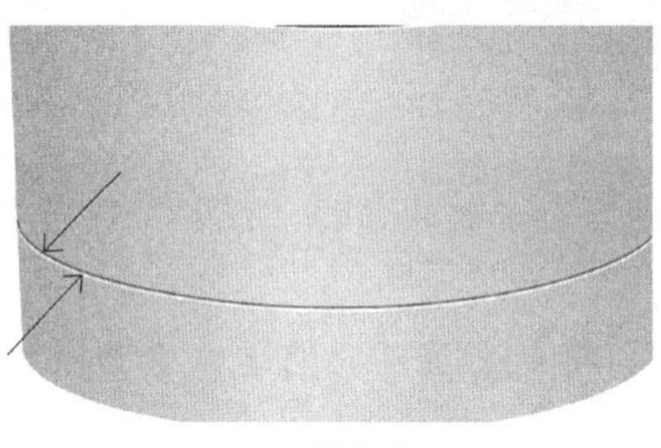

图6.230

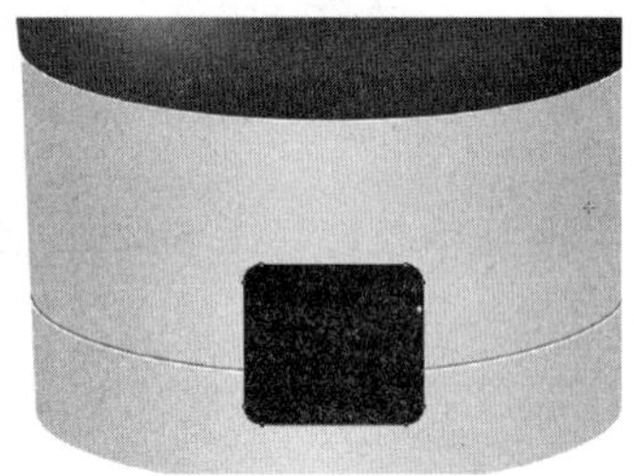

图6.231

步骤45　在属性栏中单击“填充”右侧的颜色缩览图，在弹出的面板中选择渐变填充，设置渐变颜色值为从（R=G=B=229）到（R=G=B=245），效果如图6.233所示。

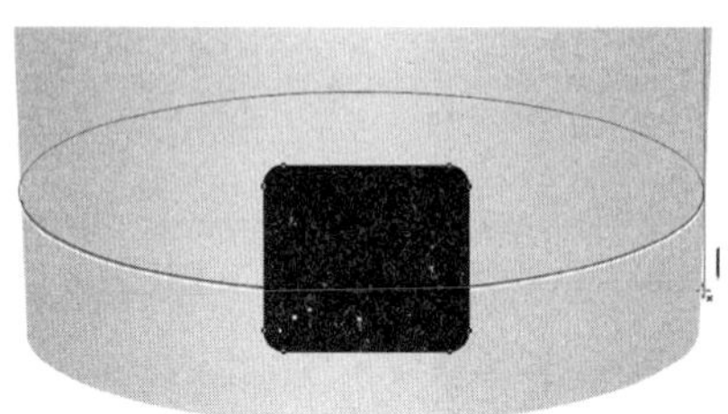

图6.232

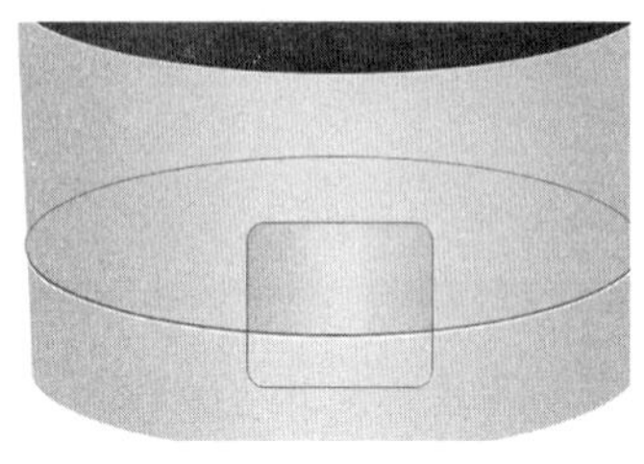

图6.233

步骤46　单击“图层”面板中的按钮，添加“内阴影”图层样式，设置“角度”为90°，并适当调整“不透明度”“距离”“大小”参数，参数设置如图6.234所示，效果如图6.235所示。

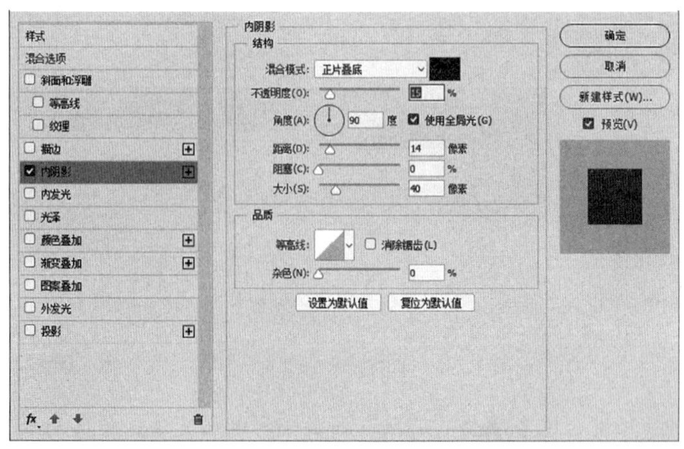

图6.234

步骤47 选择圆角矩形所在图层（步骤43中所绘圆角矩形），使用椭圆工具 绘制椭圆，并填充渐变，设置渐变颜色值为从（R=G=B=218）到（R=G=B=239）。

步骤48 按Ctrl+Alt+G组合键，将椭圆作为圆角矩形所在图层的剪贴蒙版，效果如图6.236所示，整体效果如图6.237所示。

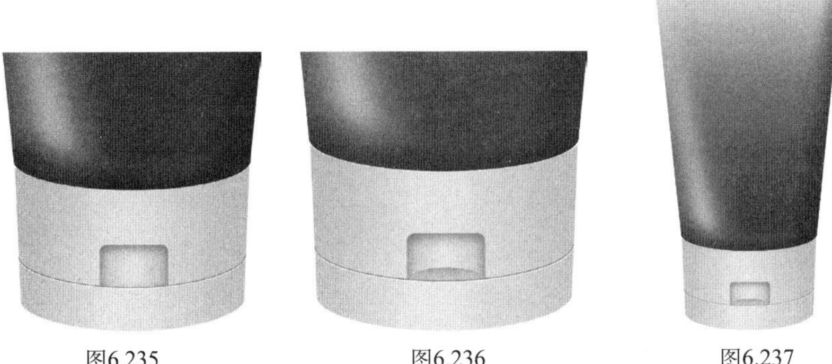

图6.235　　图6.236　　图6.237

步骤49 添加相应的英文内容，并添加相应的装饰图形，如图6.238所示。

步骤50 选择“图层1”，新建空白图层，将其命名为“阴影”。

步骤51 设置前景色为黑色，使用画笔工具 单击，效果如图6.239所示。

图6.238　　图6.239

步骤52 按Ctrl+T组合键，横向拉宽圆形结构，然后单击属性栏中的“在自由变换和变形模式间切换”按钮 ，调整四角位置的控制手柄，如图6.240所示，按Enter确认操作。

步骤53 在“图层”面板中适当调整“不透明度”数值，最终效果如图6.241所示。

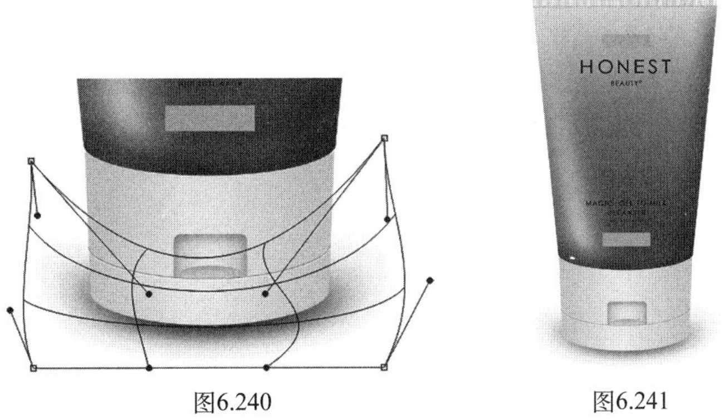

图6.240　　图6.241

6.4.3 案例总结

（1）利用形状工具的布尔运算模式，可以修剪图形的结构。

（2）在形状图层中，使用路径选择工具选择形状，按Ctrl+J组合键可以复制形状，得到到新的形状图层。

（3）在“图层”面板中选择多个形状图层，然后使用直接选择工具选择多个形状图层的锚点，并进行移动等操作。